M. Flaig

Biegeträger aus Brettsperrholz bei Beanspruchung in Plattenebene

Titelbild
Anwendungsmöglichkeiten von Biegeträgern aus Brettsperrholz

**Band 26 der Reihe
Karlsruher Berichte zum Ingenieurholzbau**

**Herausgeber
Karlsruher Institut für Technologie (KIT)
Lehrstuhl für Ingenieurholzbau und Baukonstruktionen
Univ.-Prof. Dr.-Ing. H. J. Blaß**

Biegeträger aus Brettsperrholz bei Beanspruchung in Plattenebene

von

M. Flaig

Karlsruher Institut für Technologie (KIT)
Lehrstuhl für Ingenieurholzbau und Baukonstruktionen

Dissertation, Karlsruher Institut für Technologie
Fakultät für Bauingenieur-, Geo- und Umweltwissenschaften, 2013
Referenten: Univ.-Prof. Dr.-Ing. H. J. Blaß,
              Univ.-Prof. i.R. Dr.-Ing. Heinrich Kreuzinger

Impressum

Karlsruher Institut für Technologie (KIT)
KIT Scientific Publishing
Straße am Forum 2
D-76131 Karlsruhe
www.ksp.kit.edu

KIT – Universität des Landes Baden-Württemberg und
nationales Forschungszentrum in der Helmholtz-Gemeinschaft

KIT Scientific Publishing 2013
Print on Demand

ISSN 1860-093X
ISBN 978-3-7315-0052-0

Biegeträger aus Brettsperrholz
bei Beanspruchung in Plattenebene

Zur Erlangung des akademischen Grades eines

DOKTOR-INGENIEURS

von der Fakultät für

Bauingenieur-, Geo- und Umweltwissenschaften

des Karlsruher Instituts für Technologie (KIT)

genehmigte

DISSERTATION

von

Dipl.-Ing. (FH) Marcus Flaig

aus St. Georgen im Schwarzwald

Tag der mündlichen Prüfung: 12. Juni 2013

Hauptreferent: Univ.-Prof. Dr.-Ing. Hans Joachim Blaß

Korreferent: Univ.-Prof. i.R. Dr.-Ing. Heinrich Kreuzinger

Karlsruhe 2013

Vorwort

Die vorliegende Arbeit entstand während meiner Tätigkeit als wissenschaftlicher Mitarbeiter an der Versuchsanstalt für Stahl, Holz und Steine des Karlsruher Instituts für Technologie (KIT). Ein großer Teil der Arbeit, insbesondere die zahlreichen experimentellen Untersuchungen und die Entwicklung des Rechenmodells, wurde im Rahmen eines Forschungsvorhabens von der Arbeitsgemeinschaft industrieller Forschungsvereinigungen (AiF) gefördert.

Mein ganz besonderer Dank gilt Herrn Univ.-Prof. Dr.-Ing. Hans Joachim Blaß für die Übernahme des Hauptreferats, die hervorragende fachliche Betreuung sowie seine stets wohlwollende Förderung und Unterstützung in allen Bereichen, ohne die diese Arbeit nicht entstanden wäre.

Herrn Univ.-Prof. i.R. Dr.-Ing. Heinrich Kreuzinger, TU München danke ich herzlich für die freundliche Übernahme des Korreferats sowie sein Interesse an der Arbeit und die daraus entstandenen Gespräche und Impulse.

Herzlich danken möchte ich auch Herrn Dr.-Ing. Rainer Görlacher und Herrn Dr.-Ing. Matthias Frese für die unentwegte Bereitschaft aufkommende Fragen bis ins Detail zu erörtern.

Ebenso herzlich danken möchte ich Herrn Dipl.-Ing. Otto Eberhart, der mich stets uneingeschränkt und mit viel Geduld an seinem fachlichen Wissen und seiner Erfahrung teilhaben ließ und damit maßgeblich den Weg für diese Arbeit bereitet hat.

Meinen Kollegen, den Mitarbeitern des Karl-Möhler-Holzbaulaboratoriums, Michael Deeg, Sören Hartmann, Martin Huber, Alexander Klein, Günter Kranz, Michael Pfeifer, Michael Scheid und Werner Waldeck danke ich herzlich für ihr Engagement und ihre kreative Mitarbeit bei der Vorbereitung und Durchführung der zahlreichen Versuche.

Tobias Wiegert und Ingbert Lehmann danke ich herzlich für die Durchführung und Auswertung von Versuchen im Rahmen ihrer Diplomarbeiten. Dominik Horvat, Nico Meyer und Simon Aurand danke ich für ihre tatkräftige und engagierte Mitarbeit als wissenschaftliche Hilfskräfte.

Allen meinen Kollegen der Abteilung Holzbau und Baukonstruktionen danke ich für ihre kollegiale Unterstützung und den freundschaftlichen, nicht immer nur wissenschaftlichen Austausch in zahlreichen Gesprächen.

Von ganzem Herzen danke ich meiner Frau Sonja für Ihr großes Verständnis, Ihre endlose Geduld und den Rückhalt, den sie mir in den vergangenen Jahren gegeben hat.

Karlsruhe im April 2013

Marcus Flaig

Kurzfassung

Die Verwendung von Brettsperrholz für die Herstellung tragender Bauteile hat in den vergangenen Jahren kontinuierlich zugenommen. Dennoch wird der aus kreuzweise miteinander verklebten Brettlamellen bestehende Werkstoff bislang weitgehend für die Herstellung flächiger Bauteile, wie beispielsweise Wand-, Decken- oder Dachscheiben verwendet. Biegeträger aus Holz werden hingegen nach wie vor fast ausschließlich aus Brettschichtholz hergestellt, obwohl Brettschichtholz, wegen der geringen Zugfestigkeit von Holz quer zur Faserrichtung, zur Entstehung von Rissen neigt, die wiederum als eine der häufigsten Ursachen von Schäden in Holzkonstruktionen zu finden sind.
In Brettsperrholz können Zugkräfte, die in Plattenebene quer zur Stabachse wirken, von den Querlagen aufgenommen werden, ohne dass zusätzliche Verstärkungen erforderlich werden. Die Verwendung von Brettsperrholz für die Herstellung von Biegeträgern, birgt daher, insbesondere für Bauteile mit planmäßigen Querzugbeanspruchungen, die Möglichkeit wirtschaftlicher Holzkonstruktionen mit gleichzeitig großer Robustheit.

Im Rahmen der vorliegenden Arbeit wurden die Anwendungsmöglichkeiten von Biegeträgern aus Brettsperrholz bei Beanspruchung in Plattenebene untersucht und die für die Bemessung der Bauteile erforderlichen Ansätze für den Nachweis der Tragfähigkeit und der Verformungen entwickelt und hergeleitet

Zur Ermittlung der Biegefestigkeit von Brettsperrholzträgern wurde ein Rechenmodell verwendet, in dem sowohl der strukturelle Aufbau der Träger als auch die streuenden mechanischen Eigenschaften der Brettlamellen wirklichkeitsnah abgebildet werden können. Mit Hilfe des Modells wurden Homogenisierungseffekte, die sich aus dem Zusammenwirken mehrerer Lamellen innerhalb eines Querschnittes ergeben untersucht und Systembeiwerte für die Biegefestigkeit von Brettsperrholzträgern ermittelt. Durch höhere Biegefestigkeiten im Vergleich mit Brettschichtholz kann der Anteil der Querlagen, die keinen Beitrag zur Biegetragfähigkeit leisten, teilweise ausgeglichen werden, was insbesondere im Hinblick auf die Wirtschaftlichkeit von großer Bedeutung ist.

Beim Nachweis der Schubtragfähigkeit von Brettsperrholzträgern werden drei Versagensmechanismen unterschieden, durch die sowohl Schubspannungen in den Brettlamellen als auch in den Kreuzungsflächen berücksichtigt werden. Mit Hilfe analytischer Ansätze wurden im Rahmen der Arbeit Gleichungen zur Berechnung der Schubspannungen im Brutto- und Nettoquerschnitt sowie der drei Spannungskomponenten in den Kreuzungsflächen hergeleitet. Auf der Grundlage früherer Arbeiten wurden spannungsbasierte Nachweiskriterien für die drei Versagensmechanismen definiert. Eine für den Nachweis der Schubspannungen in den Kreuzungsflächen ermittelte Interaktionsbedingung konnte anhand von Versuchen, die im Rahmen der vorliegenden Arbeit durchgeführt wurden, verifiziert werden.

Für Biegeträger mit angeschnittenen Rändern wurden mit Hilfe der Gleichungen zur Berechnung der Schubspannungen Beiwerte zur Berechnung der Biegefestigkeit in Abhängigkeit des Faseranschnittwinkels ermittelt und anhand von Versuchsergebnissen bestätigt. Um die Gleichungen zur Berechnung der Schubspannungen auch für den Nachweis von Trägern mit Durchbrüchen und Ausklinkungen verwenden zu können, wurden Beiwerte zur Berücksichtigung erhöhter Schubspannungen ermittelt.

Zur Berechnung der Durchbiegung von in Plattenebene beanspruchten Brettsperrholzträgern unter Berücksichtigung des Trägeraufbaus wurden analytische Lösungen für die aus den Verschiebungen und Verdrehungen in den Kreuzungsflächen resultierenden Schubverformungen hergeleitet. Durch die Auswertung von Biegeversuchen konnte gezeigt werden, dass die analytischen Ansätze bei Verwendung der in Kleinversuchen ermittelten Verschiebungsmoduln von Kreuzungsflächen hinreichend genaue und zugleich konservative Ergebnisse für die Durchbiegung von Brettsperrholzträgern liefern.

Abstract

The use of cross laminated timber (CLT) for the manufacture of load-carrying members in timber structures has increased steadily in recent years. Nevertheless, until today the material, consisting of orthogonally bonded layers of board lamellae, is mainly used for the production of panel-like components, such as walls, floor- or roof-panels.

In timber structures still most beams subjected to bending are made of glulam, despite the fact that glulam – due to the low tensile strength of timber perpendicular to the grain – is very prone to cracks, which in turn is one of the most common cause of damage found in timber structures.

Cross laminated timber, in contrast, owns the ability to transfer tensile forces acting perpendicular to the beam axis by transverse layers without any additional reinforcement. Therefore, the use of cross laminated timber, especially for the manufacture of beams with tensile stresses acting perpendicular to the beam axis, provides the possibility of economic constructions and at the same time a considerably increased robustness compared to glulam.

In the present work, possible applications of cross laminated timber beams have been investigated and approaches for the design of bending and shear stresses as well as for deformations resulting from in plane loads have been developed.

To determine the bending strength of cross laminated timber beams a computer model was used in which both the structural layup of the beams and the scatter of mechanical properties within the lamellae are displayed realistically. The model has been used to investigate homogenization effects arising from the interaction of several parallel lamellae within a cross-section and system strength factors for the bending strength of cross laminated timber beams have been determined.
In parts the bending strengths found are significantly higher than the values given for glulam consisting of boards of the same quality. Thus the proportion of cross-layers, that does not contribute to the load carrying capacity of beams loaded in plane, can be partially offset, which is of great importance particularly regarding economic aspects.

For the verification of cross laminated timber beams against shear forces acting in plane direction three different failure modes are distinguished. Those take into account the different shear stresses within the lamellae and the crossing areas between orthogonally bonded lamellae. In the present work equations for the calculation of shear stresses within the laminations of the gross and the net cross-section and three different shear stress components within the crossing areas have been derived. On the basis of earlier works stress related failure criteria have been defined for the verification of all of three failure modes. A criterion for the interaction of shear stress components in the crossing areas could be verified by the results of tests that have been performed within the present work.

The equations that have been derived for the calculation of shear stresses can also be used for the calculation of the bending strength of tapered beams in dependence of the angle of the tapering. Analytically obtained values are confirmed by experimental results with good agreement. For beams with holes and notched beams factors for the calculation of stress peaks have been determined so that with these beam types the same equations for the calculation of shear stresses can be used.

In the last part of the work analytical solutions for the calculation of the deflection of cross laminated timber beams, which result from displacements and rotations in the crossing areas, have been derived. Again the equations, like the equations for the calculation of shear stresses, take into account the cross-sectional layup of a beam. By the evaluation of bending tests it has been shown that the proposed equations provide adequately accurate, but conservative results, if the calculation is performed using a slip modulus of the crossing areas that has been determined by tests on small specimens.

Inhalt

Formelzeichen

Buchstaben und Abkürzungen

a	Abstand
b	Breite; Brett-/Lamellenbreite
d	Differential, Differenz
f	Festigkeit
h	Höhe
k	Faktor, Beiwert
ℓ	Länge
n	Anzahl, Lagenanzahl
m	Anzahl
q	Gleichstreckenlast
r	Korrelationskoeffizient
s	Standardabweichung
t	Dicke, Lagendicke
u	Verschiebung, Durchbiegung
x	Koordinate in Richtung der Trägerachse
y	Koordinate in Richtung der Plattendicke
z	Koordinate rechtwinklig zur Trägerachse und rechtwinklig zur Plattendicke

E	Elastizitätsmodul
F	Kraft
G	Schubmodul
I	Flächenträgheitsmoment
L	Spannweite
M	Moment
N	Normalkraft
Q	Quantil
S	statisches Moment
V	Querkraft
W	Widerstandsmoment

Δ	Differenz, Abstand
α	Winkel
γ	Winkel, Verzerrung
κ	Beiwert
ν	Querdehnzahl
ρ	Rohdichte
σ	Spannung
τ	Schubspannung
COV	Variationskoeffizient
DAB	Astmaß für Astansammlungen nach DIN 4074-1
DEB	Astmaß für Einzeläste nach DIN 4074-1
KAR	Ästigkeit (Knot Area Ratio)
MAX	größter Wert
MEAN	Mittelwert
MIN	kleinster Wert
Q5	*5%-Quantil*
R^2	Bestimmtheitsmaß

Indizes

L	longitudinal
R	radial, Rollschub, Residuum
T	tangential
c	Druck
d	Bemessungswert
h	Höhe
i	*i*-ter Querschnittsteil in Richtung der Trägerhöhe
j	Keilzinken
k	*k*-ter Querschnittsteil in Richtung der Plattendicke, charakteristischer Wert
m	Biegung
t	Zug
u	feucht, Feuchtegehalt
v	Schub

α	Winkel zur Faserrichtung
ap	First
BSP	Brettsperrholz
CA	Kreuzungsfläche
cr	Riss
cross	Querlagen
d	Bemessungswert, Durchbruch
dyn	dynamisch, durch Schwingungsmessung ermittelt
ef	wirksam
eq	äquivalent
est	Schätzwert, Vorhersagewert
ges	gesamt
gross	Brutto-/Gesamtwert
JR	Jahrring
lam	Lamelle
lok	lokal
long	Längslagen
max	größter Wert
mean	Mittelwert
min	keinster Wert
net	Nettowert
s	Auflager
sys	System
tor	Torsion
0	in Faserrichtung, darrtrocken
90	rechtwinklig zur Faserrichtung
05	5%-Quantil
10-40	zwischen 10% und 40% der Bruchlast
12	bei einer Holzfeuchte von 12%

1 Einleitung

1.1 Motivation

Brettsperrholz hat sich in den vergangenen Jahren als Werkstoff für die Herstellung tragender Bauteile im Holzbau zunehmend etabliert. Die stetig wachsende Zahl der erteilten Zulassungen und die Bestrebungen, auf europäischer Ebene eine Produktnorm zu erarbeiten, belegen dies anschaulich. Der Anwendungsbereich von Brettsperrholzprodukten ist bislang jedoch weitgehend auf flächige Bauteile, wie Wand-, Decken- oder Dachelemente begrenzt, obwohl die Verwendung für stabförmige Bauteile für viele Anwendungsfälle durchaus vorteilhaft erscheint und in den Zulassungen nicht explizit ausgeschlossen wird. Im Hinblick auf den Einsatz als Biegeträger erscheinen insbesondere die hohen Querzug- und Schubfestigkeiten bei Beanspruchung in Plattenebene und die damit verbundene geringere Rissempfindlichkeit als wesentliche Verbesserung gegenüber Bauteilen aus Brettschichtholz.

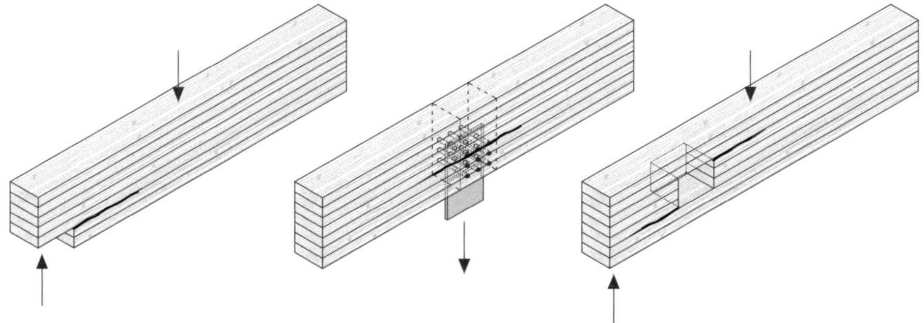

Bild 1-1   Rissgefährdung bei Brettschichtholzträgern mit planmäßigen Querzugbeanspruchungen

Der für Brettsperrholz charakteristische Elementaufbau aus rechtwinklig miteinander verklebten Brettlagen birgt jedoch auf den ersten Blick auch gewisse Nachteile: So leisten die Querlagen, auf die letztlich die hohen Querzug- und Schubfestigkeiten der Bauteile zurückzuführen sind, keinen Beitrag zur Tragfähigkeit in Längsrichtung. Damit stabförmige Bauteile aus Brettsperrholz auch wirtschaftlich konkurrenzfähig sind, ist es daher erforderlich, diesen Verlust an Tragfähigkeit soweit wie möglich durch eine Optimierung der Querschnitte zu reduzieren und durch die Ausnutzung von Vergütungseffekten auszugleichen. Ausreichende Schubtragfähigkeiten werden bei Biegeträgern aus Brettsperrholz in der Regel bereits bei einem Querlagenanteil von 15% bis 20% bezogen auf den Gesamtquerschnitt erreicht.

Um bei gleichem Materialeinsatz vergleichbare Biegetragfähigkeiten wie bei Brettschichtholzträgern zu erreichen, müsste daher die auf den Nettoquerschnitt der Längslagen bezogene Biegefestigkeit von Brettsperrholzträgern um den Anteil der Querlagen größer sein als bei Brettschichtholz.

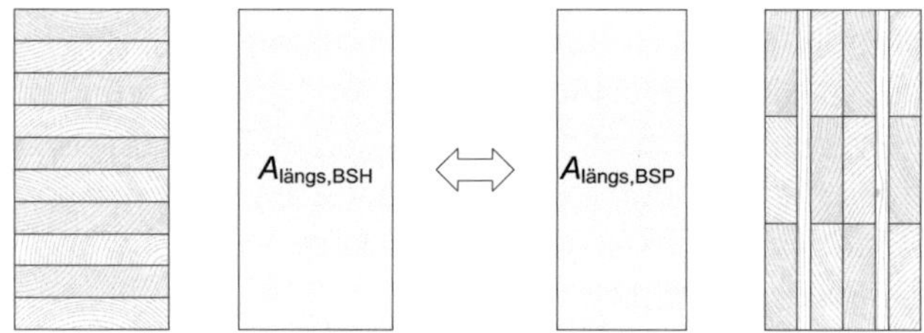

Bild 1-2   wirksamer Querschnitt bei Beanspruchung in Trägerlängsrichtung; links: Brettschichtholz, rechts: Brettsperrholz

1.2   Kenntnisstand

Biegebemessung bei Beanspruchung in Plattenebene

Im Rahmen von Zulassungsverfahren wurden in den vergangenen Jahren zahlreiche Versuche mit in Plattenebene beanspruchten Trägern aus Brettsperrholz durchgeführt. Die Versuchsergebnisse zeigen, dass die Biegefestigkeit von Brettsperrholzträgern bei Beanspruchung in Plattenebene mit steigender Anzahl der Längslagen deutlich ansteigt. In den meisten Zulassungen für Brettsperrholzprodukte wird dieser Anstieg der Biegefestigkeit durch die angegebenen Regelungen für die Biegebemessung bislang nicht oder nicht in vollem Umfang genutzt. Auch weil systematische Untersuchungen zu den bei in Plattenebene beanspruchten Brettsperrholzträgern auftretenden Systemeffekten bislang nicht vorliegen.

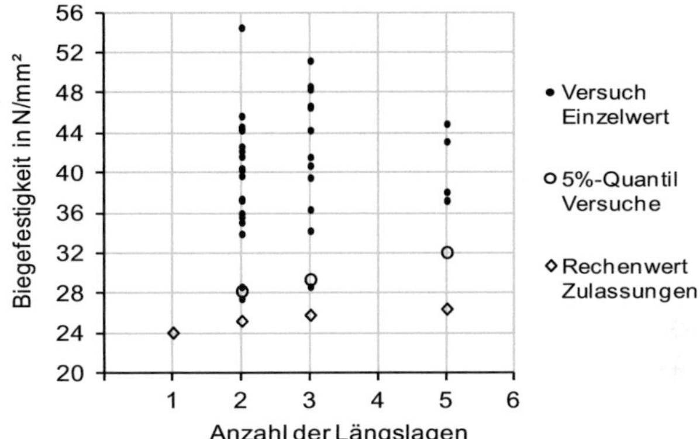

Bild 1-3   Im Rahmen von Zulassungsversuchen ermittelte Biegefestigkeiten von in Plattenebene beanspruchten Brettsperrholzträgern

In vielen der für Brettsperrholzprodukte erteilten nationalen und europäischen Zulassungen sind Systembeiwerte zur Erhöhung der Biegefestigkeit in Abhängigkeit der Anzahl der in einem Bauteil nebeneinander liegenden, gleichmäßig am Lastabtrag beteiligten Lamellen enthalten. Für die meisten Produkte dürfen die Systembeiwerte nach Gleichung (1-1) angenommen werden, mit einem Größtwert von 1,1 bei mindestens vier mitwirkenden Lamellen. Vereinzelt werden in den Zulassungen auch Systembeiwerte bis zu einem Größtwert von 1,2 nach Gleichung (1-2) angegeben. Der Größtwert gilt dann für acht mitwirkende Lamellen. Mit wenigen Ausnahmen ist die Anwendung der in den Zulassungen angegebenen Systembeiwerte nur für die Biegefestigkeit bei Beanspruchungen rechtwinklig zur Plattenebene vorgesehen. Lediglich in einigen neueren Zulassungen sind auch für die Biegefestigkeit bei Beanspruchung in Plattenebene Systembeiwerte angegeben, z.B. in ETA-11/0189 und ETA-11/0210.

$$k_\ell = \min \begin{cases} 1+0{,}025 \cdot n \\ 1{,}1 \end{cases} \tag{1-1}$$

$$k_\ell = \min \begin{cases} 1+0{,}025 \cdot n \\ 1{,}2 \end{cases} \tag{1-2}$$

Der in Versuchen mit Trägern aus Brettschichtholz und Balkenschichtholz mit mehreren nebeneinander angeordneten, hochkant auf Biegung beanspruchten Lamellen festgestellte Anstieg der Biegefestigkeit mit zunehmender Anzahl der Lamellen ist jedoch deutlich stärker als die in den Zulassungen angegebenen Systembeiwerte implizieren.

Für Brettschichtholzträger aus Fichtenholz mit insgesamt 15 hochkant auf Biegung beanspruchten Lamellen wurden an der FMPA Stuttgart (Prüfbericht Nr. 14-30810) um 39% höhere charakteristische Biegefestigkeiten als bei vergleichbaren Trägern mit flachkant Biegebeanspruchung der Lamellen ermittelt.

Faye et al. (2010) haben in Versuchen mit quadratischen Querschnitten mit zwei Lamellen charakteristische Biegefestigkeiten bei Hochkantbeanspruchung der Lamellen festgestellt, die bei Fichte um 18%, bei Douglasie um 12% höher waren als die Biegefestigkeit bei flachkant Beanspruchung der Lamellen.

Jeitler und Brandner (2008) geben auf der Grundlage experimenteller und theoretischer Untersuchungen den Systembeiwert für Querschnitte aus mehreren miteinander verklebten, hochkant auf Biegung beanspruchten Lamellen in Abhängigkeit der Lamellenanzahl und des Variationskoeffizienten der betrachteten Festigkeitskenngröße wie folgt an:

$$k_{sys} = 1 + 2{,}7 \cdot \mathrm{VarK}(f)^{1{,}95} \cdot \ln(n) \qquad (1\text{-}3)$$

für $\mathrm{VarK} \leq 0{,}25$ und $1 \leq n \leq \infty$

Die von Jeitler und Brandner ermittelte logarithmische Funktion für den Systembeiwert führt im Vergleich mit den in Zulassungen angegebenen, abschnittsweise linearen Funktionen zu deutlich größeren Systembeiwerten. Dies trifft insbesondere für Querschnitte mit zwei bis sechs Längslagen zu, die im Hinblick auf die praktische Anwendung von Biegeträgern aus Brettsperrholz von besonderer Bedeutung sind (siehe Bild 1-4).

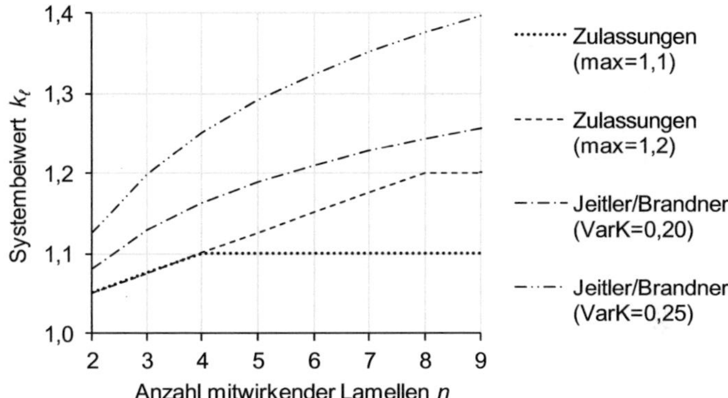

Bild 1-4   Systembeiwerte in nationalen und europäischen Zulassungen für Brettsperrholzprodukte und nach Jeitler u. Brandner

Die Brettlamellen für Brettsperrholzelemente werden gewöhnlich nach denselben Kriterien sortiert wie Lamellen für Brettschichtholz. Da in Brettschichtholzträgern die Lamellen hauptsächlich flachkant auf Biegung beansprucht werden und infolgedessen die Normalspannungen innerhalb einzelner Lamellen annähernd konstant sind, erfolgt die Sortierung der Lamellen, in DIN 4074-1 als Brettsortierung bezeichnet, nach der Zugfestigkeit. Im Gegensatz zu Brettschichtholz treten jedoch bei in Plattenebene beanspruchten Biegeträgern aus Brettsperrholz nennenswerte Biegespannungsanteile innerhalb der Lamellen auf. Die einzelnen Brettlamellen werden dabei, entgegen der vorgesehenen Verwendung im Sinne der Sortierung, nicht mehr vornehmlich durch Zug- oder Druckkräfte, sondern auch durch nicht mehr zu vernachlässigende Biegemomente beansprucht.

Da bei der Brettsortierung größere Ästigkeiten, insbesondere in Bezug auf Kanten- und Schmalseitenäste, zulässig sind als bei einer Sortierung nach der Biegefestigkeit, die in DIN 4074-1 als Kantholzsortierung bezeichnet wird, ist die Hochkant-Biegefestigkeit bei der Brettsortierung kleiner als bei der Kantholzsortierung. Die oben zitierten Ergebnisse experimenteller Untersuchungen belegen jedoch, dass trotz der geringen Hochkant-Biegefestigkeit der Brettlamellen bei Querschnitten mit mehreren hochkant auf Biegung beanspruchten Lamellen vergleichsweise hohe Festigkeiten erreicht werden können.

Im Rahmen der bislang durchgeführten Versuche mit Brettsperrholzträgern wurden jedoch die strukturellen und mechanischen Eigenschaften der zur Herstellung der Prüfkörper verwendeten Brettlamellen – die Ästigkeit, der Elastizitätsmodul und die Rohdichte – gar nicht oder nur teilweise erfasst und dokumentiert und auch der Zusammenhang zwischen diesen mit der Biegefestigkeit korrelierten Kenngrößen und der Biegefestigkeit selbst wurde bislang nicht systematisch untersucht.

Schubbemessung bei Beanspruchung in Plattenebene

Für die Schubbemessung bei Beanspruchung in Plattenebene existieren in den derzeit erteilten Zulassungen deutlich unterschiedliche Ansätze, von denen die am häufigsten verbreiteten nachfolgend kurz beschrieben werden:

- Nachweis der nach der technischen Biegelehre berechneten Schubspannung mit einer konstanten Schubfestigkeit $f_{v,k}$ = 2,5 N/mm², wobei nur Schichten mit schmalseitenverklebten Brettern in Ansatz gebracht werden dürfen.

- Nachweis der nach der technischen Biegelehre berechneten und auf den Nettoquerschnitt bezogenen Schubspannung mit einer durch Versuche nach CUAP 03.04/06 ermittelten, ebenfalls auf den Nettoquerschnitt bezogenen und für alle Lagenaufbauten konstanten Schubfestigkeit.

- Nachweis der nach der technischen Biegelehre berechneten und auf den Nettoquerschnitt bezogenen Schubspannung mit der Schubfestigkeit von Nadelschnittholz und zusätzlich Nachweis der Torsionsschubspannungen in den Kreuzungsflächen mit einer Schubfestigkeit von $f_{v,tor,k}$ = 2,5 N/mm².

- Nachweis der nach der technischen Biegelehre berechneten Schubspannung im Brutto und im Nettoquerschnitt mit Schubfestigkeiten von $f_{v,gross,k}$ = 3,5 N/mm² bzw. $f_{v,net,k}$ = 8,0 N/mm² und Nachweis der Torsionsschubspannungen in den Kreuzungsflächen mit einer Schubfestigkeit von $f_{v,tor,k}$ = 2,5 N/mm².

Da nur bei einem sehr geringen Anteil der Brettsperrholzprodukte die Schmalseiten der Bretter miteinander verklebt werden, ist der zuerst genannte Ansatz als Sonderfall anzusehen. Der zweite Ansatz für die Schubbemessung beruht auf einer von der European Organisation for Technical Approvals (EOTA) im Jahr 2005 veröffentlichten Vereinbarung über die experimentelle Ermittlung mechanischer Kenngrößen von Brettsperrholzprodukten im Rahmen von Zulassungsverfahren (Common Understanding of Assessment Procedure – CUAP) und ist daher in vielen europäisch technischen Zulassungen zu finden. Dieser Ansatz hat den Nachteil, dass die Schubfestigkeit, unabhängig vom Lagenaufbau der Elemente, pauschal angegeben wird. Die beiden zuletzt genannten Ansätze beruhen auf einem mechanischen Modell für Scheiben aus Brettsperrholz, das von Blaß und Görlacher bereits im Jahr 2002 vorgeschlagen wurde. Beim zuletzt genannten Ansatz wird neben dem Nachweis der Schubspannung im Bruttoquerschnitt und in den Kreuzungsflächen auch der Nachweis der Schubspannung im Nettoquerschnitt geführt. Beide Ansätze ermöglichen eine Schubbemessung in Abhängigkeit des Lagenaufbaus und bieten daher die Möglichkeit einer differenzierten und gleichzeitig wirtschaftlichen Schubbemessung von Bauteilen aus Brettsperrholz bei Beanspruchung in Plattenebene.

1.3   Ziele der Arbeit und Vorgehensweise

Um eine wirtschaftliche und zugleich sichere Bemessung von Biegeträgern aus Brettsperrholz zu ermöglichen, werden Ansätze zur Ermittlung der Tragfähigkeit und der Steifigkeit bei Beanspruchung in Plattenebene benötigt, die eine differenzierte Berücksichtigung des strukturellen Aufbaus der Träger ermöglichen.

Eines der Ziele der Arbeit war daher die Ermittlung von Systembeiwerten zur Ermittlung der Biegefestigkeit von in Plattenebene beanspruchten Trägern aus Brettsperrholz in Abhängigkeit der Lagenanzahl und der Anzahl im Querschnitt übereinander angeordneten Lamellen in den Längslagen. Wegen der wachstumsbedingt stark streuenden Materialeigenschaften innerhalb der Brettlamellen sind zur Ermittlung des Zusammenhangs zwischen der Biegefestigkeit und dem Lagenaufbau von Brettsperrholzelementen auf der Grundlage experimenteller Untersuchungen sehr große, und dadurch mit erheblichem finanziellem Aufwand verbundene Versuchsreihen erforderlich. Zur Ermittlung der Biegefestigkeit in Abhängigkeit des Trägeraufbaus wurde daher ein mechanisch-stochastisches Rechenmodell zur Simulation von Tragfähigkeitsversuchen entwickelt, das anhand einiger weniger Versuchsergebnisse überprüft werden sollte. Die Grundlage des Rechenmodells bildet ein bereits seit Ende der 1980er Jahre am Lehrstuhl für Holzbau und Baukonstruktionen des KIT für die numerische Simulation der Biegefestigkeit von Brettschichtholzträgern entwickeltes Rechenmodell, das im Rahmen der vorliegenden Arbeit für die Simulation von Brettsperrholzträgern aufbereitet, modifiziert und erweitert wurde. Eine wesentliche Ergänzung des bestehenden Rechenmodells war die Einführung der Hochkantbiegefestigkeit von Brettern und Keilzinkenverbindungen, die im Rahmen der Arbeit durch Versuche ermittelt wurden.

Ein weiteres wichtiges Ziel der Arbeit war die Entwicklung eines mechanisch begründbaren Konzeptes für die Schubbemessung von Biegeträgern aus Brettsperrholz, das einerseits die Ermittlung der Schubtragfähigkeit in Abhängigkeit des Trägeraufbaus, gleichzeitig aber auch die Bemessung von Biegeträgern mit planmäßigen Querzugbeanspruchungen ermöglicht.
Hierzu wurde der von Blaß und Görlacher (2002) für die Schubbemessung von scheibenartigen Bauteilen vorgeschlagene Ansatz mit Hilfe der Verbundtheorie für die Anwendung bei schlanken Biegeträgern aufbereitet und ergänzt.
Zur Validierung des entwickelten Bemessungskonzeptes wurden Tragfähigkeitsversuche an Trägern mit angeschnittenen Rändern, Queranschlüssen, Durchbrüchen und Ausklinkungen durchgeführt und die anhand der Versuchsergebnisse ermittelten Schubfestigkeiten mit den an Kleinproben festgestellten Werten verglichen.
Auf der Grundlage der entwickelten Ansätze für die Berechnung der Schubspannungen in Brettsperrholzträgern wurden Gleichungen zur Berechnung der effektiven Schubsteifigkeit – ebenfalls in Abhängigkeit des Trägeraufbaus – hergeleitet, die insbesondere die Schubverformungen in den Kreuzungsflächen von rechtwinklig miteinander verklebten Brettern berücksichtigen.

2 Biegefestigkeit von Brettsperrholzträgern bei Beanspruchung in Plattenebene

2.1 Experimentelle Untersuchungen

Nachfolgend sind die im Rahmen der Arbeit durchgeführten Versuche zur Ermittlung der Biegefestigkeit von Brettsperrholzträgern in Abhängigkeit des Querschnittaufbaus beschrieben, die später – in Abschnitt 2.3 sind die experimentell ermittelten Biegefestigkeiten den durch numerische Simulation ermittelten Biegefestigkeiten gegenübergestellt – zur Validierung des in Abschnitt 2.2 beschriebenen Rechenmodells verwendet werden sollen.

2.1.1 Prüfkörper

Zur Ermittlung der Biegefestigkeit bei Beanspruchung in Plattenebene wurden insgesamt acht Versuchsreihen mit Brettsperrholzträgern mit unterschiedlichem Lagenaufbau und unterschiedlicher Anzahl der Lamellen in den Längslagen geprüft.

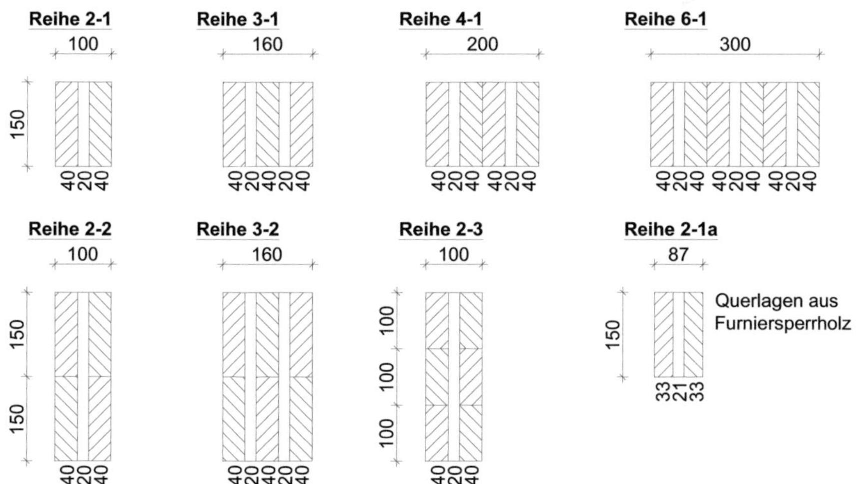

Bild 2-1   Querschnitte der Prüfkörper zur Ermittlung der Biegefestigkeit bei Beanspruchung in Plattenebene (Maße in mm)

Da die Hochkantbiegefestigkeit von Brettern und von Keilzinkenverbindungen im Rechenmodell als neue Kenngrößen eingeführt wurden, sollten die Versuchsreihen 2-1 bis 6-1 im Wesentlichen dazu dienen, die Richtigkeit der hierfür verwendeten Regressionsmodelle zu überprüfen.

Die Ergebnisse der Reihen 2-2, 3-2 und 2-3 sollten dazu verwendet werden, die im Rechenmodell verwendete lineare Interaktion von Zug- und Biegespannungen bei der Formulierung eines Versagenskriteriums in der Zugzone zu überprüfen (vgl. Abschnitt 2.2.1).

Durch die Variation der Lamellenanzahl innerhalb der Längslagen bei den Prüfkörpern der Reihen 2-2 und 2-3 sollten außerdem die mit Hilfe des Rechenmodells in Abhängigkeit des Lagenaufbaus ermittelten Systembeiwerte für die Biegefestigkeit anhand der Versuchsergebnisse überprüft werden.

Tabelle 2-1   Versuchsprogramm zur Ermittlung der Biegefestigkeit bei Beanspruchung in Plattenebene in Abhängigkeit des Lagenaufbaus

Bezeichnung	*Breite*	*Höhe*	Dicke der Längslagen	Dicke der Querlagen	Anzahl
	in mm	in mm	in mm	in mm	-
2-1	100	150	2 x 40	20	10
3-1	160	150	3 x 40	2 x 20	10
4-1	200	150	4 x 40	2 x 20	10
6-1	300	150	6 x 40	3 x 20	10
2-2	100	300	2 x 40	20	10
3-2	160	300	3 x 40	2 x 20	10
2-3	100	300	2 x 40	20	10
2-1a	87	150	2 x 33	21	16

2.1.2 Brettmaterial

Für die Herstellung der Prüfkörper wurde unsortiertes Brettmaterial aus Fichtenholz verwendet. Mit Ausnahme der Lamellen der Prüfkörper 2-3, die aus skandinavischem Holz hergestellt wurden, wurde Holz mitteleuropäischer Herkunft verwendet. Längs- und Querlagen waren bei allen Elementen rechtwinklig zueinander angeordnet. Die Verklebung der Bretter erfolgte mit einem Zweikomponenten-Klebstoff auf Melaminharzbasis.

Mit Ausnahme der Reihe 2-1a, wurden vor dem Verkleben der Brettsperrholzelemente von allen für die Längslagen vorgesehenen Lamellen die Rohdichte und aus der Eigenfrequenz der Längsschwingung der dynamische Elastizitätsmodul ermittelt. Insgesamt wurden die Eigenschaften von 357 Brettlamellen ermittelt – 273 Lamellen mit den Abmessungen 40 mm x 167 mm x 6000 mm und 84 Lamellen mit den Abmessungen 40 mm x 102 mm x 6000 mm. Bei einem Teil der 167 mm breiten Lamellen wurde zusätzlich die Ästigkeit ermittelt.

Vor dem Verkleben der Elemente wurden die Brettlamellen in zwei Klassen nach dem dynamischen Elastizitätsmodul unterteilt:

    Klasse 1: $E_{dyn} \geq 11.550$ N/mm²

    Klasse 2: $E_{dyn} < 11.550$ N/mm²

Der Mittelwert des dynamischen Elastizitätsmodul der zur Herstellung der Prüfkörper 2-3 verwendeten Brettlamellen 40 mm x 102 mm aus nordischem Holz lag mit 13.669 N/mm² deutlich über dem Mittelwert der 167 mm breiten Bretter mitteleuropäischer Herkunft ($E_{dyn,mean}$ = 11.638 N/mm²). Lediglich zehn der schmäleren Brettlamellen wiesen einen Elastizitätsmodul kleiner 11.550 N/mm² auf, weshalb bei diesem Kollektiv auf eine Unterteilung in zwei Klassen verzichtet wurde.

Die mittlere Brettrohdichte wurde durch Wiegen der Lamellen ermittelt. Die durch Messung des elektrischen Widerstandes bestimmte Holzfeuchte lag bei allen Brettlamellen zwischen 8% und 12%. Um später die Messwerte mit den simulierten Rohdichtekennwerten vergleichen zu können, wurde aus der Brettrohdichte und dem Mittelwert der gemessenen Holzfeuchte die Darrrohdichte der Bretter nach Gleichung (2-16) berechnet. Bei der Ermittlung der Ästigkeit wurden alle Astmaße innerhalb 150 mm langer Abschnitte abgegriffen und auf Papier übertragen. Durch diese Vorgehensweise konnten später sowohl die Ästigkeiten für den Einzelast (*DEB*) und die Astansammlung (*DAB*) nach DIN 4074-1 als auch der im Simulationsprogramm verwendete KAR-Wert (Knot Area Ratio) ermittelt werden.

Bei den Prüfkörpern der Reihe 2-1a wurde die Bretter der Querlage durch eine 21 mm dicke, 7-lagige Furniersperrholzplatte aus Nadelholzfurnieren ersetzt. Die charakteristische Biegefestigkeit der Sperrholzplatte bei Beanspruchung in Plattenebene beträgt nach allgemeiner bauaufsichtlicher Zulassung Nr. Z-9.1-100 $f_{m,k}$= 32 N/mm² bezogen auf die Plattendicke. Der ebenfalls auf die Plattendicke bezogene Elastizitätsmodul $E_{0,mean}$ ist in der Zulassung mit 10.000 N/mm² angegeben. Aus dem Lagenaufbau der Platte mit 5 Längsfurnieren und 2 Querfurnieren gleicher Dicke ergibt sich der Anteil der quer zur Stabachse orientierten Furniere innerhalb der Platte zu 2/7 ≈ 29%. Da die Prüfkörper der Reihe 2-1a unabhängig von den Prüfkörpern der restlichen Versuchsreihen von einem anderen Unternehmen hergestellt wurden, konnten die Eigenschaften der Brettlamellen der Längslagen vor dem Verkleben nicht ermittelt werden.

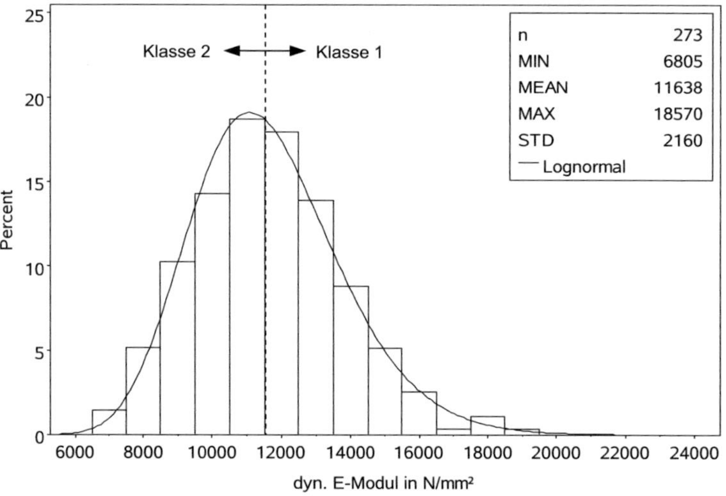

Bild 2-2   *Häufigkeitsverteilung des dynamischen Elastizitätsmoduls, Brettlamellen 40 x 167 mm*

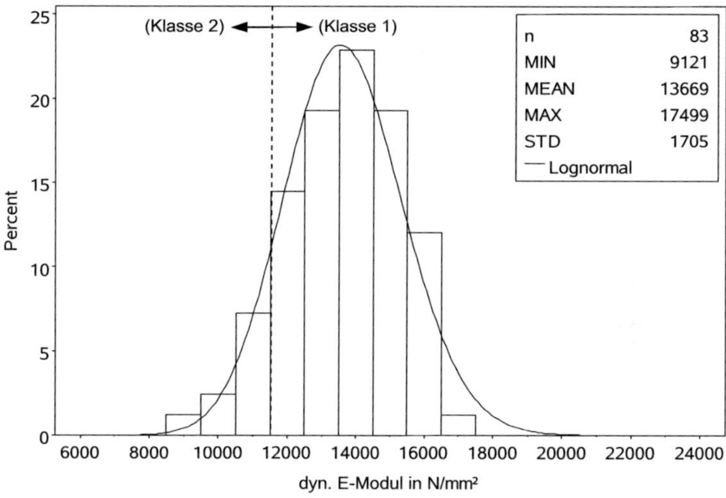

Bild 2-3   Häufigkeitsverteilung des dynamischen Elastizitätsmoduls, Brettlamellen 40 x 102 mm

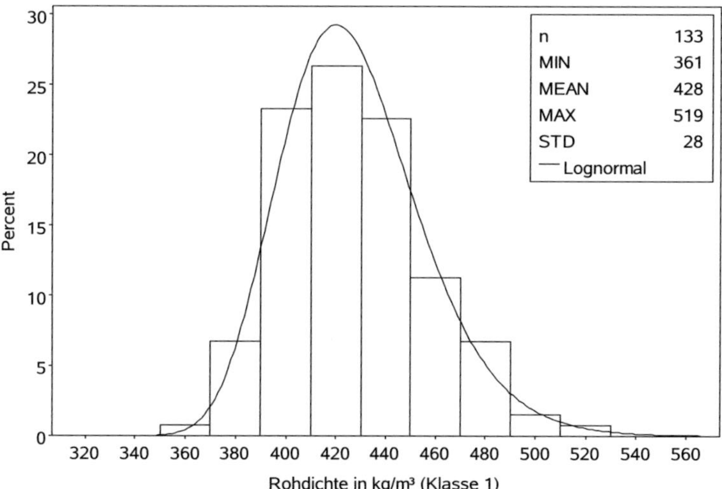

Bild 2-4   Häufigkeitsverteilung der Darrrohdichte, Brettlamellen 40 x 167 mm (Klasse 1)

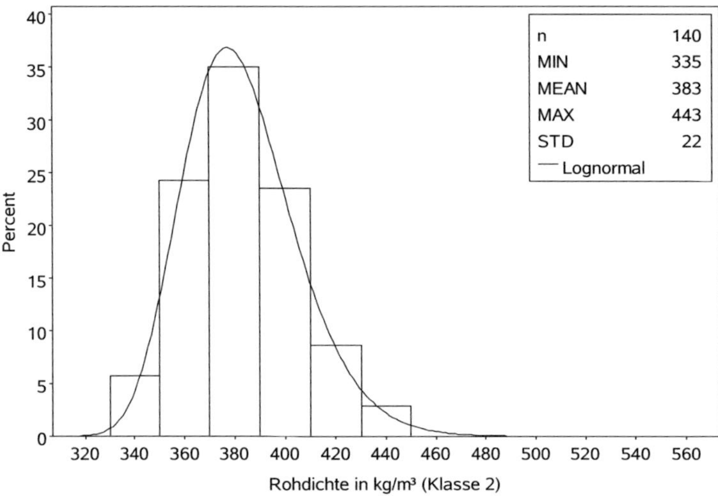

Bild 2-5   Häufigkeitsverteilung der Darrrohdichte, Brettlamellen 40 x 167 mm (Klasse 2)

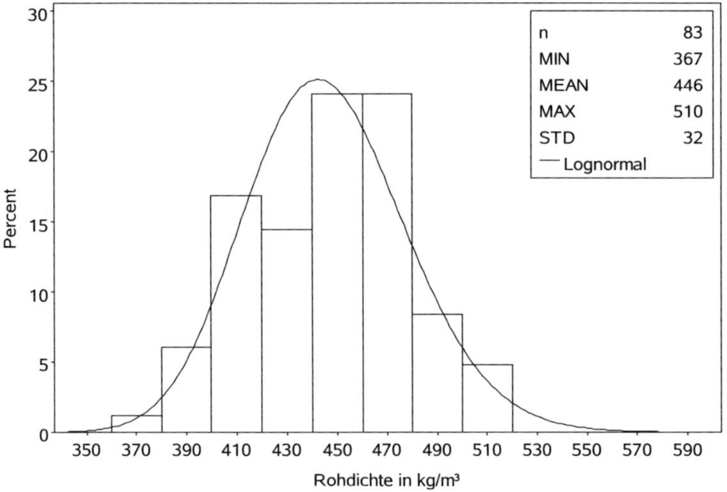

Bild 2-6   Häufigkeitsverteilung der Darrrohdichte, Brettlamellen 40 x 102 mm

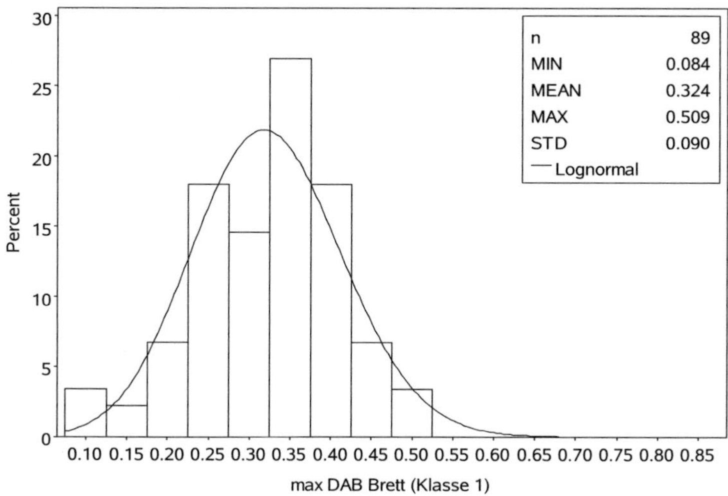

Bild 2-7   Häufigkeitsverteilung der Ästigkeit DAB, Brettlamellen 40 x 167 mm (Klasse 1)

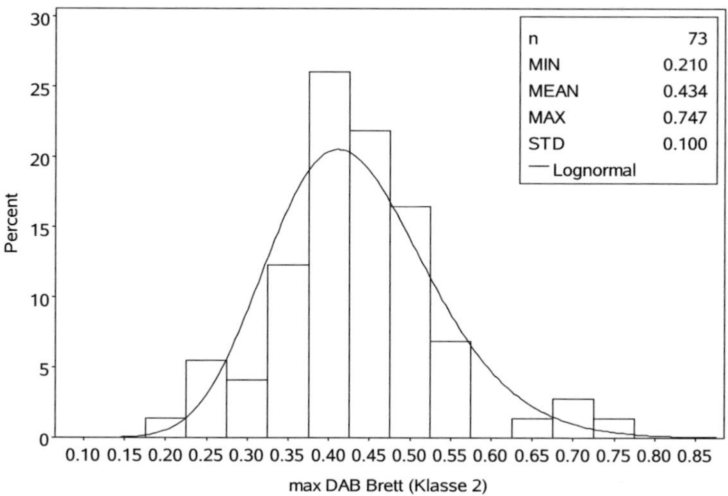

Bild 2-8   Häufigkeitsverteilung der Ästigkeit DAB, Brettlamellen 40 x 167 mm (Klasse 2)

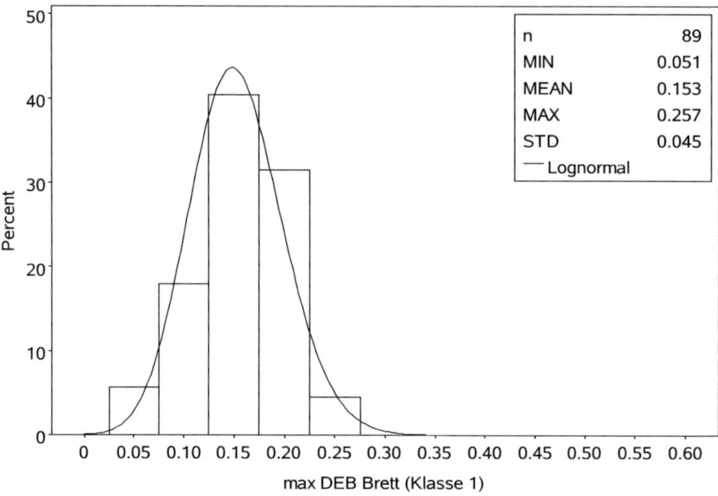

Bild 2-9   Häufigkeitsverteilung der Ästigkeit DEB, Brettlamellen 40 x 167 mm (Klasse 1)

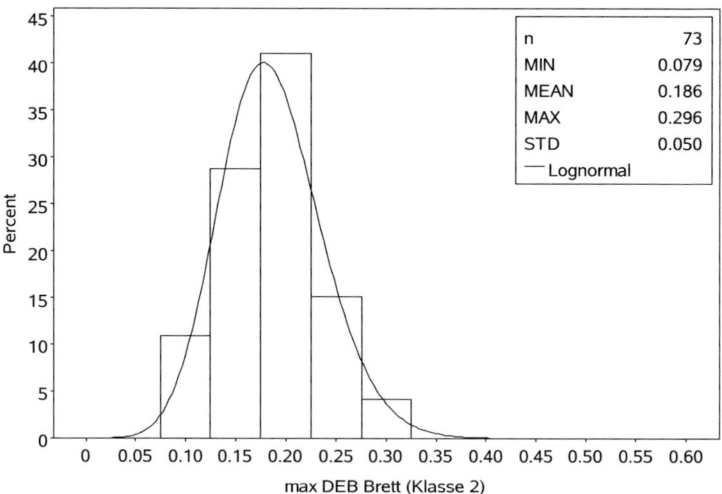

Bild 2-10   Häufigkeitsverteilung der Ästigkeit DEB, Brettlamellen 40 x 167 mm (Klasse 2)

Der Vergleich der Häufigkeitsverteilungen von Rohdichte und Ästigkeit für die beiden Klassen der nach dem dynamischen Elastizitätsmodul sortierten Brettlamellen zeigt, dass mit der gewählten Vorgehensweise das gesamte Brettkollektiv erfolgreich in zwei Teilkollektive unterschiedlicher Qualität aufgeteilt werden konnte.

Anhand der vor dem Verkleben der Prüfkörper ermittelten Ästigkeiten konnten die Brettlamellen den Sortierklassen der visuellen Festigkeitssortierung nach DIN 4074-1 zugeordnet werden. Die Zuordnung der Brettlamellen zu den beiden nach dem dynamischen Elastizitätsmodul gebildeten Klassen und zu den Sortierklassen ist in Tabelle 2-2 angegeben.

Tabelle 2-2   Anzahl der untersuchten Brettlamellen und Zuordnung zu den Sortierklassen nach DIN 4074-1

Klasse	Anzahl gesamt	Ästigkeit ermittelt	Sortierklasse nach DIN 4074-1		
			S7	S10	S13
1	133	88	2	34	52
2	140	73	14	47	12

Die Zusammenstellung zeigt die Unterschiede im Sortierergebnis bei maschineller Sortierung nach dem Elastizitätsmodul – hier vereinfacht durch die Unterteilung in zwei Klassen nach dem dynamischen Elastizitätsmodul E_{dyn} – und bei visueller Sortierung, mit der Ästigkeit als eines der wesentlichen Sortiermerkmale.

In Anlage 1 sind die Rohdichte, der dynamische Elastizitätsmodul, die nach DIN 4074-1 ermittelte Sortierklasse sowie die Positionen der einzelnen Lamellen innerhalb der Prüfkörper zusammengestellt.

2.1.3 Versuchsdurchführung

Zur Ermittlung der Biegefestigkeit bei Beanspruchung in Plattenebene wurden Vierpunkt-Biegeversuche nach EN 408 durchgeführt. Die Stützweite betrug bei allen Versuchen das 18-fache der Trägerhöhe. Die Belastung erfolgte durch zwei Einzellasten in den Drittelspunkten der Spannweite. Zur Ermittlung des Biege-Elastizitätsmoduls wurde die Durchbiegung im querkraftfreien Trägerabschnitt in einem Messbereich mit einer Länge von 5-mal der Trägerhöhe gemessen. Die Messung erfolgte in der neutralen Faser auf beiden Seiten der Prüfkörper mit Hilfe von induktiven Wegaufnehmern. Zur Ermittlung des globalen Biege-Elastizitätsmoduls wurde die Gesamtdurchbiegung in der Mitte der Spannweite und die vertikale Verschiebung an den Trägerauflagern, jeweils an der Trägeroberseite gemessen. Die gesamte Versuchsanordnung ist in Bild 2-11 dargestellt.

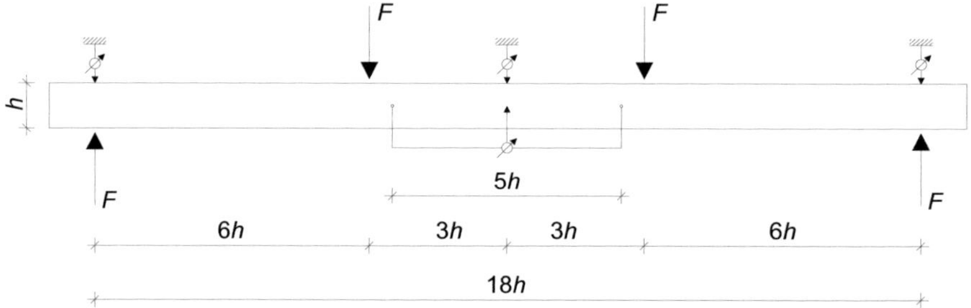

Bild 2-11   Versuchsanordnung zur Ermittlung der Biegefestigkeit und der Biegesteifigkeit von in Plattenebene beanspruchten Brettsperrholzträgern

Die Belastung wurde bis 30% der geschätzten Höchstlast F_{est} kraftgesteuert mit einer konstanten Belastungsgeschwindigkeit von $0,2 \cdot F_{est}$ pro Minute aufgebracht. Oberhalb von $0,3 \cdot F_{est}$ bis zum Bruch wurde die Belastung weggesteuert mit konstanter Vorschubgeschwindigkeit aufgebracht. Bei allen Versuchen wurde die Geschwindigkeit des Belastungskolbens so gewählt, dass die geschätzte Höchstlast F_{est} innerhalb von 300 s ± 120 s erreicht wurde. Soweit erforderlich, wurden die Prüfkörper gegen seitliches Ausweichen gesichert.

2.1.4 Ergebnisse

Von den insgesamt 86 Prüfkörpern versagten 83 durch Biegebrüche zwischen den Lasteinleitungspunkten. Bei drei Prüfkörpern, zwei aus Reihe 2-2, einer aus Reihe 2-3, wurde das Versagen durch Erreichen der Schubfestigkeit in den Kreuzungsflächen zwischen Längs- und Querlagen ausgelöst. Von den insgesamt 252 Lamellen in der Biegezugzone der Prüfkörper trat bei 39 (15,5%) das Versagen innerhalb von Keilzinkenverbindungen auf. Bei den Lamellen der Klasse 1 betrug der Anteil der Keilzinkenbrüche 32/152 = 21,1%. Bei den Lamellen der Klasse 2 war der Anteil der Keilzinkenbrüche mit 7/152 = 4,6% deutlich geringer. Der insgesamt geringe Anteil der Keilzinkenbrüche deutet darauf hin, dass die Hochkantbiegefestigkeit und die Zugfestigkeit der Keilzinkenverbindungen im Vergleich mit den Festigkeiten der Bretter verhältnismäßig groß sind.

Aus der Höchstlast der einzelnen Versuche wurde die auf den Querschnitt der Längslagen bezogene Biegefestigkeit der Brettsperrholzträger nach Gleichung (2-1) berechnet. Das 5%-Quantil der Biegefestigkeit wurden für jede Versuchsreihe nach Klassen getrennt, unter der Annahme log-normalverteilter Werte geschätzt. Der auf den Querschnitt der Längslagen bezogene Elastizitätsmodul $E_{lok,net}$ wurde für den Abschnitt der Last-Verformungs-Kurve zwischen 10% und 40% der Höchstlast aus der Durchbiegung im querkraftfreien Bereich zwischen den Lasteinleitungspunkten nach Gleichung (2-2) berechnet.

$$f_{m,net} = \frac{M_{max}}{W_{net,long}} = \frac{36 \cdot F_{max}}{t_{net,long} \cdot h} \tag{2-1}$$

$$E_{lok,net} = \frac{2}{16} \cdot \frac{(5h)^2}{I_{y,netlong}} \cdot \frac{\Delta M_{10-40}}{\Delta u_{10-40}} = \frac{225}{t_{net,long}} \cdot \frac{\Delta F_{10-40}}{\Delta u_{10-40}} \tag{2-2}$$

Dabei bedeuten

M_{max} maximales Biegemoment im Träger unter Bruchlast

$W_{net,long}$ Widerstandsmoment des Nettoquerschnitts der Längslagen

F_{max} Bruchlast in N

$t_{net,long}$ Summe der Längslagendicken

h Trägerhöhe

$I_{y,net,long}$ Flächenträgheitsmoment des Nettoquerschnitts der Längslagen

ΔF_{10-40} Änderung der Kraft zwischen 10% und 40% der Bruchlast

Δu_{10-40} Änderung der Verformung zwischen 10% und 40% der Bruchlast

In Tabelle 2-3 sind die Kleinst-, Größt- und Mittelwerte der in den acht durchgeführten Versuchsreihen ermittelten Biegefestigkeiten und Elastizitätsmoduln zusammengestellt. Für die Biegefestigkeit ist zusätzlich das unter Annahme log-normalverteilter Werte ermittelte 5%-Quantil angegeben.

Tabelle 2-3   Ergebnisse der Versuche zur Ermittlung der Biegefestigkeit und des Elastizitätsmoduls von Brettsperrholzträgern

Reihe	Klasse	Anzahl	$f_{m,net}$ in N/mm²				$E_{lok,net}$ in N/mm²		
			Q5	MIN	MEAN	MAX	MIN	MEAN	MAX
2-1	1	6	31,2	33,9	41,6	52,7	11100	12683	15050
	2	4	20,1	22,1	38,5	52,8	8340	9878	11200
3-1	1	6	36,7	39,1	46,4	54,5	11770	12835	13950
	2	4	30,0	32,0	36,0	41,0	10240	11430	12720
4-1	1	5	34,5	37,1	41,5	48,0	12220	13118	13780
	2	5	32,6	33,6	39,0	44,6	10280	11156	12410
6-1	1	5	37,8	37,9	46,2	52,2	11530	12830	13800
	2	5	29,9	31,6	36,5	43,5	9700	10260	10670
2-2	1	5	29,0	28,1	45,0	51,0	13000	15072	17190
	2	5	18,5	22,5	26,4	37,0	9600	9976	10230
3-2	1	5	33,0	34,2	37,5	41,0	12220	12856	14090
	2	5	21,9	24,1	27,8	32,2	9300	9654	10150
2-3	1	10	38,3	39,0	52,3	66,7	12920	15353	18160
2-1a	(1)	16	39,8	41,9	57,3	90,4	13600	17996	20850

Q5   5%-Quantil einer Versuchsreihe

MIN   kleinster Wert einer Versuchsreihe

MEAN   Mittelwert einer Versuchsreihe

MAX   größter Wert einer Versuchsreihe

Die Ergebnisse aller Reihen zeigen sowohl bei den Mittelwerten als auch auf dem Niveau der 5%-Quantile deutliche Unterschiede bei den erreichten Biegefestigkeiten der beiden Klassen. Wie erwartet ist bei den ermittelten 5%-Quantilen der Biegefestigkeit – innerhalb einer Klasse – tendenziell auch ein Anstieg der Werte mit zunehmender Anzahl der Längslagen erkennbar. Eine Abhängigkeit der Mittelwerte der Biegefestigkeit von der Anzahl der Längslagen ist hingegen nicht erkennbar.

Die Biegefestigkeit der Reihe 2-1a wurde, wie bei den restlichen Reihen, auf den Querschnitt der Längslagen bezogen. Im Vergleich mit den Ergebnissen der Reihe 2-1, Klasse 1 ergibt sich ein um 38% größerer Mittelwert der Biegefestigkeit. Der deutlich größere Wert ist zu einem wesentlichen Anteil auf das Mitwirken der Furniersperrholzlage am Lastabtrag zurückzuführen. Wird bei der Ermittlung der Biegefestigkeit der Reihe 2-1a die Dicke der in Stablängsrichtung orientierten Furnierlagen berücksichtigt, ergibt sich für die Reihe 2-1a eine mittlere Biegefestigkeit von 46,7 N/mm², die nur noch 12,3% größer ist als bei der Reihe 2-1, Klasse 1.

Die Mittelwerte des Elastizitätsmoduls sind für die Klasse 1 bei den Reihen 2-1 bis 6-1 und 3-2 nahezu identisch. Die deutlich größeren Werte bei den Reihen 2-2 und 2-3 sind auf die sehr hohen Werte der für diese Prüfkörper verwendeten Lamellen zurückzuführen (vgl. Tabelle A-5 und Tabelle A-7). Die Schwankungen bei den Prüfkörpern der Klasse 2 lassen sich ebenfalls anhand der Elastizitätsmoduln der einzelnen Lamellen erklären. Insgesamt deuten die Versuchsergebnisse darauf hin, dass der Elastizitätsmodul der Prüfkörper, als Mittelwert der Elastizitätsmoduln der Lamellen in den Längslagen, unabhängig von der Anzahl der Brettlagen annähernd konstant bleibt.

In Bild 2-16 bis Bild 2-15 sind die experimentell ermittelten Werte der Biegefestigkeit und der Elastizitätsmoduln aller Versuchsreihen grafisch dargestellt. Die Diagramme verdeutlichen nochmals die Unterschiede zwischen den beiden Klassen. Aufgrund des aus statistischer Sicht geringen Umfangs der Versuchsreihen sind die 5%-Quantile der Biegefestigkeit mit großen Unsicherheiten behaftet, die an den großen Schwankungen zwischen den für die einzelnen Reihen ermittelten Werten erkennbar sind.

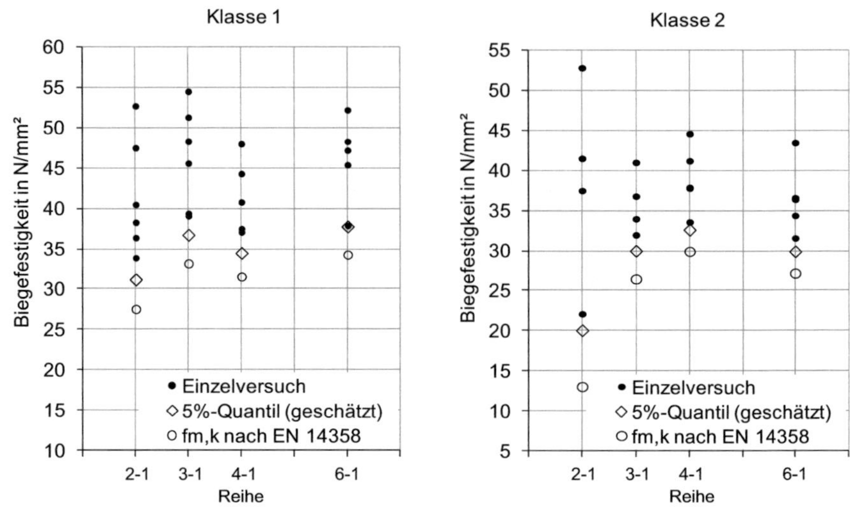

Bild 2-12 Biegefestigkeit der Reihen 2-1 bis 6-1 für Prüfkörper aus Brettlamellen der Klasse 1 (links) und Brettlamellen der Klasse 2 (rechts)

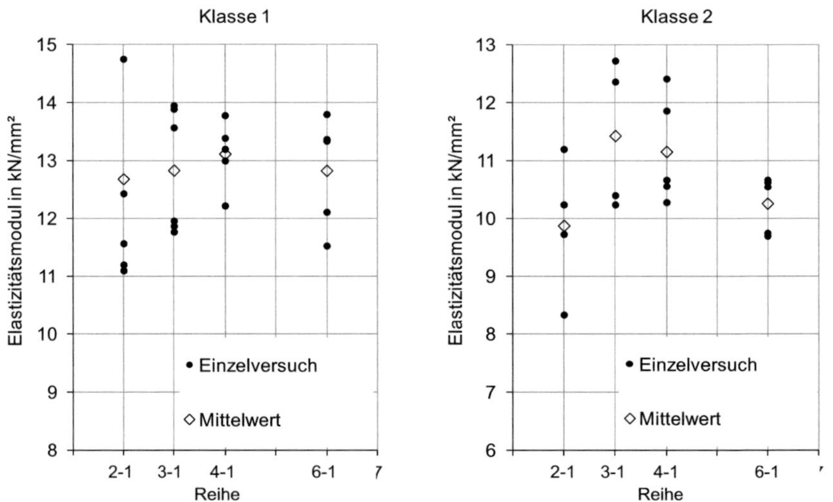

Bild 2-13 Elastizitätsmodul der Reihen 2-1 bis 6-1 für Prüfkörper aus Brettlamellen der Klasse 1 (links) und Brettlamellen der Klasse 2 (rechts)

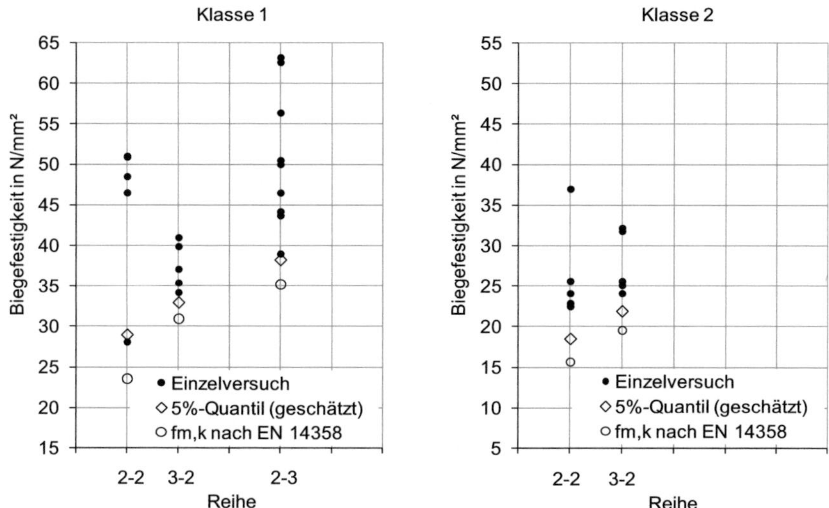

Bild 2-14   Biegefestigkeit der Reihen 2-2, 3-2 und 2-3 für Prüfkörper aus Brettlamellen der Klasse 1 (links) und Brettlamellen der Klasse 2 (rechts)

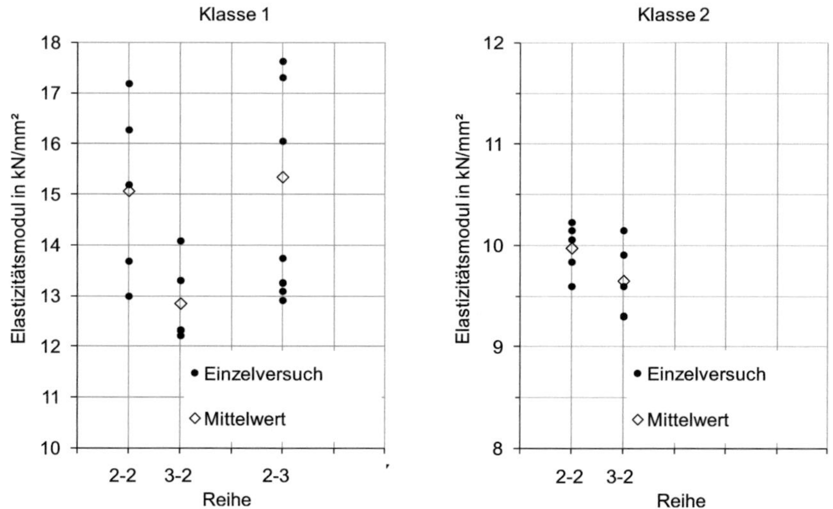

Bild 2-15   Elastizitätsmodul der Reihen 2-2, 3-2 und 2-3 für Prüfkörper aus Brettlamellen der Klasse 1 (links) und Brettlamellen der Klasse 2 (rechts)

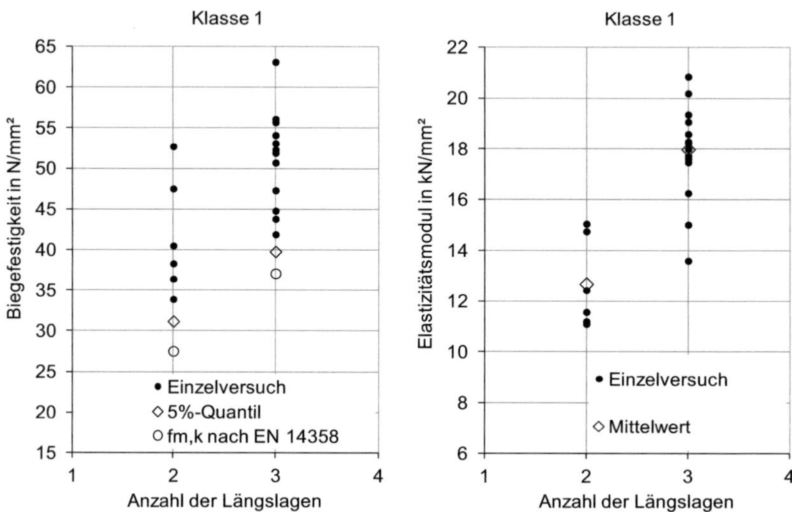

Bild 2-16   Biegefestigkeit (links) und Elastizitätsmodul (rechts) der Reihen 2-1 und 2-1a bezogen auf die Dicke der Brettlamellen der Längslagen

2.1.5 Zusammenfassung

Zur Ermittlung der Biegefestigkeit von in Plattenebene beanspruchten Brettsperrholzträgern mit unterschiedlichem Lagenaufbau wurden 86 Biegeversuche nach EN 408 durchgeführt. Um die Versuchsergebnisse zur Validierung des in Abschnitt 2.2 beschriebenen Rechenmodells verwenden zu können, wurden vor der Versuchsdurchführung die mit den mechanischen Kenngrößen korrelierten Eigenschaften Rohdichte, Elastizitätsmodul und Ästigkeit der für die Längslagen vorgesehenen Brettlamellen ermittelt.

Die Versuchsergebnisse bestätigen qualitativ den bereits in früheren Versuchen festgestellten Anstieg der charakteristischen Biegefestigkeit mit zunehmender Anzahl der am Lastabtrag beteiligten Längslagen.

2.2   Rechenmodell

Die grundlegende Idee des Rechenmodells, die Tragfähigkeit von Biegeträgern, die aus mehreren übereinander angeordneten Brettlamellen zusammengesetzt sind, nicht durch Versuche, sondern mit Hilfe numerischer Simulationen zu ermitteln, entstand bereits Mitte der 1980er Jahre am Lehrstuhl für Ingenieurholzbau und Baukonstruktionen. Die theoretischen Grundlagen des Modells sind in den Arbeiten von Colling (1990) und Görlacher (1990) umfassend beschrieben. Das Rechenmodell wurde seither in verschiedenen Versionen zur Simulation der Festigkeitseigenschaften von Brettschichtholz erfolgreich angewandt, Beispiele sind z.B. bei Frese (2006) sowie bei Blaß et al. (2008) zu finden.

Im Rahmen der vorliegenden Arbeit wurde das bestehende Rechenmodell zur Simulation von Brettschichtholz erweitert und angepasst, um es für die Simulation von Brettsperrholzträgern verwenden zu können.

Die theoretischen Grundlagen des Rechenmodells und die zur Simulation der mechanischen Kenngrößen verwendeten, empirisch ermittelten Verteilungsfunktionen der strukturellen Eigenschaften von Brettlamellen wurden in der Literatur bereits ausführlich beschrieben (Quellen s.o.). Die Beschreibung des Rechenmodells in den folgenden Abschnitten ist daher auf die prinzipielle Funktionsweise und die gegenüber dem Brettschichtholzmodell vorgenommenen Änderungen und Ergänzungen und zum Verständnis der Änderungen und Ergänzungen erforderlichen Erläuterungen begrenzt.

Das weiterentwickelte Rechenmodell besteht, wie die ursprüngliche Version zur Simulation von Brettschichtholz, aus zwei wesentlichen Teilen. Das ist zum einen ein Programm zur Simulation mechanischer Bretteigenschaften mit Hilfe der Monte-Carlo-Methode. Der zweite Teil des Rechenmodells besteht aus einem FE-Modell, in dem das statische System und die Struktur der simulierten Träger, d.h. die einzelnen Lamellen und die geklebten Verbindungen in den Kreuzungsflächen zwischen rechtwinklig angeordneten Brettlagen, abgebildet werden.

Zur Simulation von Biegeversuchen nach EN 408 werden zunächst im Simulationsprogramm die Festigkeits- und Steifigkeitskennwerte der

Brettlamellen erzeugt. Nach dem Erstellen des FE-Modells werden die generierten Elastizitätsmoduln der Brettabschnitte den entsprechenden Elementen des FE-Modells zugewiesen.

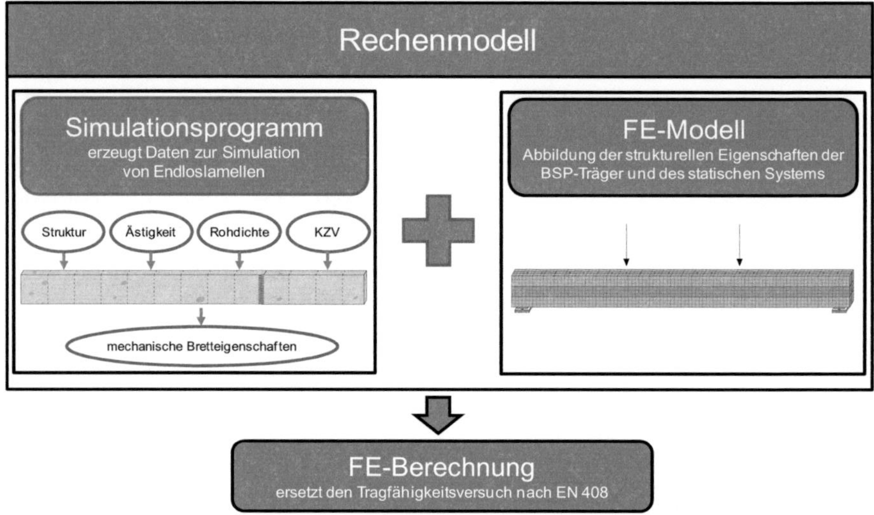

Bild 2-17   schematischer Aufbau des Rechenmodells

Durch Aufbringen und schrittweise Erhöhung einer Verschiebung in den Lasteinleitungspunkten wird dann ein virtueller Tragfähigkeitsversuch im FE-Modell durchgeführt. Für jeden Lastschritt werden die in den einzelnen Brettabschnitten auftretenden Spannungen berechnet und mit den im Simulationsprogramm generierten Festigkeitskennwerten verglichen. Das Versagen bzw. der Bruch in einem Brettabschnitt tritt ein, wenn das Verhältnis aus Spannung und Festigkeit in einer Zelle ein zuvor festgelegtes Versagenskriterium mit hinreichender Genauigkeit erfüllt. Nach dem Versagen eines Brettabschnittes wird die Steifigkeitsmatrix der entsprechenden Elemente im FE-Modell mit einem positiven Faktor << 1 multipliziert. Durch dieses Vorgehen wird sichergestellt, dass in weiteren Lastschritten in den FE-Elementen der versagten Brettabschnitte die Spannungen $\sigma_{ij} \approx 0$ sind.

In weiteren Lastschritten wird die aufgebrachte Verschiebung solange erhöht, bis das Gesamtsystem kinematisch wird und damit das Versagen des Trägers erreicht ist. Aus der größten aufgebrachten Last wird dann die Biegefestigkeit des simulierten Träger berechnet.

2.2.1 Simulationsprogramm

Um die Variation der mechanischen Kenngrößen innerhalb einzelner Bretter bei der Simulation berücksichtigen zu können, werden die Bretter im Modell in 150 mm lange Abschnitte – sogenannte Zellen – unterteilt. Innerhalb der Zellen werden die mechanischen Eigenschaften als konstant angenommen.

Die Grundlage für das Generieren der Festigkeits- und Steifigkeitskennwerte bilden empirisch ermittelte Verteilungsfunktionen der Brettrohdichte und der Ästigkeit, die mit den im Rechenmodell verwendeten mechanischen Bretteigenschaften in Faserrichtung korreliert sind. Der Zusammenhang zwischen der Brettrohdichte und der Ästigkeit auf der einen und den zu generierenden Festigkeits- und Steifigkeitskennwerten auf der anderen Seite wird durch Regressionsgleichungen beschrieben. Zur Erzeugung der mechanischen Kennwerte eines Brettes werden zunächst die Brettrohdichte und die größte Ästigkeit im Brett mit Hilfe der Monte-Carlo-Methode erzeugt. Ästigkeiten in weiteren Zellen werden in Abhängigkeit der größten Ästigkeit berechnet (Görlacher, 1990). Durch Einsetzen der ermittelten Werte in die Regressionsgleichungen für die Elastizitätsmoduln und die Festigkeiten können die mechanischen Kenngrößen einzelner Zellen berechnet werden. Die Reststreuung, d.h. die Unbestimmtheit der Regressionsgleichungen wird dabei durch Addition zusätzlicher Streuterme berücksichtigt, die ebenfalls zufällig erzeugt werden. Die in dieser Arbeit verwendeten Verteilungsfunktionen und Regressionsgleichungen für Brettlamellen aus Fichtenholz sind Blaß et al. (2008) entnommen.

Die Festigkeits- und Steifigkeitseigenschaften der Zellen innerhalb eines Brettes sind statistisch gesehen nicht unabhängig voneinander, d.h. dass in der Realität sowohl „gute" Bretter, bei denen die mechanischen Eigenschaften aller Zellen größer sind als der Mittelwert der Grundgesamtheit, als auch „schlechte" Bretter mit tendenziell niedrigen Kennwerten vorkommen. Um „gute" und „schlechte" Bretter realitätsnah simulieren zu können, ist es erforderlich, die Autokorrelation der mechanischen

Kenngrößen innerhalb einzelner Bretter zu berücksichtigen. Dies geschieht im Rechenmodell durch die Aufteilung der zu einer Regressionsgleichung gehörenden Reststreuung in einen Anteil Δ_{Brett}, der dem Abstand des Mittelwertes einer Eigenschaft innerhalb eines Bretter vom Vorhersagewert entspricht und eine Reststreuung s_R innerhalb eines Brettes.

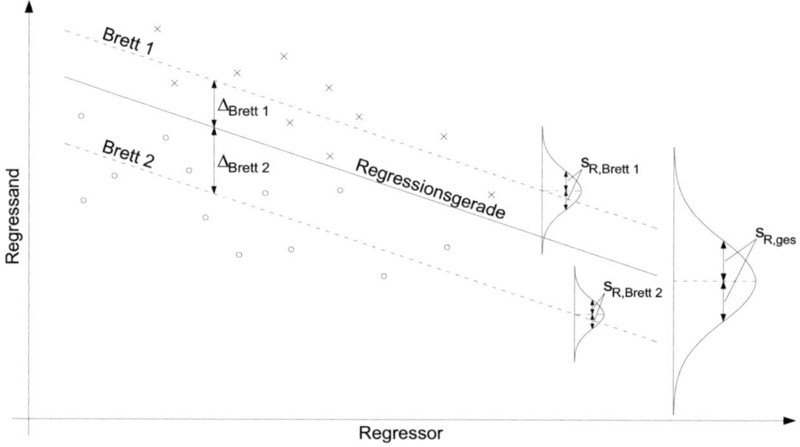

Bild 2-18   Aufteilung der Reststreuung nach Colling (1990)

Mechanische Kenngrößen im Brettschichtholzmodell

Bei Brettschichtholzträgern mit flachkant auf Biegung beanspruchten Lamellen ist der veränderliche Anteil der Normalspannung $\sigma_{m,0,i}$ innerhalb der einzelnen Lamellen im Vergleich mit dem konstanten Anteil $\sigma_{n,0,i}$ gering. In den Randlamellen gilt:

$$\frac{\sigma_{m,0,i}}{\sigma_{n,0,i}} = \frac{1}{n-1} \tag{2-3}$$

mit

$\sigma_{m,0,i}$ veränderlicher Anteil der Normalspannung innerhalb einer Lamelle

$\sigma_{n,0,i}$ konstanter Anteil der Normalspannung innerhalb einer Lamelle

n Anzahl der Lamellen im Träger

Zur Formulierung eines Versagenskriteriums im Brettschichtholzmodell kann daher in guter Näherung die Schwerpunktspannung der Lamellen herangezogen werden.

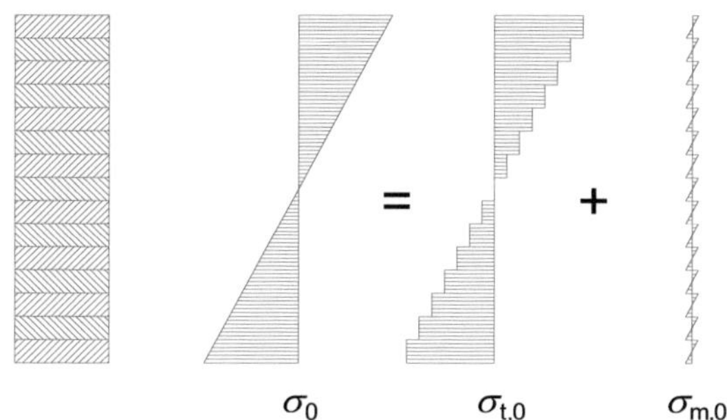

Bild 2-19   Verteilung der Normalspannungen bei einem Brettschichtholzträger mit flachkant auf Biegung beanspruchten Lamellen

Im Hinblick auf das Rechenmodell bedeutet dies, dass für die Simulation von Lamellen für Brettschichtholzträger die mechanischen Kenngrößen für Zug- und Druckbeanspruchungen der Lamellen in Faserrichtung ausreichen. Wird zusätzlich zwischen Brettabschnitten und Keilzinkenverbindungen (Index j) unterschieden, sind folgende Kenngrößen erforderlich:

Elastizitätsmodul bei Zugbeanspruchung	E_t und $E_{t,j}$
Elastizitätsmodul bei Druckbeanspruchung	E_c und $E_{c,j}$
Zugfestigkeit	f_t und $f_{t,j}$
Druckfestigkeit	f_c und $f_{c,j}$

Die Generierung dieser Kenngrößen im Brettschichtholzmodell erfolgt mit Hilfe der von Glos und Ehlbeck et al. ermittelten Regressionsbeziehungen, die beispielsweise in Blaß et al. (2008) angegeben sind.

Mechanische Kenngrößen im Brettsperrholzmodell

Bei in Plattenebene beanspruchten Brettsperrholzträgern sind die Lamellen der Längslagen mit den Breitseiten in Richtung der Querschnittshöhe angeordnet. Wegen des deutlich größeren Verhältnisses zwischen Lamellenbreite und Trägerhöhe sind, im Gegensatz zu Brettschichtholz, die Normalspannungen in den einzelnen Lamellen der Längslagen nicht mehr annähernd konstant, d.h. die Ordinaten der Normalspannungen an den oberen und unteren Betträndern sind deutlich voneinander verschieden.

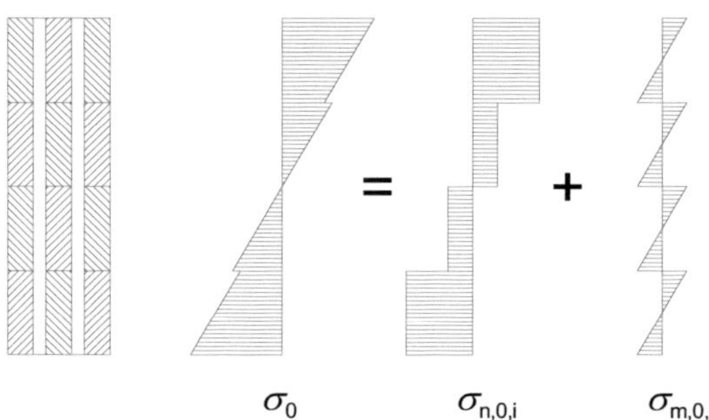

Bild 2-20   Verteilung der Normalspannungen bei einem in Plattenebene beanspruchten Brettsperrholzquerschnitt

Wegen der gleichzeitigen Beanspruchung der Lamellen durch Normalkräfte und Biegemomente und der unterschiedlichen Zug- und Biegefestigkeit von Fichtenholz, ist zur Formulierung eines spannungsbasierten Versagenskriteriums in der Zugzone, die Zugfestigkeit der Lamellen allein nicht mehr ausreichend. Für die Simulation der Biegefestigkeit von Brettsperrholzträgern werden daher die Biegefestigkeit von Brettlamellen und Keilzinkenverbindungen als weitere mechanische Kenngrößen im Rechenmodell eingeführt.

Wird aus den mit Hilfe des FE-Modells berechneten Längsspannungen σ_0 ein über die Lamellenbreite konstanter Normalkraftanteil $\sigma_{n,0,i}$ sowie ein linear veränderlicher Biegeanteil $\sigma_{m,0,i}$ ermittelt, kann das Versagenskriterium für die Zugzone mit Hilfe einer linearen Interaktion von Biege- und Zugspannungen formuliert werden:

$$\frac{\sigma_{n,0,i}}{f_t} + \frac{\sigma_{m,0,i}}{f_m} = 1 \tag{2-4}$$

Bei rechtwinklig zur Plattenebene beanspruchten Brettsperrholzträgern kann das Versagenskriterium für die Zugzone, wie bei Brettschichtholz mit flachkant auf Biegung beanspruchten Lamellen, in guter Näherung unter Verwendung der Zugfestigkeit formuliert werden. In den Querlagen treten jedoch bei Beanspruchung rechtwinklig zur Plattenebene Rollschubspannungen auf, die zu einem Versagen in den Querlagen führen können. Zur Simulation der Biegefestigkeit bei Beanspruchung rechtwinklig zur Plattenebene ist daher die Einführung der Rollschubfestigkeit als weitere mechanische Kenngröße erforderlich (vgl. Abschnitt 3.9.1).

2.2.2 Finite-Elemente Programm

Abbildung der strukturellen Eigenschaften

Das FE-Modell wird dazu verwendet, die in den einzelnen Brettabschnitten auftretenden Längsspannungen zu ermitteln. Hierfür müssen die Brettlamellen sowie die Verbindungen in den Kreuzungsflächen möglichst zutreffend abgebildet werden. Um die Verteilung der Spannungen in Richtung der Bauteildicke bei der Simulation von Biegeversuchen erfassen zu können, wurde ein dreidimensionales Modell gewählt.

Die Lage der notwendigen Knoten im 3D-Modell ist zunächst durch die Eckpunkte der Brettlamellen und der Kreuzungsflächen zwischen den Längs- und Querlagen vorgegeben. Um die im Simulationsprogramm erzeugten mechanischen Kennwerte den einzelnen Brettabschnitten zuweisen zu können, ist darüber hinaus eine Unterteilung der Bretter in Faserrichtung im Abstand von 150 mm erforderlich (Bild 2-21).

Um die Verbindungen zwischen den Brettern benachbarter Längs- und Querlagen in den Kreuzungsflächen im FE-Modell abzubilden, ohne dabei die koinzidenten Knoten benachbarter Bretter innerhalb einer Lage zu koppeln und damit die Bretter auch an den Schmalseiten zu verbinden, müssen in den Kreuzungsflächen zusätzliche Elemente angeordnet werden. Zwischen benachbarten Längs- und Querlagen wird daher im FE-Modell eine zusätzliche Schicht aus FE-Elementen eingeführt. Die Elemente dieser Zwischenschicht sind nur innerhalb der Kreuzungsflächen, nicht jedoch entlang der Brettränder miteinander verbunden (Bild 2-22).

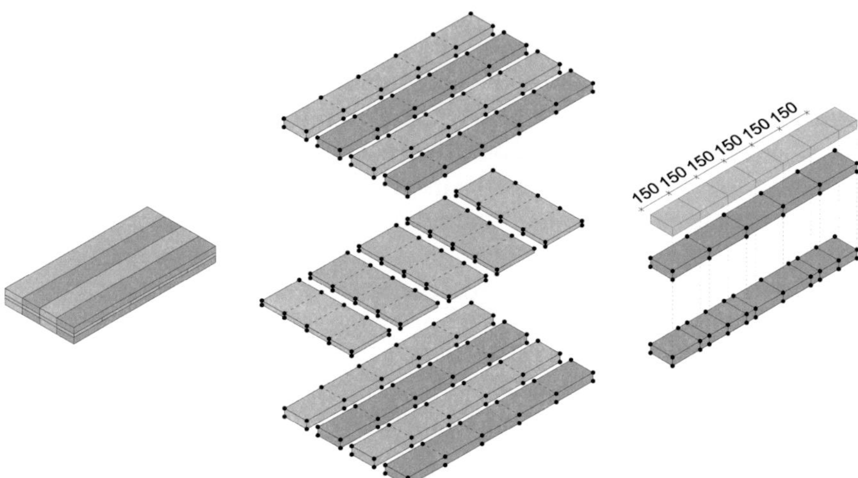

Bild 2-21 Lage der notwendigen Knoten am Beispiel eines dreilagigen Brettsperrholzelementes, links: Brettsperrholzelement mit zwei Längs- und einer Querlage, Mitte: notwendige Knoten in den Eckpunkten der Kreuzungsflächen, rechts: notwendige Knoten zur Unterteilung der Lamellen in Zellen mit einer Länge von 150 mm

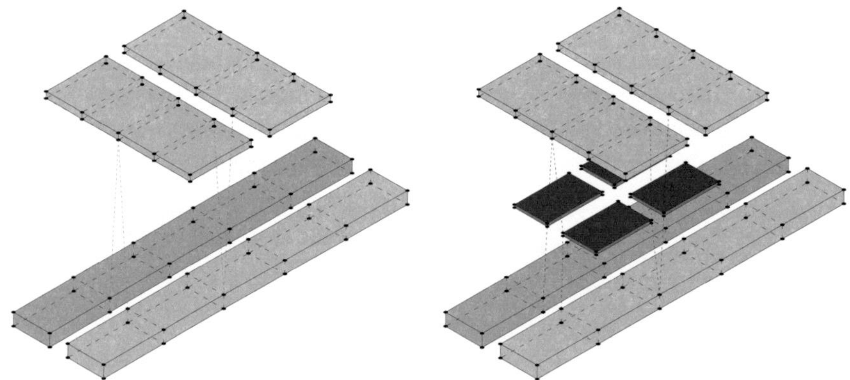

Bild 2-22 links: ohne Zwischenlage; durch die Verbindung mit den Knoten benachbarter Lagen werden auch die Bretter innerhalb einer Lage miteinander gekoppelt, rechts: mit Zwischenlage; keine Kopplung der Knoten von Brettern einer Lage, die Bretter innerhalb einer Lage bleiben gegeneinander verschieblich

FE-Elemente

Zur Abbildung der Bretter in den Längs- und Querlagen werden Volumenelemente mit acht Knoten und jeweils drei Freiheitsgraden – Verschiebungen in x-, y- und z-Richtung – verwendet. Für die Elementformulierung wurde ein reiner Verschiebungsansatz mit linearen Ansatzfunktionen gewählt. Zur Vermeidung von Shearlocking-Effekten wurden neun inkompatible Verschiebungen im Element eingeführt (siehe ANSYS, *simplified enhanced strain formulation*). Alle Integrationen werden vollständig mit 2 x 2 x 2 = 8 Integrationspunkten ausgeführt. Die Gaußpunkte liegen an den Stellen $\pm 1/\sqrt{3}$ und werden jeweils mit dem Faktor 1,0 gewichtet.

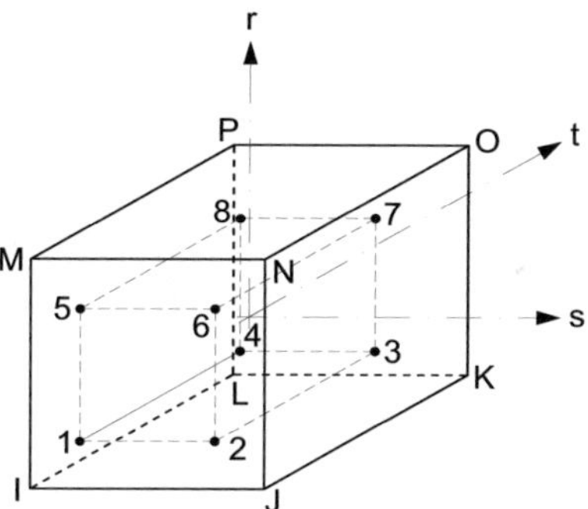

Bild 2-23   Lage der Knoten (I bis P) und der Integrationspunkte (1 bis 8) bei dem verwendeten 3-D-Volumenelement mit 8 Knoten

Diskretisierung

Da im Rechenmodell die in den Lamellen der Längslagen auftretenden Spannungen in Faserrichtung zur Formulierung des Versagenskriteriums in der Zugzone und der Fließbedingung in der Druckzone verwendet werden, muss die FE-Berechnung insbesondere für diese Spannungen zutreffende Ergebnisse liefern. Im Allgemeinen nimmt die Genauigkeit einer FE-Berechnung mit der Anzahl der FE-Elemente im Modell zu. Mit zunehmender Anzahl der Freiheitsgrade im System steigt jedoch auch der Rechenaufwand.

Da zur Ermittlung der 5%-Quantile der Biegefestigkeit jeweils mehrere hundert Träger simuliert werden sollten, war es erforderlich, die Rechenzeiten so gering wie möglich zu halten.

Zur Ermittlung einer Netzfeinheit, die zu hinreichend genauen Ergebnissen führt, wurden daher vergleichende Berechnungen mit zwei exemplarisch gewählten Querschnitten – Einzelbretter und Brettsperrholzträger mit zwei Längslagen und vier Brettlamellen je Längslage – durchgeführt. Als statisches System wurden Vierpunkt-Biegeversuche nach EN 408 mit einer Stützweite von 18-mal der Trägerhöhe und Einzellasten in den Drittelspunkten der Stützweite gewählt, da dieses System später auch für virtuelle Tragfähigkeitsversuche zur Simulation der Biegefestigkeit verwendet wird.

Bild 2-24   statisches System für die Vergleichsrechnungen zur Netzfeinheit

Die durchgeführten Vergleichsrechnungen zeigen, dass für die gewählten 8-Knoten-Volumenelemente in Verbindung mit den gewählten Ansatzfunktionen die in den Elementknoten berechneten Ergebnisse der FE-Berechnung bei einer Vernetzung mit einem Element in Richtung der Lamellenbreite am besten mit der analytischen Lösung übereinstimmen. In Tabelle 2-4 sind die mit Hilfe von FE-Berechnungen ermittelten standardisierten Spannungen und Verformungen am unteren Querschnittsrand in Feldmitte in Abhängigkeit der Netzfeinheit angegeben.

Die Bezugswerte wurden für das Einzelbrett durch eine analytische Berechnung unter Berücksichtigung der Schubverformungen (Timoshenko-Balken) und für den Brettsperrholzträger mit Hilfe des in Anlage 2 beschriebenen Gittermodells, das bezüglich der Spannungen die gleichen Ergebnisse wie die Verbundtheorie liefert, ermittelt.

Tabelle 2-4   *Standardisierte Biegerandspannungen und Durchbiegungen der untersuchten Einfeldsysteme in Abhängigkeit der Netzfeinheit*

Querschnitt	Elemente in Richtung der Lamellenbreite	Normalspannung am unteren Rand	Durchbiegung in Feldmitte
	analytisch	1	$1^{1)}$
	1	1,004	0,997
	2	1,014	1,003
	4	1,013	1,014
	10	1,017	1,024
	analytisch	1	$1^{1), 2)}$
	1	1,000	1,032
	2	0,992	1,032
	4	0,989	1,049

[1] Ergebnisse für den Timoshenko Balken

[2] am ebenen Gittermodell nach Anlage 2 ermittelte Ergebnisse

Elastizitätskonstanten

Die elastomechanischen Eigenschaften der Bretter werden im FE-Modell durch ein orthotropes Materialmodell abgebildet. Zur Formulierung des Materialgesetzes nach Gleichung (2-5) sind hierfür neun unabhängige Elastizitätskonstanten erforderlich:

- die Elastizitätsmoduln in den drei Vorzugsrichtungen, d.h. in Faserrichtung sowie in radialer und tangentialer Richtung,

- drei Schubmoduln, zweimal für Schub in Faserrichtung und einmal für Rollschub,

- sowie drei Querdehnzahlen, zur Verknüpfung der Dehnungen in Faserrichtung sowie in radialer und tangentialer Richtung.

$$
\begin{bmatrix} \varepsilon_x \\ \varepsilon_y \\ \varepsilon_z \\ 2\varepsilon_{xy} \\ 2\varepsilon_{yz} \\ 2\varepsilon_{xz} \end{bmatrix}
=
\begin{bmatrix}
\dfrac{1}{E_x} & -\dfrac{\nu_{xy}}{E_x} & -\dfrac{\nu_{xz}}{E_x} & 0 & 0 & 0 \\[2mm]
 & E_y & -\dfrac{\nu_{yz}}{E_y} & 0 & 0 & 0 \\[2mm]
 & & E_z & 0 & 0 & 0 \\[2mm]
 & & & \dfrac{1}{G_{xy}} & 0 & 0 \\[2mm]
 & \text{sym.} & & & \dfrac{1}{G_{yz}} & 0 \\[2mm]
 & & & & & \dfrac{1}{G_{xz}}
\end{bmatrix}
\cdot
\begin{bmatrix} \sigma_x \\ \sigma_y \\ \sigma_z \\ \tau_{xy} \\ \tau_{yz} \\ \tau_{xz} \end{bmatrix}
\qquad (2\text{-}5)
$$

Von den neun Elastizitätskonstanten hat der Elastizitätsmodul in Faserrichtung mit Abstand den größten Einfluss auf die Längsspannungen in den Brettelementen, die bei der Simulation der Biegefestigkeit ausgewertet werden. Der Elastizitätsmodul parallel zur Faserrichtung muss wegen seines unmittelbaren Einflusses auf die Längsspannungen und wegen der Korrelation mit den Festigkeiten in Faserrichtung im Simulationsprogramm wirklichkeitsnah abgebildet werden. Da bei den im Rechenmodell abgebildeten Biegeträgern die auftretenden Spannungen rechtwinklig zur Faserrichtung im Vergleich zu den Spannungen in Faserrichtung sehr klein sind, ist der Einfluss der Querdehnzahlen und der Elastizitätsmoduln rechtwinklig zur Faserrichtung auf die Spannungen in Faserrichtung und die simulierten Biegefestigkeiten sehr gering. Die restlichen acht Elastizitätskonstanten können daher anhand von in der Literatur angegebenen Werten abgeschätzt werden.

In Tabelle 2-5 und Tabelle 2-6 sind die Elastizitätskonstanten aus verschiedenen Quellen angegeben. Die Zusammenstellung ist keinesfalls als vollständige Übersicht anzusehen, sondern soll vielmehr die großen Streuungen der Kennwerte veranschaulichen, die beim Festlegen konkreter Rechenwerte zu deutlich unterschiedlichen Ergebnissen führen können.

Tabelle 2-5   Elastizitäts- und Schubmoduln von Fichtenholz in N/mm²

	E_L	E_R	E_T	G_{LT}	G_{LR}	G_{RT}
Neuhaus	12048	818	420	744	623	42
Hörig	16233	699	400	629	775	37
Wommelsdorf	11287	980	429			
DIN 1052 (C24)	11000		370		690	69

Tabelle 2-6   Querdehnzahlen von Fichtenholz

	v_{LR} [1]	v_{LT}	v_{RT}	v_{TR}	v_{RL}	v_{TL}
Neuhaus	0,410	0,554	0,599	0,311	0,055	0,035
Hörig	0,430	0,530	0,420	0,240	0,019	0,013
Wommelsdorf	0,447	0,561	0,586	0,260	0,049	0,028

[1] Der 1. Index bezeichnet die Richtung der einwirkenden Spannung.
Der 2. Index bezeichnet die Richtung der Querdehnung.
L = longitudinal, R = radial, T = tangential

Neben der Anforderung, die mechanischen Eigenschaften hinreichend genau abzubilden, ergeben sich aus dem Elastizitätsgesetz und der FE-Formulierung weitere Bedingungen, denen die Elastizitätskonstanten genügen müssen. Aus der geforderten Symmetrie der Steifigkeitsmatrix ergeben sich die Bedingungen nach Gleichung (2-6).

$$\frac{E_y}{v_{yx}} = \frac{E_x}{v_{xy}} \qquad \text{und} \qquad \frac{E_z}{v_{zx}} = \frac{E_x}{v_{xz}} \qquad \text{und} \qquad \frac{E_z}{v_{zy}} = \frac{E_y}{v_{yz}} \tag{2-6}$$

Die Steifigkeitsmatrix muss zudem positiv definit sein. Das ist der Fall wenn die Bedingung nach Gleichung (2-7) eingehalten ist:

$$1 - (v_{xy})^2 \frac{E_y}{E_x} - (v_{yz})^2 \frac{E_z}{E_y} - (v_{xz})^2 \frac{E_z}{E_x} - 2v_{xy}v_{yz}v_{xz}\frac{E_z}{E_x} > 0 \tag{2-7}$$

Anhand der oben angegeben Werte und den Bedingungen nach den Gleichungen (2-6) und (2-7) wurden für das Rechenmodell die in Tabelle 2-7 angegebenen Elastizitätskonstanten festgelegt. Da bei dem verwendeten orthotropen Materialgesetz nicht zwischen radialer und tangentialer Richtung unterschieden wird, reduziert sich die Anzahl der Elastizitäts- und Schubmoduln auf jeweils zwei.

Tabelle 2-7   Im Rechenmodell verwendete Elastizitätskonstanten

E_0	E_{90}	G	G_R	$v_{0,90}$	$v_{90,90}$	$v_{90,0}$
sim[1]	$E_0 / 20$	$E_0 / 16$	$E_0 / 160$	0,480	0,420	0,024

[1] Der Elastizitätsmodul in Faserrichtung wird im Simulationsprogramm mit Hilfe der Monte-Carlo-Methode erzeugt.

Spannungs-Dehnungs-Beziehungen

In der Zugzone wurde linear-elastisches Verhalten bis zum Erreichen des Versagenskriteriums angenommen. In der Druckzone wurden Elemente mit elastisch ideal-plastischem Stoffgesetz und Fließbedingung nach v. Mises verwendet. Da mit Ausnahme der Lasteinleitungsbereiche die in den Lamellen auftretenden Spannungen rechtwinklig zur Faserrichtung vernachlässigbar klein sind, kann mit hinreichender Genauigkeit die Druckfestigkeit in Faserrichtung als Fließgrenze verwendet werden. Die in Versuchen beobachtete Abnahme der Druckspannung nach dem Erreichen der Höchstlast wird im Materialmodell nicht berücksichtigt.

Nachgiebigkeit der Kreuzungsflächen

Bei gegebener Netzfeinheit kann durch gezieltes Anpassen der Elastizitätskonstanten der Zwischenschicht die Steifigkeit der Verbindungen in den Kreuzungsflächen anhand experimentell ermittelter Werte kalibriert werden.
In Versuchen mit kleinen Prüfkörpern mit einer oder zwei Kreuzungsflächen wurden Verschiebungsmoduln zwischen 3,45 N/mm³ und 4,87 N/mm³ ermittelt, die jedoch Verformungsteile außerhalb der Kreuzungsflächen beinhalten (vgl. Tabelle 4-1). Aus Druckscherversuchen, bei denen die Verformungen in unmittelbarer Nähe der Klebefugen ge-

messen wurden und aus Biegeversuchen wurden deutlich größere Werte von im Mittel 7,67 N/mm³ bzw. 7,58 N/mm³ ermittelt (s. Abschnitt 4.3 und 4.4).

Vergleichsrechnungen haben gezeigt, dass bei den im Rechenmodell abgebildeten Biegeträgern mit einer Stützweite von 18-mal der Trägerhöhe die Nachgiebigkeit der Kreuzungsflächen nahezu keinen Einfluss auf die Biegerandspannungen in den Längslagen hat. Nur in unmittelbarer Nähe der Lasteinleitungsstellen weichen die Biegerandspannungen von den unter Annahme eines starren Verbundes der Lamellen ermittelten Werten ab. Bei einem Verschiebungsmodul von 5 N/mm³ sind die Biegerandspannungen bei Querschnitten mit drei Lamellen je Längslage um 3%, bei Querschnitten mit acht Lamellen je Längslage um 10% größer als bei starrem Verbund der Lamellen. Für einen Verschiebungsmodul von 10 N/mm³ ergeben sich nur geringfügig kleinere Werte für die Randspannungen im Bereich der Lasteinleitungsstellen, die für die genannten Querschnitte zwischen 2% und 8% über den Randspannungen bei starrem Verbund liegen.
Für das Rechenmodell zur Simulation der Biegefestigkeit wurde daher konservativ ein Verschiebungsmodul von 5 N/mm³ verwendet.

Die Kalibrierung der Elastizitätskonstanten für die Elemente der Zwischenschichten erfolgte am FE-Modell einer einzelnen Kreuzungsfläche.

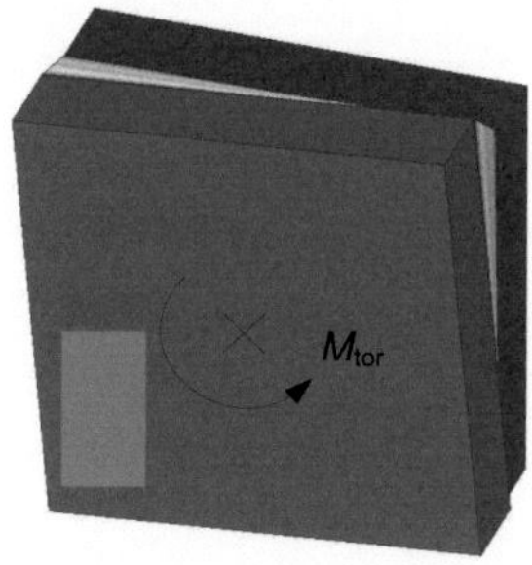

Bild 2-25   links: Für die Kalibrierung der Elastizitätskonstanten der Zwischenschicht verwendetes Modell (Brettelemente: dunkelgrau, Zwischenschicht: hellgrau); rechts: Verzerrung der Zwischenschicht bei Einwirkung eines Torsionsmomentes

Zur Überprüfung der FE-Berechnung wurde der Schubmodul der Zwischenschicht durch die nachfolgend beschriebene analytische Berechnung ermittelt:

Die durch ein Torsionsmoment M_T verursachte Verdrehung eines Stabes der Länge t kann nach Gleichung (2-8), die gegenseitige Verdrehung zweier torsionsweich miteinander gekoppelter Scheiben nach Gleichung (2-9) berechnet werden.

$$\gamma = \frac{M_{tor} \cdot t}{G \cdot I_{tor}} \qquad \text{mit} \qquad G \quad \text{Schubmodul des Stabes} \qquad (2\text{-}8)$$

$$I_{tor} \quad \text{Torsionsflächenmoment 2. Grades}$$

$$\gamma = \frac{M_{tor}}{K \cdot I_{p}} \qquad \text{mit} \qquad K \quad \text{Verschiebungsmodul} \qquad (2\text{-}9)$$

$$I_{p} \quad \text{polares Flächenmoment 2. Grades}$$

Durch Gleichsetzen erhält man:

$$\frac{G \cdot I_{tor}}{t} = K \cdot I_{p} \qquad (2\text{-}10)$$

Für quadratische Flächen kann damit der äquivalente Schubmodul G_{eq} in Abhängigkeit der Schichtdicke t angegeben werden als:

$$G_{eq} = \frac{K}{6 \cdot 0,14} \cdot t$$

Für einen Verschiebungsmodul von 5 N/mm³ ergibt sich damit, bei einer Zwischenschichtdicke von 5 mm, ein äquivalenter Schubmodul der Zwischenschicht von 29,8 N/mm². Mit Hilfe des FE-Modells wurde für die gleiche Zwischenschichtdicke ein etwas kleinerer äquivalenter Schubmodul von 25 N/mm² bestimmt.

Der Vergleich der äquivalenten Schubmoduln zeigt, dass im FE-Modell die Schubsteifigkeit der Zwischenschicht, bei der gegebenen Vernetzung und den gewählten Elementansätzen, gegenüber der analytischen Lösung überschätzt wird, sodass ein ca. 20% kleinerer Schubmodul zu einer gleich großen Drehfedersteifigkeit einer Kreuzungsfläche führt.

Die Elastizitätsmoduln E_x und E_y in der Ebene der Zwischenschicht wurden sehr klein gewählt, um sicherzustellen, dass die Elemente der Zwischenschicht die Dehnungen in den angrenzenden Brettlamellen nicht behindern und dadurch die Spannungen in Trägerlängsrichtung beeinflussen. Der Elastizitätsmodul E_z der Zwischenschicht in Richtung der Zwischenschichtdicke hat nahezu keinen Einfluss auf die Spannungen in den Brettlamellen der Längslagen und wurde mit 100 N/mm² festgelegt.

Tabelle 2-8   Elastizitätskonstanten der Elemente der Zwischenschichten

E_x = 0,1 N/mm²	E_y = 0,1 N/mm²	E_z = 100 N/mm²
G_{xy} = 25 N/mm²	G_{yz} = 25 N/mm²	G_{xz} = 25 N/mm²
v_{xy} = 0,01	v_{yz} = 0,01	v_{xz} = 0,01

2.2.3   Hochkantbiegefestigkeit nach Isaksson

Isaksson (1999) führte umfangreiche Versuchsreihen zur Ermittlung der Hochkantbiegefestigkeit von Fichtenholz durch. Eine Übersicht der von ihm für zwei Kollektive ermittelten Bretteigenschaften ist in Tabelle 2-9 und Tabelle 2-10 gegeben. Zur Prüfung der Bretter des Kollektivs A wurde die in Bild 2-26 dargestellte Versuchsanordnung verwendet. Die Bretter des Kollektivs B wurden durch Vierpunkt-Biegeversuche nach EN 408 geprüft.

Anhand der für das Kollektiv A ermittelten Bretteigenschaften wurden unter Verwendung verschiedener Regressoren mehrere Regressionsgleichungen für die Biegefestigkeit ermittelt. Der von Isaksson für das Kollektiv A verwendete Versuchsaufbau ermöglichte die Prüfung mehrerer Abschnitte innerhalb einzelner Bretter. Die gesamte Streuung der ermittelten Biegefestigkeiten konnte daher, wie auch bei den im Rechenmodell verwendeten Regressionsmodellen für den Zug-Elastizitätsmodul und die Zugfestigkeit, in einen Anteil innerhalb eines

Brettes und den Abstand der mittleren Biegefestigkeit eines Brettes vom Mittelwert aller Werte aufgeteilt werden (vgl. Bild 2-18).

$$s_{R,ges}^{2} = s_{R,Brett}^{2} + \Delta_{Brett}^{2} \tag{2-11}$$

Diese Zerlegung der Residuen ist erforderlich, um die Autokorrelation der Biegefestigkeiten innerhalb einzelner Bretter im Modell angemessen zu berücksichtigen und bei der Simulation der mechanischen Eigenschaften „gute" Bretter mit überdurchschnittlicher und „schlechte" Bretter mit einer Biegefestigkeit unter dem Mittelwert der Grundgesamtheit zu erzeugen (vgl. Abschnitt 2.2.1). Isaksson gibt für das Verhältnis der Varianzen folgende Werte an:

$$\frac{s_{R,Brett}^{2}}{s_{R,ges}^{2}} = 0,44 \quad \text{und} \quad \frac{\Delta_{Brett}^{2}}{s_{R,ges}^{2}} = 0,56 \tag{2-12}$$

Källsner et al. (1997) geben mit 0,45 bzw. 0,55 nahezu identische Werte an.

Tabelle 2-9   Bretteigenschaften nach Isaksson, Kollektiv A (673 Abschnitte aus 132 Brettern, Biegeversuche nach Bild 2-26)

Parameter	Mittelwert	Standardabweichung
Rohdichte	465 kg/m³	56 kg/m³
KAR	0,245	0,101
Elastizitätsmodul	-	-
Biegefestigkeit	54,5 N/mm²	12,7 N/mm²

Tabelle 2-10   Bretteigenschaften nach Isaksson, Kollektiv B (152 Vierpunkt-Biegeversuche nach EN 408)

Parameter	Mittelwert	Standardabweichung
Rohdichte	474 kg/m³	45 kg/m³
KAR	0,249	0,102
Elastizitätsmodul	14322 N/mm²	3154 N/mm²
Biegefestigkeit	51,3 N/mm²	13,7 N/mm²

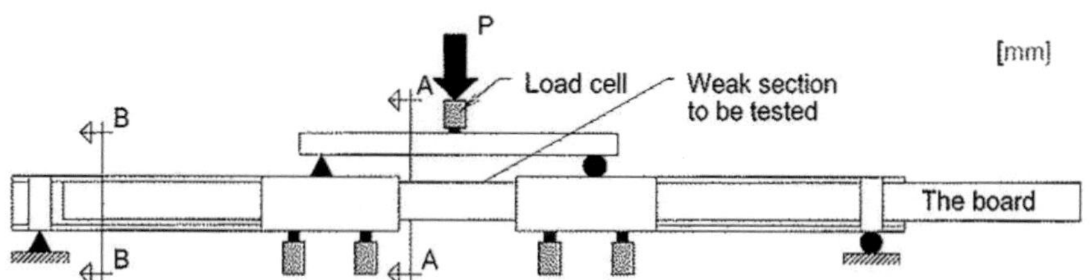

Bild 2-26   Versuchsaufbau zur Ermittlung der Hochkantbiegefestigkeit von Brettern aus Fichtenholz (Isaksson, 1999)

In einem ersten Ansatz wurde die im Rechenmodell neu eingeführte Hochkantbiegefestigkeit der Brettabschnitte unter Verwendung einer von Isaksson ermittelten Regressionsgleichung erzeugt. Da die Ästigkeit und die Brettrohdichte bereits in den Regressionsmodellen anderer mechanischer Eigenschaften verwendet werden, wurde aus den von Isaksson angegebenen Regressionsgleichungen die in (2-13) angegebenen Beziehung gewählt.

$$f_m = 34,3 + 0,0765 \cdot \rho_{12} - 51,0 \cdot KAR \qquad (2\text{-}13)$$

$$r = 0,50 \qquad s_R = 11,8$$

$$\text{mit } f_m \text{ in N / mm}^2; \ \rho_{12} \text{ in kg / m}^3$$

Unter Verwendung von Gleichung (2-13) wurden zunächst die Biegefestigkeiten einzelner Zellen generiert. Mit den in Blaß et al. (2008) angegebenen Verteilungsfunktionen für die Rohdichte und die Ästigkeit von visuell sortiertem Brettmaterial der Sortierklasse S10 ergeben sich die in Bild 2-27 über dem Vorhersagewert aufgetragenen Zellen-Biegefestigkeiten mit einem Mittelwert von 64,5 N/mm² und einer Standardabweichung von 15,2 N/mm². Es fällt auf, dass nahezu keine Vorhersagewerte kleiner als 40 N/mm² erzeugt werden. Kleine Biegefestigkeiten unter 30 N/mm² können daher nur dann auftreten, wenn sehr große Residuen generiert werden. In Bild 2-27 ist außerdem zu erkennen, dass die Streuung der Biegefestigkeit um den Vorhersagewert annähernd unabhängig von der Größe des Vorhersagewertes ist. Diese, in der Statistik als homoskedastisch bezeichnete Verteilung der Residuen ergibt sich unmittelbar aus der linearen Regressionsbeziehung. Bei experimentell ermittelten Festigkeitskennwerten von Fichtenholz ist die Verteilung der Residuen in der Regel heteroskedastisch, d.h. mit größer werdenden Vorhersagewerten nimmt auch die Streuung um die Vorhersagewerte zu. Die heteroskedastische Verteilung der Residuen führt in der Regel zu logarithmischen Regressionsgleichungen, die zudem den Vorteil haben, dass bei der Simulation keine negativen Biegefestigkeiten erzeugt werden können.

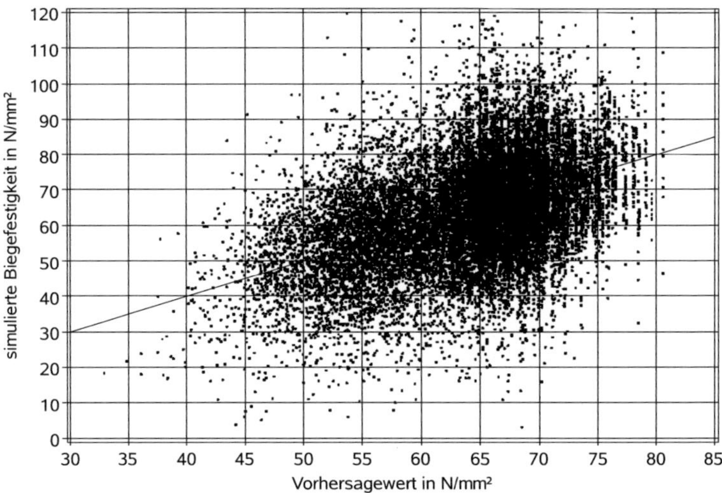

Bild 2-27   unter Verwendung der Regressionsgleichung (2-13) simulierte Biegefestigkeiten für einzelne Zellen, Sortierklasse S10

In einem weiteren Schritt wurde die Biegefestigkeit einzelner Bretter simuliert. Mit den Eingangsdaten für visuell sortiertes Brettmaterial der Sortierklasse S10 ergab sich eine mittlere Biegefestigkeit von 50,2 N/mm² und ein 5%-Quantil von 26,0 N/mm². Die Häufigkeitsverteilung der simulierten Werte ist in Bild 2-28 angegeben.

Berücksichtigt man, dass die experimentell ermittelten Verteilungen von Rohdichte und Ästigkeit, die bei der Generierung der Zellen-Biegefestigkeit als Datenbasis verwendet werden, an visuell sortiertem Brettmaterial ermittelt wurden, das im Sinne der Sortierung nicht für eine hochkant Biegebeanspruchung vorgesehen ist, erscheint das simulierte 5%-Quantil der Biegefestigkeit deutlich zu hoch.

Eine Ursache für die hohen Werte ist sicherlich in der Art der Regressionsgleichung zu sehen. Die bilineare, nicht logarithmische Funktion mit großem Ordinatenabschnitt liefert auch für kleine Rohdichten und große Ästigkeiten verhältnismäßig große Biegefestigkeiten. Beispielsweise ergibt sich für eine Rohdichte von 280 kg/m³ und einen KAR-Wert von 0,5 ein Vorhersagewert der Biegefestigkeit von 30,2 N/mm².

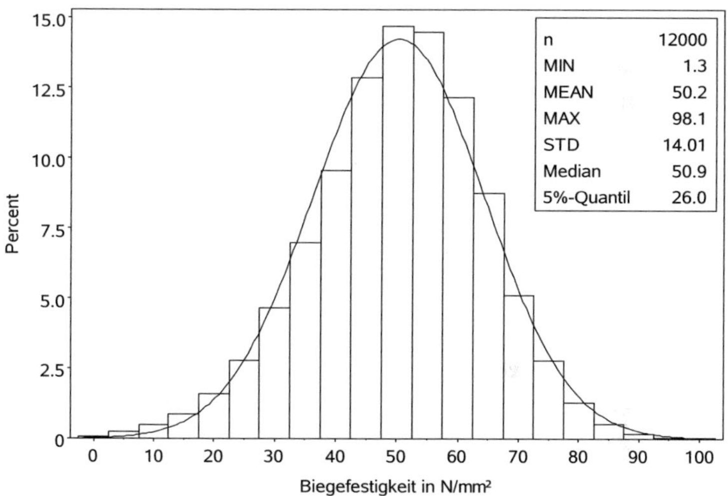

Bild 2-28   Häufigkeitsverteilung der unter Verwendung von Gleichung (2-13)
simulierten Biegefestigkeit für Bretter der Sortierklasse S10;
Vierpunkt-Biegeversuche nach EN 408,
Lamellenbreite b = 150 mm, Stützweite L = 2700 mm

Weitere Gründe für die hohen Biegefestigkeiten, die von Isaksson ermittelt wurden, sind möglicherweise in der Herkunft sowie dem Einschnitt und der Sortierung des von ihm verwendeten Materials zu finden: Die von Isaksson geprüften Bretter stammten ausschließlich aus Skandinavien und wurden nach schwedischen Sortierregeln (vgl. Anon 1982) der Klasse V:th und besser zugeordnet. Wegen der unterschiedlichen Herkunftsgebiete wird die Biegefestigkeit von mitteleuropäischem Fichtenschnittholz durch die von Isaksson an nordischem Brettmaterial ermittelte Regressionsbeziehung möglicherweise nicht zutreffend beschrieben.

Von größerer Bedeutung im Hinblick auf die Simulation der Biegefestigkeit von Brettlamellen erscheint jedoch die Tatsache, dass die von Isaksson geprüften Bretter, im Gegensatz zu dem für die Herstellung von Brettsperrholz verwendeten Brettmaterial, für eine Biegebeanspruchung vorgesehen und entsprechend sortiert wurden. Der Einfluss von Kanten- und Schmalseitenästen, die in dem zu simulierenden Brettmaterial vorhanden sind, wird daher bei Verwendung der von Isaksson ermittelten Regressionsbeziehung nicht zutreffend erfasst.

2.2.4 Ermittlung der Hochkantbiegefestigkeit von Brettern

Zur Überprüfung der Annahme, dass die Regressionsgleichung (2-13) nicht zur Simulation der Hochkantbiegefestigkeit von brettsortiertem Material verwendet werden kann, wurden Versuche zur Ermittlung der Hochkantbiegefestigkeit des zur Herstellung von Brettsperrholz verwendeten Brettmaterials durchgeführt.

Das Versuchsmaterial bestand aus insgesamt 102 Brettern aus Fichtenholz mitteleuropäischer Herkunft und stammte von drei verschiedenen Brettsperrholzherstellern aus Süd- und Westdeutschland. Vor der Durchführung der Biegeversuche wurden die Brettrohdichte, der dynamische Elastizitätsmodul und die Ästigkeit der Bretter ermittelt. Unmittelbar nach der Durchführung der Biegeversuche wurde die Holzfeuchte im Darrverfahren an einer über den gesamten Brettquerschnitt im Bereich der Bruchstelle entnommenen Probe ermittelt.

Tabelle 2-11   Prüfkörper zur Ermittlung der Hochkantbiegefestigkeit von Brettern

Hersteller	Lamellendicke in mm	Lamellenbreite in mm	Anzahl
A	40	150	16
B	40	150	30
C	36	140	56

Zur Ermittlung des Biege-Elastizitätsmoduls E_m, und der Biegefestigkeit f_m wurden Biegeversuche nach EN 408 mit einer Stützweite von 18-mal der Bretthöhe durchgeführt. Die Belastung erfolgte durch Einzellasten in den Drittelspunkten der Stützweite. Zur Bestimmung des Biege-

Elastizitätsmoduls wurde die Verformung in der Mitte des querkraftfreien Bereichs über eine Messlänge von $5 \cdot h$ gemessen. Die Messung erfolgte in der neutralen Faser auf beiden Seiten der Prüfkörper mit Hilfe von induktiven Wegaufnehmern.

Bis 30% der geschätzten Höchstlast wurde die Belastung kraftgesteuert mit einer konstanten Belastungsgeschwindigkeit von $0{,}2 \cdot F_{est}$ pro Minute aufgebracht. Oberhalb von $0{,}3 \cdot F_{est}$ bis zum Bruch wurde die Belastung weggesteuert mit konstanter Vorschubgeschwindigkeit aufgebracht.

Bei allen Versuchen wurde die Geschwindigkeit des Belastungskolbens so gewählt, dass die geschätzte Höchstlast F_{est} innerhalb von 300 s ± 120 s erreicht wurde. Soweit erforderlich, wurden die Prüfkörper gegen seitliches Ausweichen gesichert.

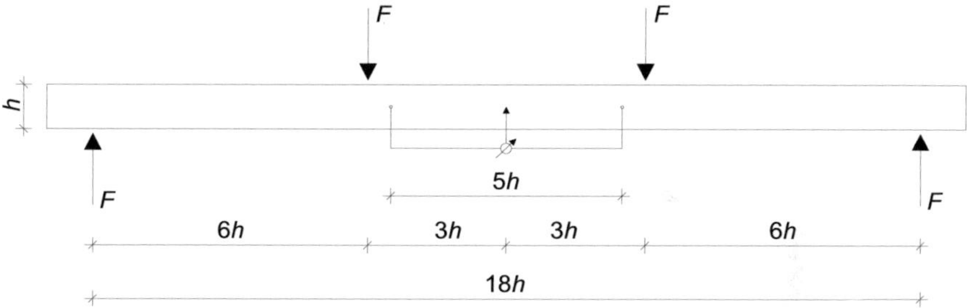

Bild 2-29   Versuchsanordnung zur Ermittlung der Hochkantbiegefestigkeit von Brettlamellen

96 der 102 Bretter versagten durch Biegebrüche. Bei den restlichen sechs Brettern traten Schubbrüche vor dem Erreichen der Biegefestigkeit auf. Diese Bretter wurden bei der Ermittlung der Regressionsgleichungen für die Biegefestigkeit nicht berücksichtigt. Bei nahezu allen Biegebrüchen ging das Versagen von der Biegezugzone aus. Lediglich bei drei Brettern traten Druckfalten am gedrückten Querschnittsrand auf, bevor das Erreichen der lokalen Zugfestigkeit in Faserrichtung in der Zugzone zum Versagen führte. Die Biegefestigkeit f_m wurde nach Gleichung (2-1) berechnet. Zur Berücksichtigung des Höheneinflusses wurden die Biegefestigkeiten von Brettern mit einer Breite kleiner 150 mm durch den Faktor k_h nach EN 384 dividiert.

$$f_m = \frac{M_{max}}{W \cdot k_h} = \frac{36 \cdot F_{max}}{b_{net} \cdot h} \cdot \left(\frac{150}{h}\right)^{-0,2} \qquad (2\text{-}14)$$

Der Elastizitätsmodul der Bretter wurde aus der mit Hilfe einer linearen Regressionsanalyse ermittelten Steigung der Last-Verformungs-Kurve für den Abschnitt zwischen 10% und 40% der Höchstlast nach Gleichung (2-2) berechnet. In Bild 2-33 und Bild 2-30 sind die aus den Versuchen ermittelten Häufigkeitsverteilungen der Biegefestigkeit und des Elastizitätsmoduls angegeben. Die Häufigkeitsverteilung der Ästigkeit in Bild 2-31 wurde durch Zuordnen der vor der Versuchsdurchführung ermittelten Ästigkeiten zu den Bruchstellen ermittelt.

Die mittlere Brettrohdichte bei einer Holzfeuchte zwischen 8% und 12% betrug 438 kg/m³, wobei Einzelwerte zwischen 328 kg/m³ und 555 kg/m³ auftraten. Da im Rechenmodell für Brettschichtholz zur Simulation der Festigkeits- und Steifigkeitseigenschaften die Darrrohdichte verwendet wird, wurde zur Ermittlung einer Regressionsgleichung für die Hochkantbiegefestigkeit die Bruttorohdichte mit Hilfe folgender Beziehung in die Darrrohdichte umgerechnet:

$$\rho_0 = \rho_u \cdot \frac{1+u}{1+\alpha_{vu}} \qquad (2\text{-}15)$$

Nach Kollmann (1982) kann das Volumenschwindmaß von Fichtenholz mit $\alpha_{vu} \approx 0{,}85 \cdot \rho_0 \cdot u$ abgeschätzt werden, sodass die Darrrohdichte wie folgt berechnet werden kann:

$$\rho_0 = \frac{\rho_u}{1+u-0{,}85 \cdot \rho_u \cdot u} \qquad (2\text{-}16)$$

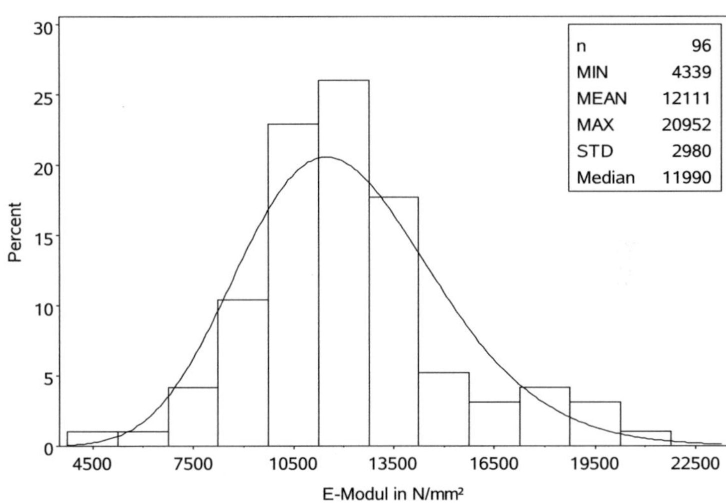

Bild 2-30 Häufigkeitsverteilung des Biege-Elastizitätsmoduls

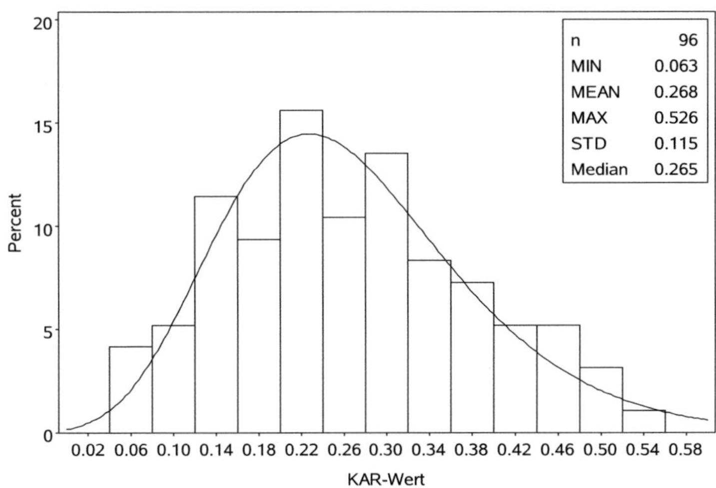

Bild 2-31 Häufigkeitsverteilung des KAR-Wertes an der Bruchstelle

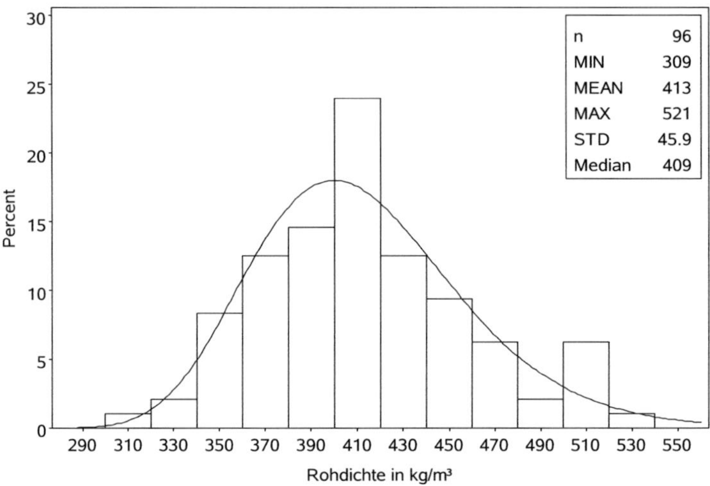

Bild 2-32   Häufigkeitsverteilung der Darrrohdichte

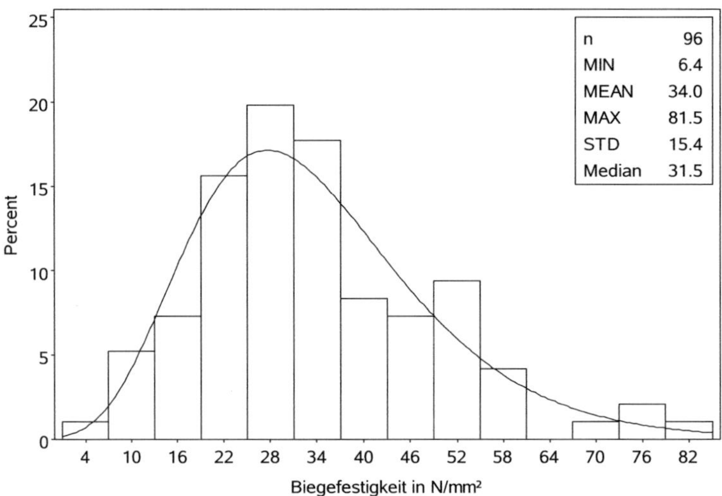

Bild 2-33   Häufigkeitsverteilung der Hochkantbiegefestigkeit der
geprüften Bretter

Unter Verwendung der Darrrohdichte und der Ästigkeit bzw. des Elastizitätsmoduls und der Ästigkeit als erklärende Größen wurden mit Hilfe einer multiplen Regressionsanalyse die Regressionsbeziehungen (2-17) für den Biege-Elastizitätsmodul und (2-18) für die Hochkantbiegefestigkeit von Brettern anhand der Versuchsergebnisse ermittelt.

$$\ln(E_m) = 7{,}90 + 3{,}81 \cdot 10^{-3} \cdot \rho_0 - 3{,}69 \cdot 10^{-1} \cdot KAR \qquad (2\text{-}17)$$

$$r = 0{,}773 \qquad s_R = 0{,}165$$

$$\text{mit } E_m \text{ in N} / \text{mm}^2;\ \rho_0 \text{ in kg} / \text{m}^3$$

$$\ln(f_m) = -9{,}09 + 1{,}36 \cdot \ln(E_m) - 9{,}78 \cdot 10^{-1} \cdot KAR \qquad (2\text{-}18)$$

$$r = 0{,}839 \qquad s_R = 0{,}274$$

$$\text{mit } f_m \text{ in N} / \text{mm}^2;\ E_m \text{ in N} / \text{mm}^2$$

In Bild 2-34 und Bild 2-35 sind die experimentell ermittelten Werte des Elastizitätsmoduls und der Biegefestigkeit über den Vorhersagewerten nach den Regressionsgleichungen (2-17) und (2-18) aufgetragen. Zusätzlich sind die 95%-Vertrauensgrenzen angegeben, die das Intervall oberhalb und unterhalb der Regressionsgerade kennzeichnen, in dem 95% aller Messwerte liegen. Im Gegensatz zu der homoskedastischen Verteilung der unter Verwendung von Gleichung (2-13) simulierten Biegefestigkeiten in Bild 2-27 ergibt sich für die experimentell ermittelten Werte wie erwartet eine heteroskedastische Verteilung der Residuen mit größeren Streuungen bei hohen Messwerten.

Für die lineare Regressionsanalyse sind Normalverteilung und Homoskedastizität der Residuen eine notwendige Voraussetzung. Für den Elastizitätsmodul und die Hochkantbiegefestigkeit konnte durch Logarithmieren der Daten eine annähernd gleichförmige, homoskedastische Verteilung der Streuungen erreicht werden. In Bild 2-36 und Bild 2-37 sind die logarithmierten Werte der experimentell ermittelten Elastizitätsmoduln und Hochkantbiegefestigkeiten über den Vorhersagewerten nach den Gleichungen (2-17) bzw. (2-18) aufgetragen. In beiden Darstellungen ist die homoskedastische Verteilung der Residuen gut zu erkennen.

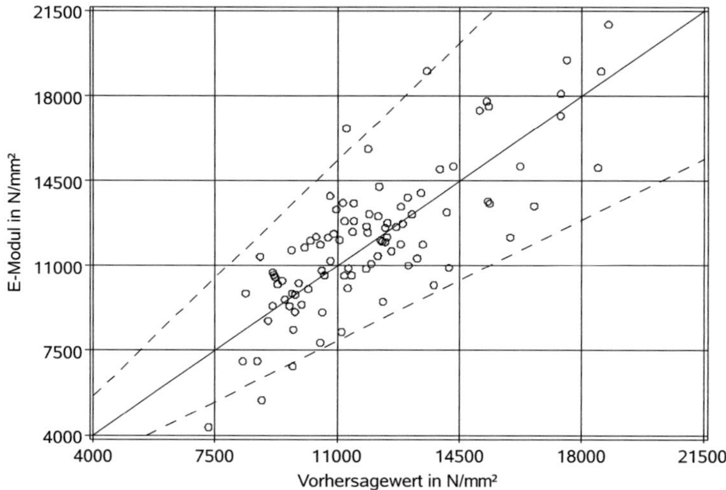

Bild 2-34   Elastizitätsmodul von hochkant auf Biegung beanspruchten Brettern über dem Vorhersagewert nach Gleichung (2-17) mit 95%-Vertrauensgrenzen

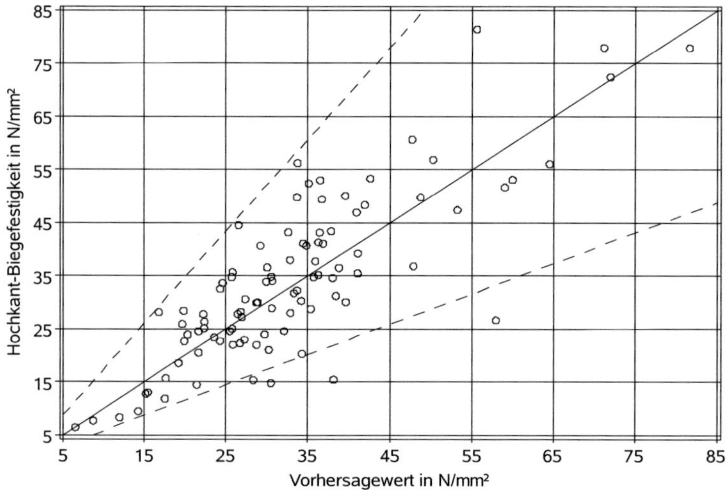

Bild 2-35   Hochkantbiegefestigkeit von Brettern über dem Vorhersagewert nach Gleichung (2-18) mit 95%-Vertrauensgrenzen

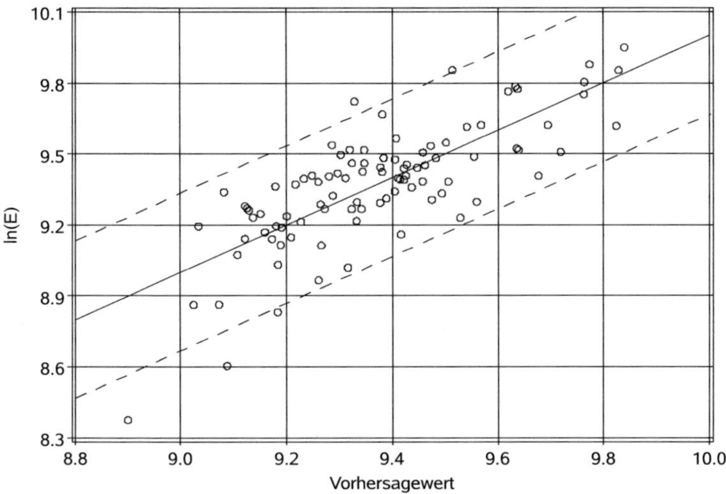

Bild 2-36   Logarithmus des Elastizitätsmoduls von hochkant auf Biegung beanspruchten Brettern über dem Vorhersagewert nach Gleichung (2-17) mit 95%-Vertrauensgrenzen

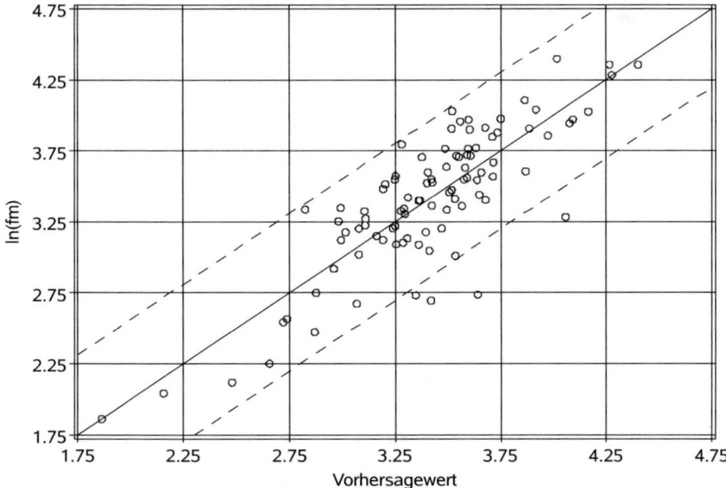

Bild 2-37   Logarithmus der experimentell ermittelten Hochkantbiegefestigkeit von Brettern über dem Vorhersagewert nach Gleichung (2-18) mit 95%-Vertrauensgrenzen

Anhand der Ästigkeiten, die vor der Versuchsdurchführung ermittelt und dokumentiert wurden, konnten die Bretter nach der Durchführung der Versuche visuell nach DIN 4074-1 sortiert werden. Wie bei der visuellen Sortierung von Lamellen für Brettschichtholz blieb dabei das Sortierkriterium für Schmalseitenäste unberücksichtigt. In Tabelle 2-12 sind die Versuchsergebnisse nach Sortierklassen getrennt zusammengestellt.

Tabelle 2-12   Versuchsergebnisse nach Sortierklassen getrennt

Sortierklasse nach DIN 4074-1	Anzahl	$\rho_{0,\text{Brett}}$ in kg/m³	E in N/mm²	KAR	Mittelwert $f_{m,\text{mean}}$ in N/mm²	5%-Quantil $f_{m,05}$ in N/mm²
S7	18	385	10211	0,414	21,2	7,7
S10	48	404	11568	0,265	32,5	15,8
S13	30	445	14119	0,184	44,1	22,1

Für alle Sortierklassen liegen die experimentell ermittelten charakteristischen Biegefestigkeiten deutlich unter den in EN 338 angegebenen Rechenwerten für die entsprechenden Festigkeitsklassen bei einer Kantholzsortierung. Die Vermutung, dass durch die Verwendung der von Isaksson ermittelten Regressionsgleichung die Hochkantbiegefestigkeit von Brettsortiertem Material nicht zutreffend abgebildet werden kann (vgl. Abschnitt 2.2.3), wurde damit bestätigt.

2.2.5 Ermittlung der Hochkantbiegefestigkeit von Brettern mit Querlage

Anlass für die nachfolgend beschriebenen Versuche waren die Unterschiede, die zwischen den experimentell und den durch numerische Simulation ermittelten Biegefestigkeiten festgestellt wurden. Insbesondere für Querschnitte mit nur einer Lamelle in Richtung der Bauteilhöhe ergeben sich aus dem Rechenmodell deutlich geringere Festigkeiten als in den vergleichenden Versuchen ermittelt wurden. Um zu überprüfen, ob die Unterschiede zumindest teilweise dadurch begründet sind, dass durch das Rechenmodell zwar statistische Effekte, die sich aus den Streuungen der Festigkeiten und Steifigkeiten innerhalb eines Querschnittes und innerhalb einzelner Lamellen ergeben, zutreffend abgebildet werden, strukturelle Einflüsse, die aus dem Zusammenwirken von Längs- und Querlagen ergeben, hingegen nicht erfasst werden.

Bei auf Biegung beanspruchten Schnitthölzern geht das Versagen häufig von Bereichen aus, in denen die Faserrichtung von der Stabachse abweicht. Diese lokalen Faserabweichungen verursachen im Holz Spannungskomponenten rechtwinklig zur Faserrichtung, die zur Entstehung von Rissen führen können. Bei biegebeanspruchten Bauteilen können sich solche Risse, ausgehend vom zugbeanspruchten Querschnittsrand, der Faserrichtung folgend, schräg zur Stabachse nach innen ausbreiten. Nach der Entstehung eines Risses ist der abgespaltene Teil des Querschnittes spannungsfrei und nicht mehr am Lastabtrag beteiligt. Können die abgetrennten Bereiche eines Bauteils nach dem Auftreten eines Risses weiterhin am Lastabtrag beteiligt werden, so treten zwar weiterhin, lokal begrenzt, hohe Spannungen an der Rissspitze auf, der Anstieg der Spannungen infolge einer Reduzierung des tragenden Querschnittes entfällt jedoch oder ist zumindest weniger stark ausgeprägt. Durch seitlich aufgeklebte Querbretter kann die Entstehung von Rissen behindert und durch Risse abgetrennte Trägerteile können weiterhin am Lastabtrag beteiligt werden. Es wurde daher erwartet, dass durch das seitliche Aufkleben einer Querlage die Hochkantbiegefestigkeit der Bretter ansteigt.

Das Versuchsmaterial für die Versuche zur Ermittlung der Hochkantbiegefestigkeit von Brettern mit Querlagen bestand aus insgesamt 29 Brettern aus Fichtenholz. Vor der Durchführung der Biegeversuche wurden wie zuvor die Brettrohdichte, der dynamische Elastizitätsmodul und die Ästigkeit der Bretter ermittelt. Unmittelbar nach der Durchführung der Biegeversuche wurden die Rohdichte und durch Darrversuche die Holzfeuchte an einer über den Querschnitt des Längsbrettes im Bereich der Bruchstelle entnommenen Probe ermittelt.

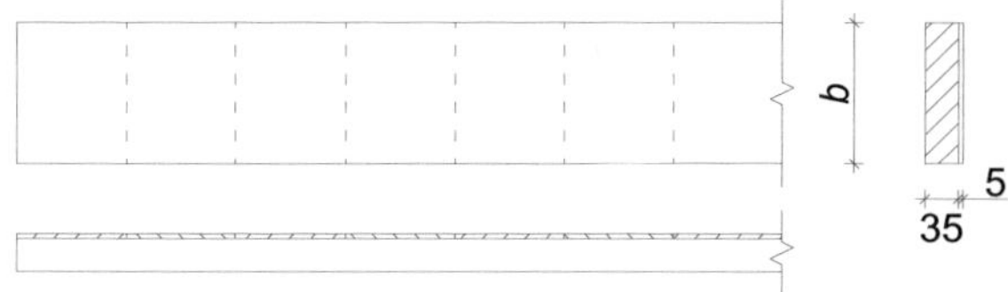

Bild 2-38   Ansicht, Draufsicht und Querschnitt der geprüften Bretter mit aufgeklebten Querlagen

Tabelle 2-13 *Prüfkörper zur Ermittlung der Hochkantbiegefestigkeit von Brettern mit Querlage*

Kollektiv	Lamellendicke in mm	Lamellenbreite in mm	Anzahl
A	35	140	21
B	35	120	8

Die Versuchsanordnung, -durchführung und Auswertung entsprachen den Versuchen mit Brettern ohne Querlage. Aufgrund der geringen Anzahl der geprüften Bretter wurde jedoch auf eine Auswertung nach Sortierklassen verzichtet.

In Bild 2-39 und Bild 2-41 sind die Häufigkeitsverteilungen der mit der Biegefestigkeit korrelierten Eigenschaften – Elastizitätsmodul, Ästigkeit und Darrrohdichte – der geprüften Bretter mit Querlage angegeben. Die Häufigkeitsverteilung der ermittelten Biegefestigkeiten ist in Bild 2-42 dargestellt.

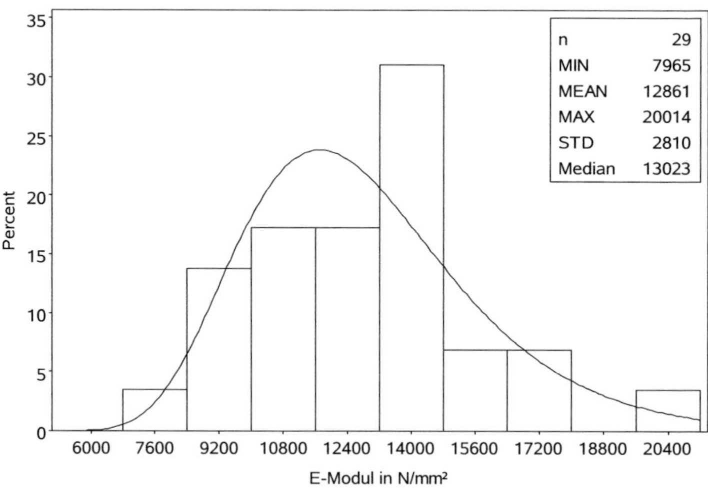

Bild 2-39 *Häufigkeitsverteilung des Biege-Elastizitätsmoduls*

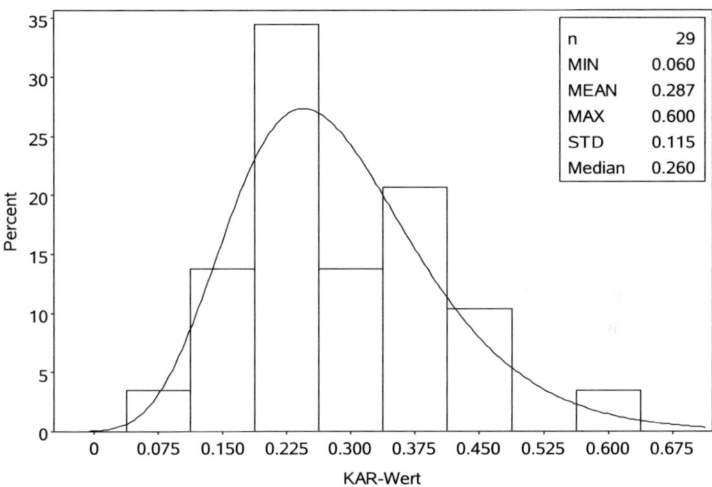

Bild 2-40   Häufigkeitsverteilung des KAR-Wertes an der Bruchstelle

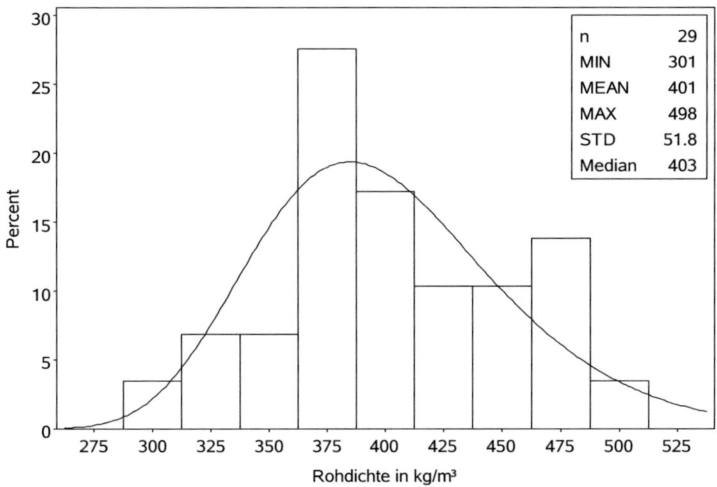

Bild 2-41   Häufigkeitsverteilung der Darrrohdichte

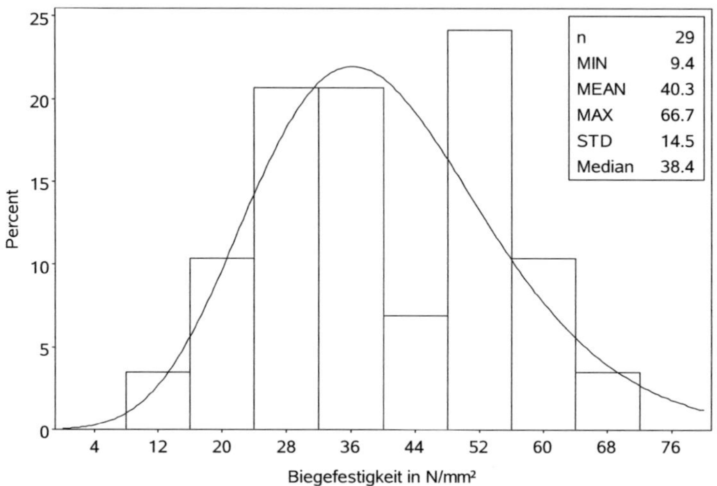

Bild 2-42   Häufigkeitsverteilung der Hochkantbiegefestigkeit der geprüften Bretter mit Querlagen

Mit Ausnahme der Biegefestigkeit stimmen die Extrem- und Mittelwerte der Eigenschaften der untersuchten Bretter mit Querlage gut mit den für Bretter ohne Querlage ermittelten Werten überein. Zwei-Stichproben Kolmogorov-Smirnov-Tests ergaben zum Niveau 0,05 keine signifikanten Unterschiede in den empirischen Verteilungsfunktionen der Datensätze für Bretter mit und ohne Querlage, sodass die beiden Kollektive, mit 29 bzw. 96 Brettern, sowohl objektiv als auch aus statistischer Sicht vergleichbare Stichproben darstellen.

In Bild 2-43 bis Bild 2-47 sind die paarweisen Abhängigkeiten der untersuchten Eigenschaften für Bretter ohne Querlagen und mit Querlagen und die mit Hilfe der Methode der kleinsten Quadrate ermittelten Ausgleichsgeraden dargestellt. Die Ausgleichsgeraden für das Brettkollektiv mit Querlagen liegen im betrachteten Wertebereich oberhalb der entsprechenden Ausgleichsgeraden für Bretter ohne Querlagen und weisen betragsmäßig etwas geringere Steigungen auf. Im Mittel sind daher für Bretter mit Querlagen größere Elastizitätsmoduln und Biegefestigkeiten zu erwarten als für Bretter ohne Querlagen. Gleichzeitig wird durch die Querlagen der Einfluss der Rohdichte und der Ästigkeit reduziert.

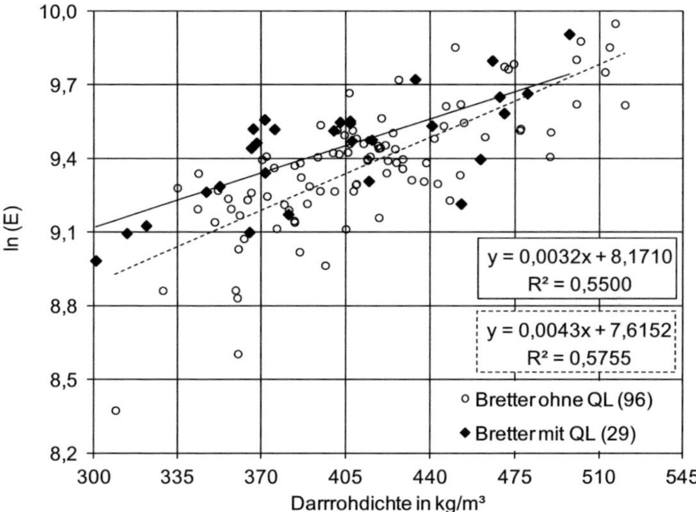

Bild 2-43   *Logarithmus des Elastizitätsmoduls über der Darrrohdichte für Bretter mit und ohne Querlagen*

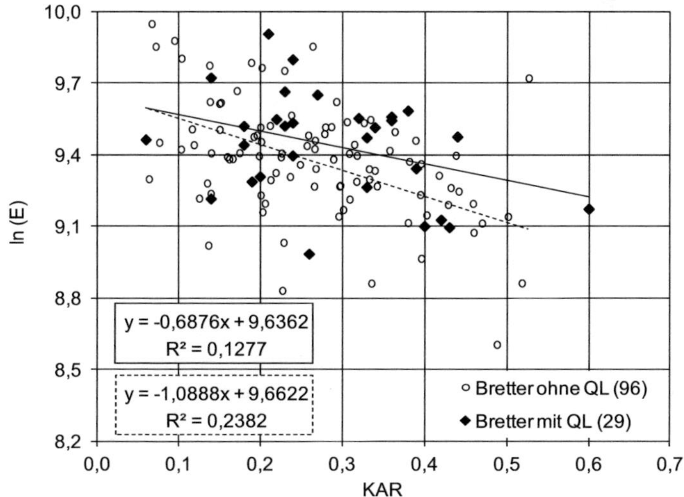

Bild 2-44   *Logarithmus des Elastizitätsmoduls über der Ästigkeit für Bretter mit und ohne Querlagen*

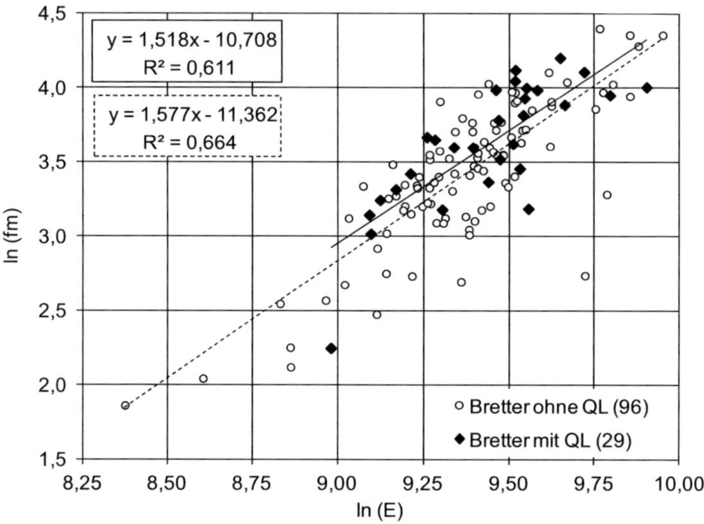

Bild 2-45   Logarithmus der Biegefestigkeit über dem Logarithmus des Elastizitätsmoduls für Bretter mit und ohne Querlagen

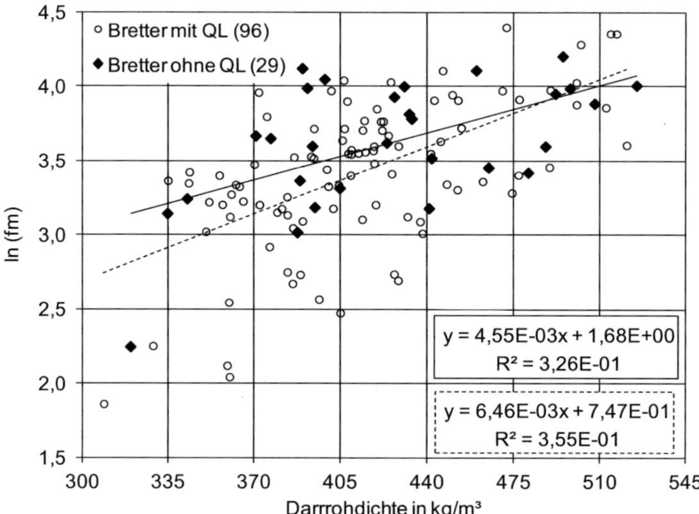

Bild 2-46   Logarithmus der Biegefestigkeit über der Darrrohdichte für Bretter mit und ohne Querlagen

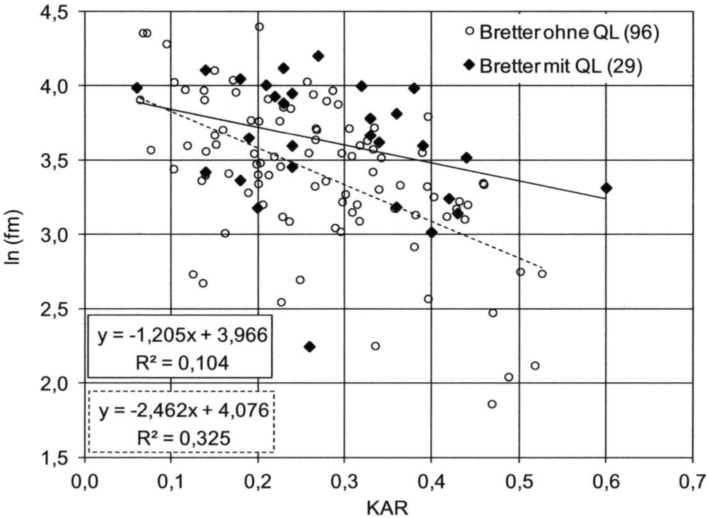

Bild 2-47   Logarithmus der Biegefestigkeit über der Ästigkeit für Bretter mit und ohne Querlagen

Unter Verwendung der Darrrohdichte und der Ästigkeit bzw. des Elastizitätsmoduls und der Ästigkeit als beschreibende Größen wurden die Regressionsbeziehungen (2-19) für den Biege-Elastizitätsmodul und (2-20) für die Hochkantbiegefestigkeit von Brettern mit Querlage ermittelt.

$$\ln(E_m) = 8,35 + 2,97 \cdot 10^{-3} \cdot \rho_0 - 3,48 \cdot 10^{-1} \cdot KAR \qquad (2\text{-}19)$$

$$r = 0,762 \qquad s_R = 0,148$$

$$\text{mit } E_m \text{ in N / mm}^2; \; \rho_0 \text{ in kg / m}^3$$

$$\ln(f_m) = -10,3 + 1,48 \cdot \ln(E_m) - 1,85 \cdot 10^{-1} \cdot KAR \qquad (2\text{-}20)$$

$$r = 0,783 \qquad s_R = 0,277$$

$$\text{mit } f_m \text{ in N / mm}^2; \; E_m \text{ in N / mm}^2$$

In Bild 2-48 und Bild 2-49 sind die experimentell ermittelten Werte des Elastizitätsmoduls und der Hochkantbiegefestigkeit über den Vorhersagewerten nach den Gleichungen (2-17) bzw. (2-18) aufgetragen.

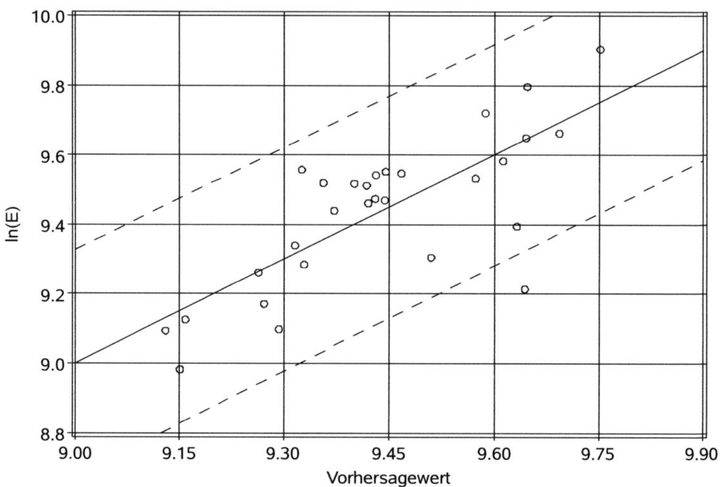

Bild 2-48 Logarithmus des Elastizitätsmoduls von hochkant auf Biegung beanspruchten Brettern mit Querlagen über dem Vorhersagewert nach Gleichung (2-19) mit 95%-Vertrauensgrenzen

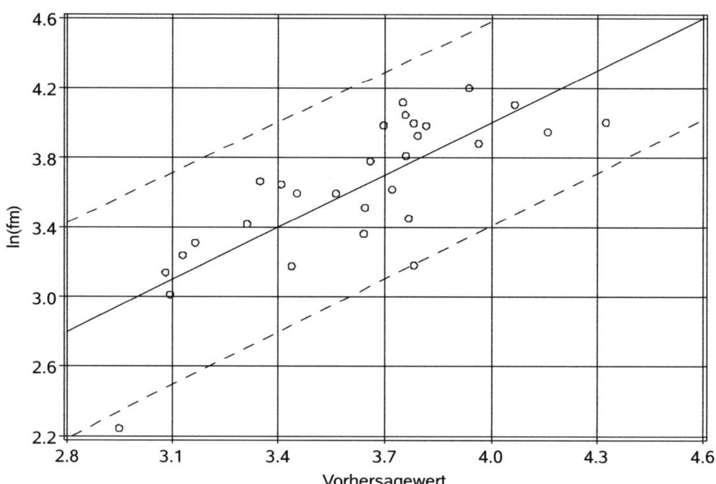

Bild 2-49 Logarithmus der experimentell ermittelten Hochkantbiegefestigkeit von Brettern mit Querlagen über dem Vorhersagewert nach Gleichung (2-20) mit 95%-Vertrauensgrenzen

Der Koeffizient der Ästigkeit in der Regressionsgleichung (2-20) ist deutlich kleiner als in Gleichung (2-18), die für Bretter ohne Querlagen ermittelt wurde. Auch in den Regressionsgleichungen für die Biegefestigkeit ist damit der geringere Einfluss von Ästen erkennbar. Insgesamt ergeben sich unter Verwendung von Gleichung (2-20) höhere Biegefestigkeiten. Für einzelne Bretter der Sortierklasse S10 mit Querlage wurde eine charakteristische Biegefestigkeit von 17,5 N/mm² ermittelt, gegenüber einem Wert von 15,0 N/mm² der sich für Bretter ohne Querlagen unter Verwendung der Regressionsgleichung (2-18) ergibt.

2.2.6 Ermittlung der Hochkantbiegefestigkeit von Keilzinkenverbindungen

Neben der Hochkantbiegefestigkeit der Bretter wird zur Formulierung eines spannungsbasierten Versagenskriteriums im Rechenmodell auch die Hochkantbiegefestigkeit von Keilzinkenverbindungen als statistische Größe benötigt. Zur Ermittlung einer Regressionsgleichung für die Hochkantbiegefestigkeit von Keilzinkenverbindungen wurden daher Biegeversuche mit keilgezinkten Brettlamellen durchgeführt.

Das Versuchsmaterial stammte zu jeweils etwa gleichen Teilen von fünf Brettsperrholz produzierenden Unternehmen, sodass die untersuchte Stichprobe für das in Deutschland zur Verfügung stehende Brettmaterial als repräsentativ betrachtet werden kann. Insgesamt wurden 362 keilgezinkte Brettlamellen geprüft von denen 249 flach- und 113 hochkant-gezinkt waren. Um einen möglichen Einfluss der Lamellenbreite auf die Hochkantbiegefestigkeit der Keilzinkenverbindungen ermitteln zu können, wurden Lamellen mit vier unterschiedlichen Breiten geprüft.

Eine Übersicht der Prüfkörperabmessungen ist in Tabelle 2-14 gegeben. Die von den verschiedenen Herstellbetrieben verwendeten Abmessungen der Keilzinkenprofile sind in Tabelle 2-15 zusammengestellt.

Der Versuchsaufbau wurde in Anlehnung an EN 408 festgelegt. Der Bereich mit der größten Biegebeanspruchung zwischen den Lasteinleitungspunkten wurde dabei verkürzt, um ein Versagen der in diesem Bereich angeordneten Keilzinkenverbindungen zu erreichen (Bild 2-50).

Tabelle 2-14   *Prüfkörper für die Ermittlung der Hochkantbiegefestigkeit von Keilzinkenverbindungen*

Hersteller	Lamellendicke in mm	Lamellenbreite in mm	Anzahl
A	40	100	24
	40	150	20
	40	200	20
B	40	100	20
	40	150	20
	33	250	20
C	30	100	22
	30	200	22
	30	250	22
D	30	150	20
	30	200	20
	30	250	19
E	17	143	19
	17	195	18
	27	143	20
	27	195	20
	33	143	19
	33	195	17

Tabelle 2-15   *Zusammenstellung der unterschiedlichen Zinkenabmessungen der geprüften Keilzinkenverbindungen nach Hersteller*

Hersteller	Zinkenlänge in mm	Zinkenteilung in mm	Verschwächungsgrad	Richtung
A	20	6,2	0,16	flach
B	15	3,8	0,11	flach
C	20	6,2	0,16	flach
D	15	3,8	0,14	flach
E	15 - 16,5	3,8	0,08	hochkant

Da die lokalen Durchbiegungen zwischen den Lasteinleitungspunkten sehr klein sind, wurde auf eine messtechnische Erfassung dieser Verformungen verzichtet. Stattdessen wurde die globale Verformung in den Lasteinleitungspunkten gemessen.

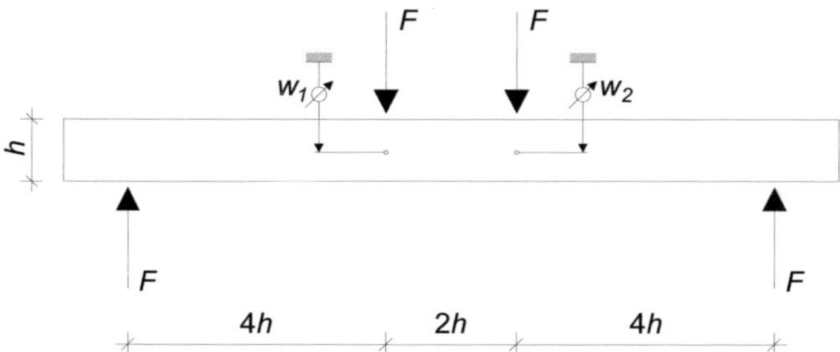

Bild 2-50   *Versuchsanordnung zur Ermittlung der Hochkantbiegefestigkeit von Keilzinkenverbindungen*

Bei 264 Prüfkörpern waren Biegebrüche ausgehend von der Keilzinkenverbindung die Versagensursache. Bei den restlichen 98 Prüfkörpern traten andere Versagensformen, größtenteils Schubbrüche aufgrund von Schwindrissen, teilweise auch Biegebrüche im Bereich von Ästen, auf.

Aus der in den Lasteinleitungspunkten gemessenen Durchbiegung wurde für den Abschnitt der Last-Verformungskurve zwischen $0{,}1 \cdot F_{max}$ und $0{,}4 \cdot F_{max}$ der Elastizitätsmodul berechnet. Zur Ermittlung der Schubverformungsanteile wurde dabei ein konstantes Verhältnis E/G von 16 angenommen. Die aus den globalen Verformungen ermittelten Elastizitätsmoduln entsprechen nicht den lokalen Elastizitätsmoduln in der unmittelbaren Umgebung der Keilzinkenverbindungen. Die Korrelation dieser Werte mit der Hochkantbiegefestigkeit der Keilzinkenverbindung ist dennoch sehr gut, sodass für die Ermittlung einer Regressionsgleichung für die Hochkantbiegefestigkeit der Keilzinkenverbindung der globale Elastizitätsmodul als Regressor verwendet wurde.

Nach der Versuchsdurchführung wurde auf beiden Seiten der Keilzinkenverbindung eine Probe zur Ermittlung der Holzfeuchte und der Rohdichte entnommen. Die Häufigkeitsverteilungen der ermittelten Werte sind in Bild 2-51 und Bild 2-52 angegeben. Die ermittelten Häufigkeitsverteilungen des globalen Elastizitätsmoduls und der Hochkantbiegefestigkeit der geprüften Keilzinkenverbindungen sind in Bild 2-53 und Bild 2-54 dargestellt.

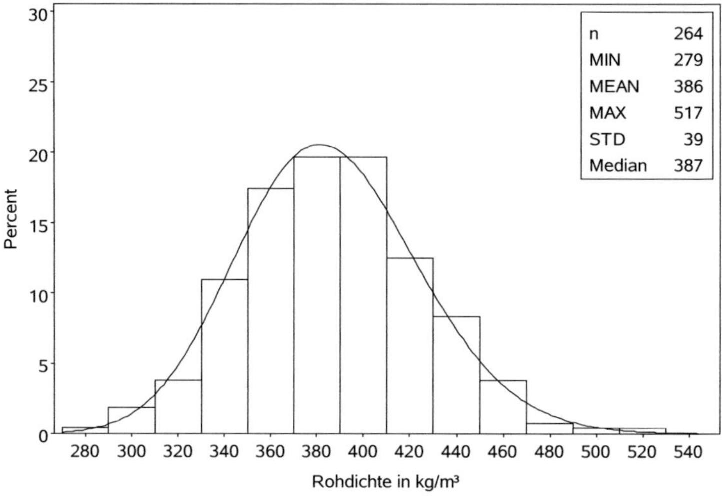

Bild 2-51   Häufigkeitsverteilung der kleineren Darrrohdichte innerhalb der geprüften Keilzinkenverbindungen

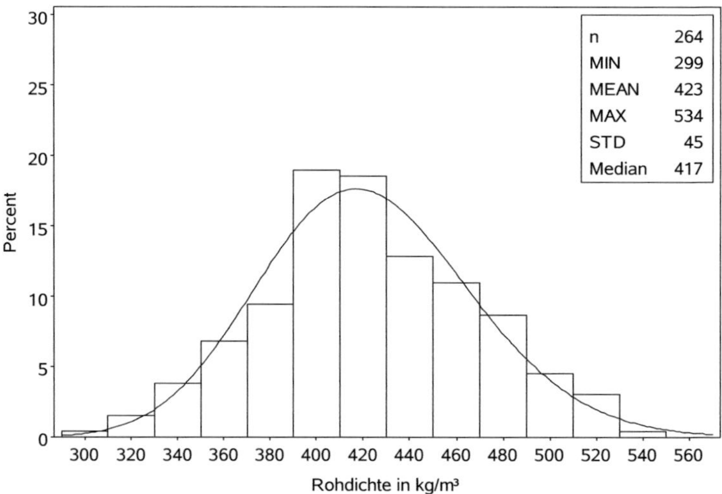

Bild 2-52   Häufigkeitsverteilung der größeren Darrrohdichte innerhalb der geprüften Keilzinkenverbindungen

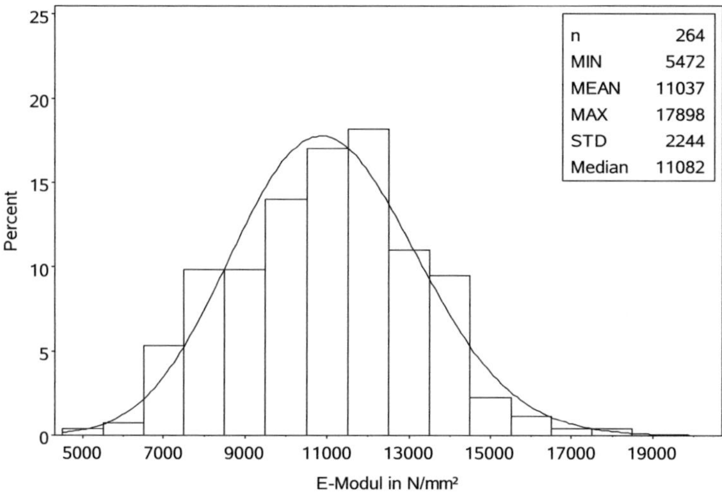

Bild 2-53 Häufigkeitsverteilung des Elastizitätsmoduls der geprüften Keilzinkenverbindungen

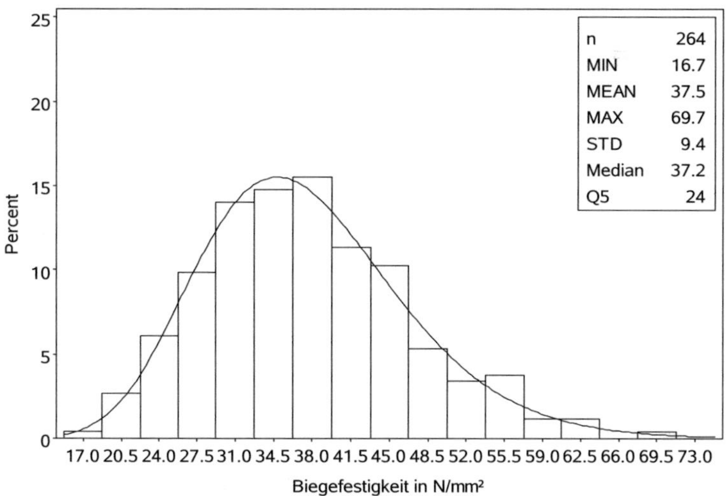

Bild 2-54 Häufigkeitsverteilung der Hochkantbiegefestigkeit der geprüften Keilzinkenverbindungen

Mit Hilfe einer multiplen Regressionsanalyse wurden anhand der Versuchsergebnisse die in den Gleichungen (2-21) und (2-22) angegebenen

Regressionsbeziehungen für den Elastizitätsmodul und die Hochkant-biegefestigkeit von Keilzinkenverbindungen ermittelt.

$$\ln(E_{m,KZV}) = 7{,}69 + 1{,}56 \cdot 10^{-3} \cdot \rho_{0,max} + 2{,}44 \cdot 10^{-3} \cdot \rho_{0,min} \tag{2-21}$$

$$r = 0{,}717 \qquad s_R = 0{,}149$$

$$\text{mit } E_{m,KZV} \text{ in N/mm}^2; \ \rho_{0,max}, \rho_{0,min} \text{ in kg/m}^3$$

$$\ln(f_{m,KZV}) = -3{,}93 + 8{,}13 \cdot 10^{-1} \cdot \ln(E_{m,KZV}) - 1{,}56 \cdot 10^{-3} \cdot (h - 150) \tag{2-22}$$

$$r = 0{,}640 \qquad s_R = 0{,}195$$

$$\text{mit } f_{m,KZV}, E_{m,KZV} \text{ in N/mm}^2; \ h \text{ in mm}$$

Wie bei der Biegefestigkeit von Brettern konnte durch eine Transformation mit dem natürlichen Logarithmus eine annähernd homoskedastische Verteilung der Residuen erreicht werden. In Bild 2-36 und Bild 2-37 sind die logarithmierten Messwerte über den Vorhersagewerten aufgetragen.

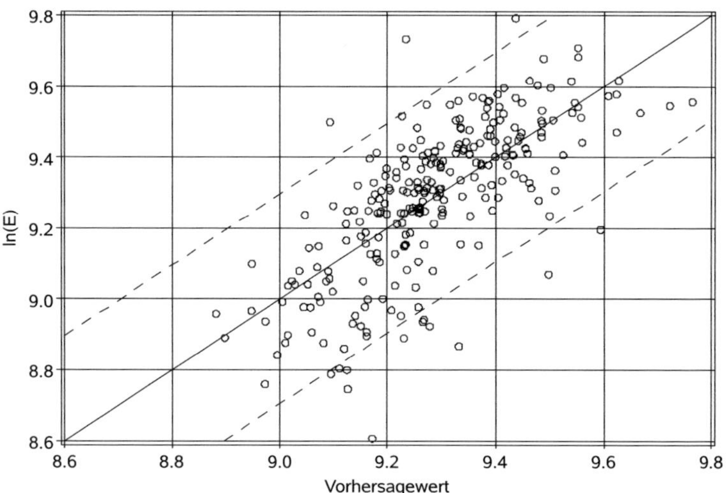

Bild 2-55   Logarithmus des Elastizitätsmoduls von hochkant auf Biegung
            beanspruchten Keilzinkenverbindungen über dem Vorhersagewert
            nach Gleichung (2-21) mit 95%-Vertrauensgrenzen

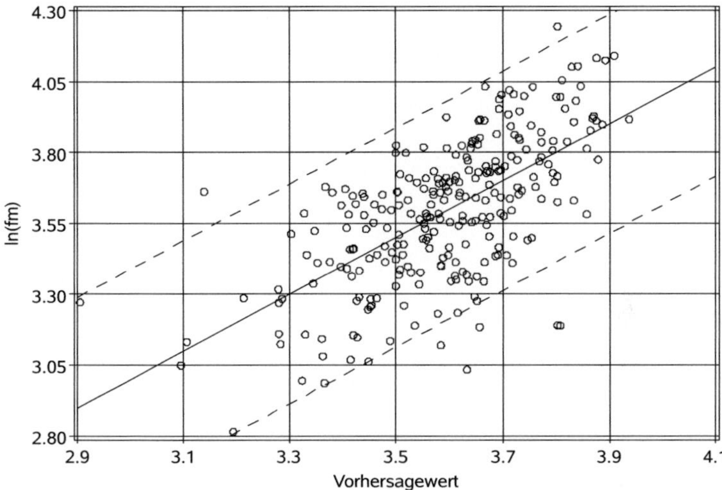

Bild 2-56 *Logarithmus der Hochkantbiegefestigkeit von Keilzinkenver-*
bindungen über dem Vorhersagewert nach Gleichung (2-22)
mit 95%-Vertrauensgrenzen

2.3   Ergebnisse der numerischen Simulation

2.3.1 Hochkantbiegefestigkeit von Brettlamellen

Um zu überprüfen, ob die Hochkantbiegefestigkeit bei Verwendung der Regressionsgleichungen (2-17) und (2-18) für Bretter ohne Querlagen sowie der Regressionsgleichungen (2-19) und (2-20) für Bretter mit Querlagen zutreffend abgebildet wird, wurde zunächst, mit Hilfe des Rechenmodells durch die Simulation von Vierpunkt-Biegeversuchen nach EN 408, die Biegefestigkeit von einzelnen, 150 mm breiten, hochkant auf Biegung beanspruchten Brettern mit einer Stützweite von 2700 mm ermittelt.

Die Häufigkeitsverteilungen der simulierten Hochkantbiegefestigkeiten für visuell sortierte Bretter der Sortierklassen S10 und S13 ohne Querlagen sind in Bild 2-57 und Bild 2-58, für Bretter mit Querlagen in Bild 2-59 und Bild 2-60 dargestellt.

In Tabelle 2-16 sind für Bretter ohne Querlagen die durch numerische Simulation ermittelten Biegefestigkeiten den experimentell ermittelten Werten (s. Abschnitt 2.2.4) gegenübergestellt. Der Vergleich der Werte zeigt eine sehr gute Übereinstimmung für Bretter der Sortierklasse S10. Bei den Brettern der Sortierklasse S13 sind die Abweichungen zwischen den simulierten und den experimentell ermittelten Werten mit 9% beim Mittelwert sowie 12% beim 5%-Quantil etwas größer. In Anbetracht der großen Streuung der Biegefestigkeit und der verhältnismäßig geringen Anzahl der Versuchswerte ist jedoch auch hier die Übereinstimmung gut, zumal die simulierten Werte innerhalb der 95%-Vertrauensgrenzen liegen.

Für Bretter mit Querlagen wurden die experimentell ermittelten Biegefestigkeiten nicht nach Sortierklassen getrennt ausgewertet. Zum Vergleich mit den für Bretter ohne Querlagen ermittelten Biegefestigkeiten sind jedoch die durch numerische Simulation ermittelten Werte in den beiden letzten Zeilen von Tabelle 2-16 angegeben. Der Vergleich der simulierten Biegefestigkeiten zeigt, dass sich für Bretter mit Querlagen, sowohl im Mittel als auch auf dem Niveau der 5%-Quantile signifikant größere Werte ergeben.

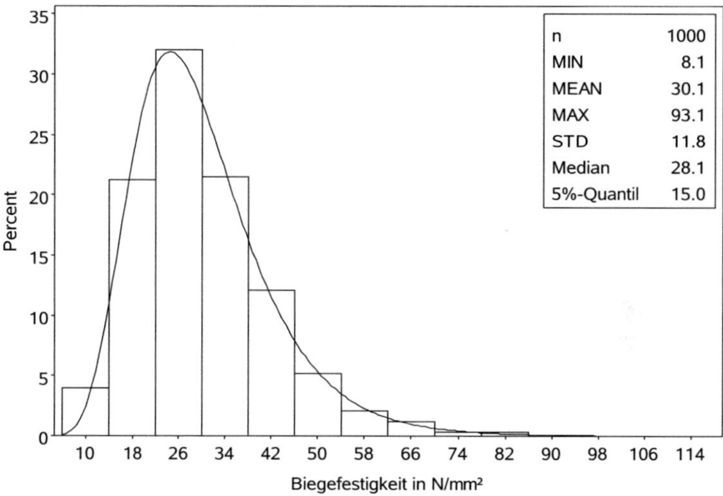

Bild 2-57 *Häufigkeitsverteilung der simulierten Hochkantbiegefestigkeit für einzelne Bretter ohne Querlagen, Sortierklasse S10*

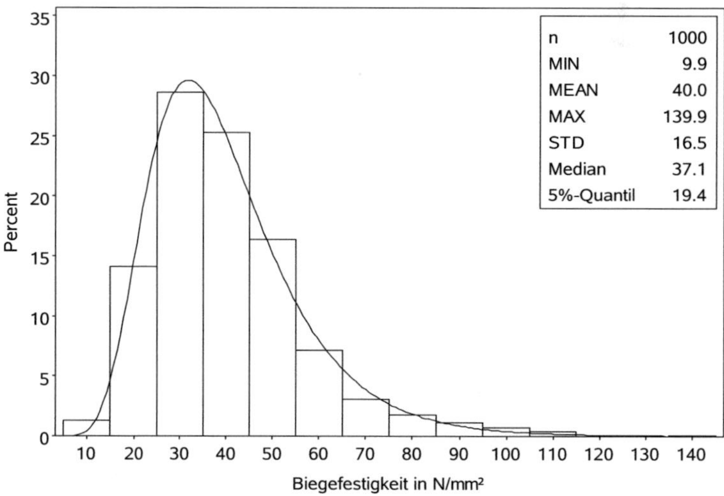

Bild 2-58 *Häufigkeitsverteilung der simulierten Hochkantbiegefestigkeit für einzelne Bretter ohne Querlagen, Sortierklasse S13*

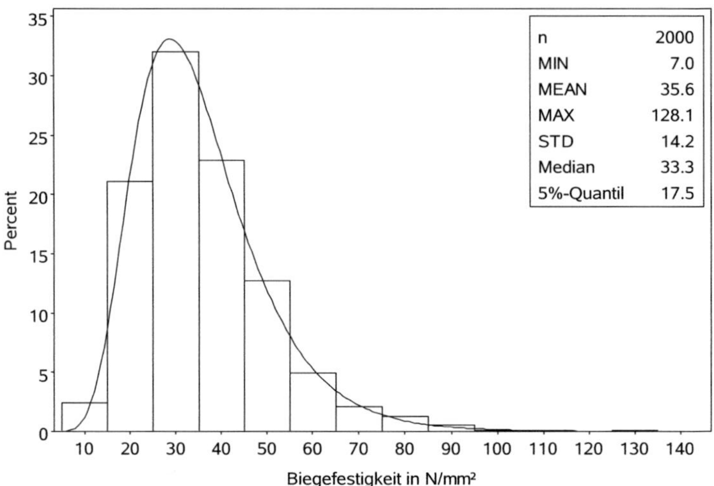

Bild 2-59   Häufigkeitsverteilung der simulierten Hochkantbiegefestigkeit für einzelne Bretter __mit__ Querlagen der Sortierklasse S10

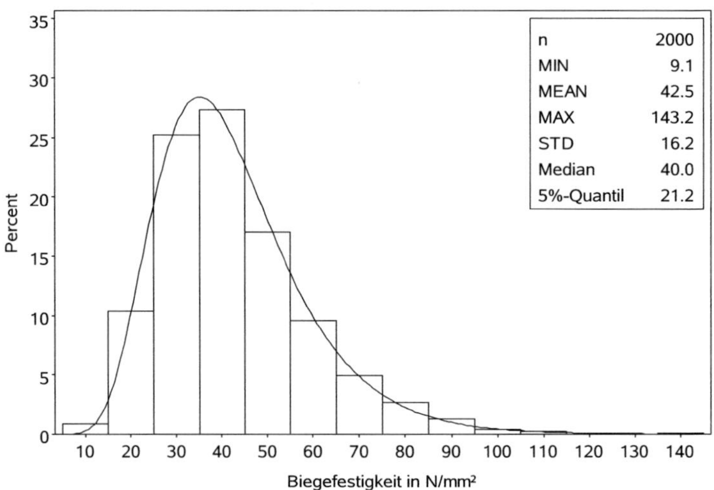

Bild 2-60   Häufigkeitsverteilung der simulierten Hochkantbiegefestigkeit für einzelne Bretter __mit__ Querlagen der Sortierklasse S13

Tabelle 2-16   Simulierte und experimentell ermittelte Hochkantbiegefestigkeit einzelner Bretter

Sortierklasse nach DIN 4074-1	Anzahl	Mittel-wert $f_{m,mean}$ in N/mm²	95%-Vertrauens-grenzen in N/mm²	5%-Quantil $f_{m,05}$ in N/mm²	95%-Vertrauens-grenzen in N/mm²
Bretter ohne Querlagen					
Simulation S10	1000	30,1	$n = 1000!$	15,0	$n = 1000!$
Versuch	48	32,5	27,0 … 34,0	15,8	12,8 … 18,3
Verhältnis		0,93		0,95	
Simulation S13	1000	40,0	$n = 1000!$	19,4	$n = 1000!$
Versuch	30	44,1	35,7 … 47,4	22,1	16,9 … 26,3
Verhältnis		0,91		0,88	
Bretter mit Querlagen					
Simulation S10	2000	35,6	$n = 2000!$	17,5	$n = 2000!$
Simulation S13	2000	42,5	$n = 2000!$	21,2	$n = 2000!$

2.3.2 Biegefestigkeit von Brettsperrholzträgern

Zur Überprüfung des Versagenskriteriums in der Biegezugzone, die lineare Interaktion von Biege- und Zugspannungsanteilen, wurde die Biegefestigkeit von Trägern mit zwei bis sechs Längslagen und bis zu drei Lamellen je Längslage simuliert und mit den Ergebnissen der in Abschnitt 2.1 beschriebenen Versuche verglichen.

Anhand der experimentell ermittelten Biegefestigkeiten wurden hierfür das 5%-Quantil der Biegefestigkeit und die 95%-Vertrauensgrenzen des 5%-Quantils unter Annahme log-normalverteilter Werte geschätzt. Außerdem wurden die charakteristischen Werte der Biegefestigkeit nach EN 14358 anhand der Versuchsergebnisse ermittelt.

Die charakteristischen Werte der simulierten Biegefestigkeit wurden verteilungsfrei, unter Annahme lognormalverteilter Werte und nach EN 14358 ermittelt. Aufgrund der großen Anzahl der simulierten Biegefestigkeiten unterscheiden sich die drei Werte jedoch nur geringfügig. In den nachfolgenden Zusammenstellungen sind daher nur die unter Annahme log-normalverteilter Werte ermittelten charakteristischen Biegefestigkeiten angegeben. Alle angegebenen Biegefestigkeiten sind auf den Netto-Querschnitt der Längslagen bezogen. In den Bezeichnungen der Querschnitte bedeutet die erste Ziffer die Anzahl n der Längslagen, die zweite Ziffer gibt die Anzahl m der in Richtung der Querschnittshöhe übereinander angeordneten Lamellen in den Längslagen an.

Tabelle 2-17   *Biegefestigkeiten in N/mm² für Querschnitte aus Brettern der Sortierklasse S10 mit h = 150 mm und m = 1*

Querschnitt (n-m)	2-1	3-1	4-1	5-1	6-1
Versuche					
5%-Quantil	20,1	30,0	32,6		29,9
95%-VG	3,2 … 29,4	17,6 … 33,6	22,6 … 36,1		19,9 …33,5
$f_{m,k,EN14358}$	13,1	26,5	29,9		27,2
Regressionsgleichung für Bretter ohne Querlagen					
Anzahl	1000	1000	1000	1000	1000
$f_{m,min}$	11,4	11,9	13,6	13,9	13,5
$f_{m,mean}$	28,5	28,9	26,9	26,3	26,0
$f_{m,max}$	65,1	58,5	54,8	48,4	44,4
Std.-abw.	8,2	7,0	5,5	5,0	4,4
$f_{m,k,sim}$	<u>17,2</u>	<u>18,8</u>	<u>18,8</u>	<u>19,0</u>	<u>19,4</u>
Regressionsgleichung für Bretter mit Querlagen					
Anzahl	1000	1000	1000	1000	1000
$f_{m,min}$	12,2	14,2	15,2	15,1	16,5
$f_{m,mean}$	32,3	30,9	30,2	29,5	29,2
$f_{m,max}$	70,2	59,9	66,5	48,8	56,4
Std.-abw.	9,3	5,3	5,3	5,3	5,0
$f_{m,k,sim}$	<u>19,4</u>	<u>20,9</u>	<u>21,6</u>	<u>21,6</u>	<u>21,8</u>

Tabelle 2-18   *Biegefestigkeiten in N/mm² für Querschnitte aus Brettern der Sortierklasse S13 mit h = 150 mm und m = 1*

Querschnitt (n-m)	2-1	3-1	4-1	5-1	6-1
Versuche					
5%-Quantil	31,2	36,7	34,5		37,8
95%-VG	19,7 … 36,2	25,3 … 41,5	23,5 … 38,3		25,0 … 42,3
$f_{m,k,EN14358}$	27,5	33,2	31,5		34,3
Regressionsgleichung für Bretter ohne Querlagen					
Anzahl	1000	1000	1000	1000	1000
$f_{m,min}$	14,3	15,8	18,1	16,9	20,6
$f_{m,mean}$	36,0	35,0	34,0	33,4	32,7
$f_{m,max}$	83,7	65,1	69,8	56,1	53,2
Std.-abw.	10,2	8,2	7,0	6,3	5,3
$f_{m,k,sim}$	<u>21,8</u>	<u>23,2</u>	<u>23,9</u>	<u>24,0</u>	<u>24,7</u>
Regressionsgleichung für Bretter mit Querlagen					
Anzahl	1000	1000	1000	1000	1000
$f_{m,min}$	15,7	16,3	17,2	19,3	17,7
$f_{m,mean}$	37,8	36,6	35,7	35,0	34,7
$f_{m,max}$	94,2	86,6	68,4	55,6	57,4
Std.-abw.	11,0	6,4	6,4	6,4	5,7
$f_{m,k,sim}$	<u>22,8</u>	<u>24,1</u>	<u>25,2</u>	<u>25,4</u>	<u>26,1</u>

Bei den Querschnitten mit einer Lamelle je Längslage sind die simulierten 5%-Quantile der Biegefestigkeit deutlich kleiner als die experimentell ermittelten Werte. Zwar ergeben sich unter Verwendung der Regressionsgleichung für Bretter mit Querlagen für die Sortierklasse S10 im Mittel um 13%, für die Sortierklasse S13 im Mittel um 5% größere charakteristische Werte als für die Regressionsgleichung für Bretter ohne Querlagen, der bei diesen Querschnitten in den Versuchen ermittelte starke Anstieg der charakteristischen Biegefestigkeit mit zunehmender Anzahl der Längslagen kann jedoch auch unter Berücksichtigung des Einflusses der Querlagen auf die Biegefestigkeit mit Hilfe des Rechenmodells nicht wiedergegeben werden.

Eine mögliche Ursache hierfür liegt in der stark vereinfachten Abbildung des Bruchprozesses im Rechenmodell: Bei Erreichen des Versagenskriteriums in einem Brettabschnitt fällt im Rechenmodell die entsprechende Zelle über die gesamte Trägerhöhe aus. In Wirklichkeit hingegen versagen bei reiner Biegebeanspruchung zunächst nur die Fasern am unteren, zugbeanspruchten Rand eines Brettes, sodass unbeschädigte Teile in der Biegedruckzone weiterhin am Lastabtrag mitwirken können. Die Resttragfähigkeit in der Druckzone einer Zelle kann jedoch im Rechenmodell derzeit nicht berücksichtigt werden. Die Tragfähigkeit von Querschnitten mit rein auf Biegung beanspruchten Lamellen wird daher im Rechenmodell tendenziell unterschätzt. Für eine genauere Abbildung des Bruchprozesses wären experimentell ermittelte Daten zum Nachbruchverhalten von auf Biegung beanspruchten Brettern erforderlich, die jedoch bislang nicht zur Verfügung stehen. In Bild 2-61 sind die charakteristischen Biegefestigkeiten für Querschnitte mit einer Lamelle in Richtung der Trägerhöhe über der Anzahl der Längslagen dargestellt. Die Diagramme zeigen nochmals deutlich die Unterschiede zwischen den experimentell und den durch numerische Simulation ermittelten Werten.

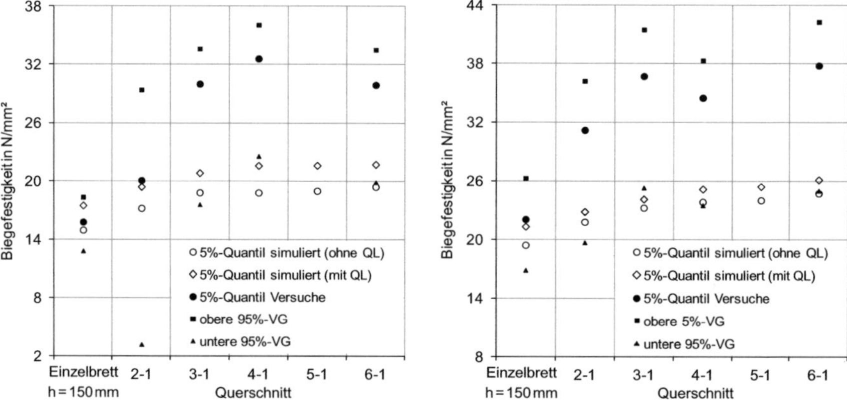

Bild 2-61   5%-Quantile der Biegefestigkeit für Querschnitte mit h = 150 mm und m = 1 aus Brettern der Sortierklasse S10 (links) und S13 (rechts) mit 95%-Vertrauensgrenzen für die Versuchswerte

Für Querschnitte mit mehreren Brettern innerhalb der Längslagen liefert die im Rechenmodell verwendete Abbildung des Bruchprozesses bessere Ergebnisse. Da in den einzelnen Lamellen nicht mehr gleichzeitig Zug- und Druckspannungen auftreten, können die unterschiedlichen Versagensformen – spröde in der Zugzone, plastisch in der Druckzone – durch das Ausfallen ganzer Zellen bzw. ideal-plastisches Verhalten jenseits der Fließgrenze hinreichend genau abgebildet werden.

Für Querschnitte mit zwei Lamellen je Längslage aus Brettern der Sortierklassen S10 mit einer Höhe von 300 mm sind die experimentell und durch numerische Simulation ermittelten Biegefestigkeiten in Tabelle 2-19 zusammengestellt. Für dieselben Querschnitte aus Brettern der Sortierklasse S13 ergeben sich die in Tabelle 2-20 zusammengestellten Biegefestigkeiten.

Tabelle 2-19   Biegefestigkeiten in N/mm² für Querschnitte aus Brettern der Sortierklasse S10 mit h = 300 mm und m = 2

Querschnitt $(n\text{-}m)$	2-2	3-2	4-2	5-2	6-2
Versuche					
5%-Quantil	18,5	21,9	-	-	-
95%-VG	9,1 … 22,5	13,5 … 25,0	-	-	-
$f_{m,k,\text{EN14358}}$	15,7	19,6	-	-	-
Regressionsgleichung für Bretter ohne Querlagen					
Anzahl	1000	1000	1000	1000	1000
$f_{m,min}$	14,9	16,4	18,0	19,4	18,6
$f_{m,mean}$	27,4	27,2	27,9	27,4	27,3
$f_{m,max}$	47,6	44,1	41,9	39,0	38,4
Std.-abw.	4,9	4,1	3,3	2,9	2,7
$f_{m,k,sim}$	20,2	21,0	22,8	23,0	23,1
Regressionsgleichung für Bretter mit Querlagen					
Anzahl	1000	500	500	500	500
$f_{m,min}$	17,6	19,5	20,2	21,3	20,2
$f_{m,mean}$	30,3	30,0	29,6	29,3	29,0
$f_{m,max}$	50,5	46,8	45,1	38,7	42,1
Std.-abw.	4,9	4,3	3,5	3,3	2,9
$f_{m,k,sim}$	22,9	23,6	24,0	24,2	24,5

Tabelle 2-20   *Biegefestigkeiten in N/mm² für Querschnitte aus Brettern der Sortierklasse S13 mit h = 300 mm und m = 2*

Querschnitt (*n-m*)	2-2	3-2	4-2	5-2	6-2
Versuche					
$f_{m,k,exp}$	29,0	33,0	-	-	-
95%-VG	12,0 … 37,0	25,2 … 35,5	-	-	-
$f_{m,k,EN14358}$	23,6	31,0	-	-	-
Regressionsgleichung für Bretter ohne Querlagen					
Anzahl	1000	1000	1000	1000	1000
$f_{m,min}$	15,6	19,5	24,2	24,1	24,5
$f_{m,mean}$	33,7	33,5	33,8	33,5	33,2
$f_{m,max}$	59,9	56,8	49,8	48,1	44,7
Std.-abw.	6,0	5,1	4,0	3,7	3,5
$f_{m,k,sim}$	24,7	25,8	27,6	27,7	27,9
Regressionsgleichung für Bretter mit Querlagen					
Anzahl	500	500	500	500	500
$f_{m,min}$	19,5	23,2	25,1	25,1	25,6
$f_{m,mean}$	35,2	34,9	34,2	33,9	33,4
$f_{m,max}$	61,9	52,8	47,0	45,4	46,9
Std.-abw.	6,1	4,7	4,3	3,7	3,6
$f_{m,k,sim}$	26,2	27,7	28,4	28,3	28,5

In Anbetracht des geringen Umfanges der Versuchsreihen mit nur 4 bis 6 geprüften Trägern je Querschnittsaufbau stimmen die durch numerische Simulation ermittelten 5%-Quantile der Biegefestigkeit gut mit den experimentell ermittelten Werten überein. Lediglich für die Versuchsreihe 3-2 aus Brettern der Sortierklasse S13 ergeben sich deutliche Unterschiede bei den 5%-Quantilen, die jedoch auf den ungewöhnlich geringen Variationskoeffizienten von 7,7% bei dieser Versuchsreihe zurückzuführen sind, der im Vergleich mit den Variationskoeffizienten der restlichen Versuchsreihen und der numerischen Simulation zu klein erscheint. Dennoch liegen die simulierten 5%-Quantile der Biegefestigkeit innerhalb der 95%-Vertrauensgrenzen für den Versuchswert.

Da bei Biegeträgern mit mehr als einer Lamelle in Richtung der Querschnittshöhe nicht nur die Biegefestigkeit, sondern auch die Zugfestigkeit der Zellen die Tragfähigkeit beeinflusst, ist der Unterschied zwischen den unter Verwendung der Regressionsgleichung mit Querlagen und der Regressionsgleichung ohne Querlagen ermittelten Werten geringer als bei den Querschnitten mit nur einer Lamelle in Richtung der Trägerhöhe.

In Bild 2-62 sind die Ergebnisse der numerischen Simulation und die entsprechenden experimentell ermittelten Werte in grafischer Form dargestellt.

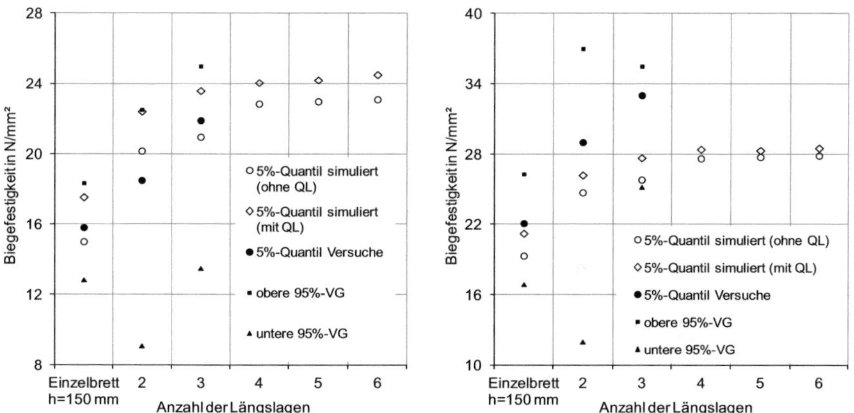

Bild 2-62   *5%-Quantile der Biegefestigkeit für Querschnitte mit h = 300 mm und m = 2 aus Brettern der Sortierklasse S10 (links) und S13 (rechts) mit 95%-Vertrauensgrenzen für die Versuchswerte*

Für Querschnitte mit einer Querschnittshöhe von 300 mm und drei Lamellen je Längslage sind die Ergebnisse der Versuchsreihe 2-3 und der numerischen Simulation in Tabelle 2-21 zusammengestellt. Wegen der sehr guten Qualität der für die Prüfkörper der Reihe 2-3 verwendeten Brettlamellen, die eine mittlere Rohdichte von ρ_{mean} = 481 kg/m³ aufwiesen, können die Ergebnisse dieser Versuchsreihe nicht unmittelbar mit den für Bretter der Sortierklasse S13, mit ρ_{mean} = 445 kg/m³, simulierten Biegefestigkeiten verglichen werden. Zutreffender wäre der Vergleich mit Biegefestigkeiten, die für maschinell sortiertes Brettmaterial mit größerer mittlerer Rohdichte simuliert wurden. Im Rahmen der vorliegenden Arbeit wurden jedoch nur visuelle Sortierverfahren betrachtet.

Tabelle 2-21   *Biegefestigkeiten in N/mm² für Querschnitte aus Brettern der Sortierklasse S13 mit h = 300 mm und m = 3*

Querschnitt (n-m)	2-3	3-3	4-3	5-3	6-3
Versuche					
$f_{m,k,exp}$	38,8	-	-	-	-
95%-VG	28,6 … 43,7	-	-	-	-
$f_{m,k,EN14358}$	35,2	-	-	-	-
Regressionsgleichung für Bretter ohne Querlagen					
Anzahl	1000	1000	1000	1000	500
$f_{m,min}$	18,5	22,0	22,7	22,4	23,3
$f_{m,mean}$	34,9	34,6	34,2	34,2	34,2
$f_{m,max}$	61,7	51,1	50,4	46,9	45,7
Std.-abw.	5,6	4,4	4,0	3,5	3,5
$f_{m,k,sim}$	<u>26,6</u>	<u>27,8</u>	<u>28,1</u>	<u>28,7</u>	<u>28,8</u>
Regressionsgleichung für Bretter mit Querlagen					
Anzahl	500	500	500	500	500
$f_{m,min}$	23,2	23,9	26,6	26,7	26,6
$f_{m,mean}$	35,0	34,7	34,7	35,2	33,8
$f_{m,max}$	49,9	53,9	44,7	43,3	41,6
Std.-abw.	5,5	4,5	4,1	4,1	3,5
$f_{m,k,sim}$	<u>26,7</u>	<u>27,9</u>	<u>28,4</u>	<u>28,9</u>	<u>28,7</u>

Da die in DIN 1052 (2008) und in EN 1194 (1999) für Brettschichtholz angegebenen Biegefestigkeiten sich auf Träger mit einer Referenzhöhe von 600 mm beziehen, wurden, um die Werte direkt vergleichen zu können, die Biegefestigkeiten von 600 mm hohen Brettsperrholzträgern durch numerische Simulation ermittelt. Wie zuvor wurden dabei die Anzahl der Längslagen und die Anzahl der Lamellen innerhalb der Längslagen variiert. Zur Erzeugung der Zellen-Biegefestigkeiten der Brettlamellen wurden wieder beide Regressionsgleichungen, für Bretter mit und ohne Querlagen, alternativ verwendet. In Tabelle 2-22 bis Tabelle 2-25 sind die Ergebnisse der numerischen Simulation für Querschnitte aus Brettern der Sortierklasse S10 mit zwei bis sechs Längslagen zusammengestellt.

Tabelle 2-22   *simulierte Biegefestigkeiten in N/mm² für Querschnitte aus Brettern der Sortierklasse S10 mit h = 600 mm und m = 4*

Querschnitt	2-4	3-4	4-4	5-4	6-4
Regressionsgleichung für Bretter ohne Querlagen					
Anzahl	1000	1000	1000	1000	1000
$f_{m,min}$	18,4	18,5	19,4	21,0	18,1
$f_{m,mean}$	27,5	27,6	27,4	27,6	27,5
$f_{m,max}$	41,3	38,2	36,9	34,7	36,0
Std.-abw.	3,64	3,09	2,64	2,43	2,20
$f_{m,k,sim}$	21,6	22,6	23,3	23,8	24,0
Regressionsgleichung für Bretter mit Querlagen					
Anzahl	1000	750	500	500	500
$f_{m,min}$	19,2	20,3	23,1	22,8	22,3
$f_{m,mean}$	29,0	28,7	28,7	28,8	28,6
$f_{m,max}$	44,1	38,5	36,1	35,1	34,1
Std.-abw.	3,33	2,84	2,56	2,22	2,20
$f_{m,k,sim}$	23,8	24,3	24,7	25,0	25,1

Tabelle 2-23   *simulierte Biegefestigkeiten in N/mm² für Querschnitte aus Brettern der Sortierklasse S10 mit h = 600 mm und m = 5*

Querschnitt	2-5	3-5	4-5	5-5	6-5
Regressionsgleichung für Bretter ohne Querlagen					
Anzahl	1000	1000	1000	1000	1000
$f_{m,min}$	17,3	19,6	21,5	19,6	23,7
$f_{m,mean}$	28,6	28,5	28,9	28,8	28,4
$f_{m,max}$	44,9	37,6	37,1	37,8	34,6
Std.-abw.	3,46	2,85	2,59	2,33	1,98
$f_{m,k,sim}$	23,1	23,9	24,7	25,0	25,1
Regressionsgleichung für Bretter mit Querlagen					
Anzahl	1000	1000	1000	500	500
$f_{m,min}$	18,0	18,7	21,3	22,6	23,1
$f_{m,mean}$	29,3	29,1	29,0	29,0	29,1
$f_{m,max}$	40,3	38,0	38,5	36,1	37,3
Std.-abw.	3,38	2,79	2,53	2,29	2,22
$f_{m,k,sim}$	24,0	24,6	25,0	25,4	25,6

Tabelle 2-24   simulierte Biegefestigkeiten in N/mm² für Querschnitte aus Brettern der Sortierklasse S10 mit h = 600 mm und m = 6

Querschnitt	2-6	3-6	4-6	5-6	6-6
Regressionsgleichung für Bretter ohne Querlagen					
Anzahl	1000	1000	1000	1000	1000
$f_{m,min}$	18,4	20,1	21,1	21,7	22,8
$f_{m,mean}$	28,8	28,9	29,2	29,0	28,8
$f_{m,max}$	42,8	39,3	37,4	36,8	35,9
Std.-abw.	3,37	2,74	2,49	2,22	2,05
$f_{m,k,sim}$	23,5	24,4	25,1	25,4	25,7
Regressionsgleichung für Bretter mit Querlagen					
Anzahl	1000	750	750	500	500
$f_{m,min}$	20,9	19,6	22,0	23,7	22,3
$f_{m,mean}$	29,5	29,3	29,3	29,3	29,1
$f_{m,max}$	41,0	39,7	37,6	36,7	35,6
Std.-abw.	3,19	2,80	2,37	2,19	2,08
$f_{m,k,sim}$	24,4	24,9	25,5	25,7	26,0

Tabelle 2-25   simulierte Biegefestigkeiten in N/mm² für Querschnitte aus Brettern der Sortierklasse S10 mit h = 600 mm und m = 8

Querschnitt	2-8	3-8	4-8	5-8	6-8
Regressionsgleichung für Bretter ohne Querlagen					
Anzahl	1000	1000	1000	500	500
$f_{m,min}$	19,6	21,6	22,6	23,7	23,4
$f_{m,mean}$	29,2	29,5	29,5	29,6	29,4
$f_{m,max}$	38,7	37,3	36,9	35,8	35,9
Std.-abw.	3,12	2,71	2,23	2,09	1,84
$f_{m,k,sim}$	24,1	24,9	25,7	26,1	26,2
Regressionsgleichung für Bretter mit Querlagen					
Anzahl	750	750	500	500	500
$f_{m,min}$	18,8	21,2	23,8	24,1	22,6
$f_{m,mean}$	29,6	29,6	29,7	29,8	29,7
$f_{m,max}$	40,2	37,8	36,1	35,0	35,2
Std.-abw.	3,20	2,69	2,38	2,07	2,07
$f_{m,k,sim}$	24,6	25,3	25,9	26,3	26,4

Die grafische Darstellung der simulierten 5%-Quantile der Biegefestigkeit in Bild 2-63 zeigt nochmals deutlich die Abhängigkeit der Biegefestigkeit von in Plattenebene beanspruchten Brettsperrholzträgern sowohl von der Anzahl der Längslagen als auch von der Anzahl der Lamellen innerhalb der Längslagen, wobei letztere bei Verwendung der Regressionsgleichung mit Querlagen geringer ist, da der Unterschied zwischen der Zellen-Biege und der Zellen-Zugfestigkeit kleiner ist, als bei Verwendung der Regressionsgleichung ohne Querlagen.

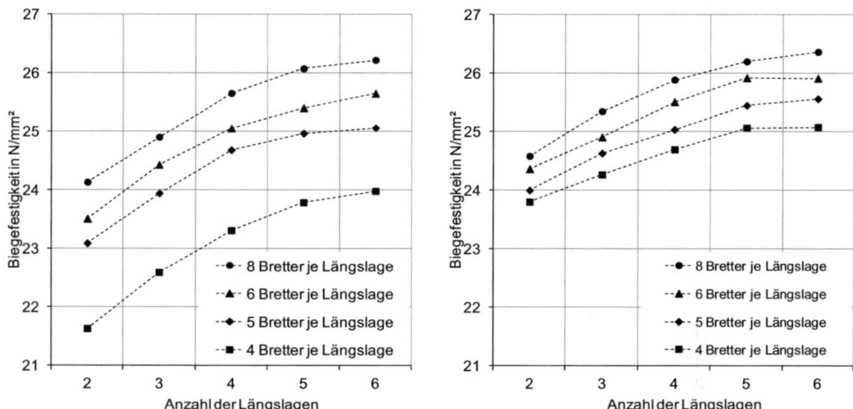

Bild 2-63   *5%-Quantile der Biegefestigkeit für Querschnitte mit h = 600 mm und 4 ≤ m ≤ 8 aus Brettern der Sortierklasse S10, links: Regressionsgleichung ohne Querlagen, rechts: Regressionsgleichung mit Querlagen*

2.3.3 Systembeiwerte für die Biegefestigkeit

Der Systembeiwert k_{sys} ist definiert als Verhältnis zwischen der charakteristischen Festigkeit eines aus mehreren, gleichartigen Elementen bestehenden Systems und der Festigkeit eines einzelnen Elementes. Die Systembeiwerte für die Biegefestigkeit von Brettsperrholzträgern können demnach aus dem Verhältnis zwischen der für einen bestimmten Trägeraufbau ermittelten Biegefestigkeit und der Biegefestigkeit eines einzelnen Brettes berechnet werden. Bei dieser Vorgehensweise ergeben sich für die untersuchten Brettsperrholzquerschnitte sehr große Systembeiwerte, die deutlich über den von Jeitler und Brandner (2008) ermittelten Werten liegen.

Für den Vergleich der Biegefestigkeit von Brettsperrholzträgern mit den für Brettschichtholz angegebenen Werten ist es jedoch zweckmäßig, als Bezugswert für die Ermittlung von Systembeiwerten den charakteristischen Wert der Biegefestigkeit von Brettschichtholz zu verwenden. Für die Berechnung von Systembeiwerten anhand der für 600 mm hohe Brettsperrholzträger aus Brettern der Sortierklasse S10 ermittelten Biegefestigkeiten wurde daher die charakteristische Biegefestigkeit von Brettschichtholz der Festigkeitsklasse GL24 verwendet, das wie die simulierten Brettsperrholzträger aus Brettern der Sortierklasse S10 besteht.

Um einen funktionalen Zusammenhang zwischen dem Aufbau der Querschnitte und dem Systembeiwert zu ermitteln, wurde zunächst die Art der Funktion anhand der folgender Überlegungen ermittelt:

Für die Summe aus mehreren, normalverteilten Zufallsvariablen kann das 5%-Quantil mit Hilfe der Formel von Bienaymé berechnet werden. Sind die einzelnen Summanden Zufallsvariablen mit den gleichen Verteilungsfunktionen, so gilt:

$$Q_5(n) = \mu - 1{,}645 \cdot \sigma(1) \cdot \frac{1}{\sqrt{n}} \qquad (2\text{-}23)$$

Dabei ist $\sigma(1)$ die Standardabweichung einer einzelnen Zufallsvariable und n die Anzahl der addierten Zufallsvariablen.

Die Biegefestigkeiten einzelner Bretter und auch die Biegefestigkeiten der Zellen innerhalb der Bretter sind jedoch statistisch nicht unabhängig, sonder positiv miteinander korreliert, d.h. die Kovarianz $COV(X_i, X_{i+1})$ zweier Festigkeitsverteilungen ist größer Null. Für Parallelsysteme aus n Brettern gilt daher

$$Q_5(n) = \mu - 1{,}645 \cdot \left(\sigma(1) + a\right) \cdot \frac{1}{\sqrt{n}} \qquad (2\text{-}24)$$

Der Systembeiwert, als Quotient des 5%-Quantils der Summe von n Zufallsvariablen und dem 5%-Quantils einer einzelnen Zufallsvariablen, kann damit für log-normalverteilte Zufallsvariablen wie die Biegefestigkeit in allgemeiner Form angegeben werden als:

$$k_{sys}(n) = \ln\left(a_1 \cdot \left(1 - 1,645 \cdot \frac{a_2}{\sqrt{n}} \right) \right) \tag{2-25}$$

Um bei der Ermittlung eines funktionalen Zusammenhanges zwischen dem Systembeiwert k_{sys} und dem Querschnittsaufbau auch die Anzahl m der Lamellen innerhalb der Längslagen zu berücksichtigen, wurde der in Gleichung (2-25) angegebene Ansatz wie folgt erweitert:

$$k_{sys}(n) = \ln\left((a_{11} + a_{12} \cdot m) \cdot \left(1 - 1,645 \cdot \frac{(a_{21} + a_{22} \cdot m)}{\sqrt{n}} \right) \right) \tag{2-26}$$

Für die aus den 5%-Quantilen der Biegefestigkeiten in Tabelle 2-22 bis Tabelle 2-25 mit einem Bezugswert von 24 N/mm² berechneten System-beiwerte wurden mit Hilfe der Methode der kleinsten Quadrate die Koeffizienten a_{ij} bestimmt.
Für die Biegefestigkeiten, die unter Verwendung der Regressionsgleichung ohne Querlagen ermittelt wurden, ergeben sich die Koeffizienten nach Gleichung (2-27).

$$k_{sys}(n) = \ln\left((3,15 + 0,0113 \cdot m) \cdot \left(1 - 1,645 \cdot \frac{0,563 \cdot m^{-0,740}}{\sqrt{n}} \right) \right) \tag{2-27}$$

für $n \geq 2,\ m \geq 4$ $R^2 = 0,954$

Unter Verwendung der Regressionsgleichung mit Querlagen ergeben sich die Koeffizienten nach Gleichung (2-28). Eine grafische Auswertung der beiden Gleichungen ist in Bild 2-64 gegeben.

$$k_{sys}(n) = \ln\left((2,85 + 0,0587 \cdot m) \cdot \left(1 - 1,645 \cdot \frac{0,0682 \cdot m^{0,335}}{\sqrt{n}} \right) \right) \tag{2-28}$$

für $n \geq 2,\ m \geq 4$ $R^2 = 0,975$

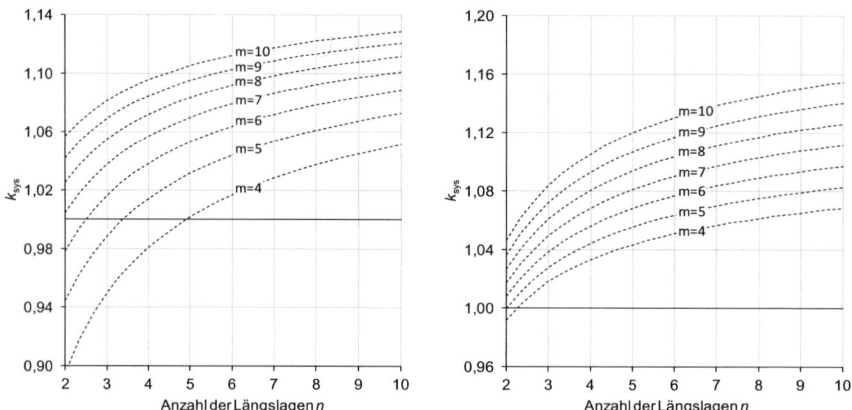

Bild 2-64   Systembeiwerte k_{sys} für die Biegefestigkeit von Brettsperrholz aus Brettlamellen der Sortierklasse S10 bezogen auf einen Basiswert von 24 N/mm², links: Regressionsgleichung ohne Querlagen, rechts: Regressionsgleichung mit Querlagen

2.3.4 Volumeneffekt

Bei Trägern aus Brettschichtholz nimmt die Biegefestigkeit mit zunehmender Bauteilhöhe ab. Dieser als Volumen- oder Höheneffekt bezeichnete Einfluss der Bauteilgröße ist, ebenso wie die Systembeiwerte, auf statistische Zusammenhänge zurückzuführen: Bei Biegeträgern mit großem Volumen, ist die Wahrscheinlichkeit, dass in den Lamellen der Zugzone eine Schwachstelle auftritt, größer als bei kleinen Bauteilen. Da Schwachstellen in der Zugzone die Tragfähigkeit maßgeblich beeinflussen, führt eine größere Anzahl häufiger zu kleineren Festigkeiten.

Im Vergleich mit Brettschichtholz ist bei in Plattenebene beanspruchten Brettsperrholzträgern die Streuung der Festigkeit in Richtung der Trägerachse geringer, da im Querschnitt stets mehrere Lamellen nebeneinander angeordnet sind. Wegen der größeren Homogenität des Werkstoffes ist auch der Einfluss des Trägervolumens auf die Festigkeit geringer als bei Brettschichtholz.

Zur Überprüfung dieser Hypothese wurden mit Hilfe des Rechenmodells Brettsperrholzträger mit unterschiedlicher Querschnittshöhe simuliert. Als statisches System wurde der Vierpunktbiegeversuch nach EN 408 mit einem konstanten Verhältnis von L/h = 18 zwischen der Stützweite und der Trägerhöhe sowie zwei Einzellasten in den Drittelspunkten der Stützweite gewählt.

Um Träger mit unterschiedlicher Querschnittshöhe zu simulieren, wurde die Anzahl der Lamellen innerhalb der Längslagen variiert, wobei die Breite der Längslamellen mit 150 mm konstant gehalten wurde. In Richtung der Querschnittsdicke wurde exemplarisch ein Lagenaufbau mit vier Längs- und zwei Querlagen (L-Q-L-L-Q-L) gewählt.

Die in Tabelle 2-26 zusammengestellten Ergebnisse der numerischen Simulation zeigen, dass bei dem exemplarisch gewählten Trägeraufbau die Größe des beanspruchten Volumens keinen Einfluss auf die Biegefestigkeit hat.

Tabelle 2-26   *simulierte Biegefestigkeiten in N/mm² für Querschnitte aus Brettern der Sortierklasse S10 mit unterschiedlicher Anzahl m der Lamellen in den Längslagen und unterschiedlicher Höhe h = m · 150 mm*

Querschnitt (n-m)	4-4	4-5	4-6	4-7	4-8	4-9	4-10
Regressionsgleichung für Bretter ohne Querlagen							
Anzahl	1000	1000	1200	1200	1400	1300	860
h in mm	600	750	900	1050	1200	1350	1500
$f_{m,min}$	19,7	19,4	20,1	19,7	19,6	19,9	18,7
$f_{m,mean}$	27,0	27,1	26,9	26,7	26,5	26,4	26,1
$f_{m,max}$	36,3	36,1	35,7	34,6	34,2	32,6	32,4
Std.-abw.	2,68	2,50	2,39	2,19	2,11	1,95	2,02
$f_{m,k,sim}$	<u>23,3</u>	<u>23,1</u>	<u>23,1</u>	<u>23,2</u>	<u>23,2</u>	<u>23,3</u>	<u>22,9</u>

2.4   Zusammenfassung

Mit Hilfe des in Abschnitt 2.2 beschriebenen Rechenmodells wurde die Biegefestigkeit von in Plattenebene beanspruchten Brettsperrholzträgern mit unterschiedlichen Querschnittsaufbauten ermittelt. Die Biegefestigkeiten einzelner Brettabschnitte wurden dabei unter Verwendung von zwei verschiedenen Regressionsgleichungen generiert.

Bei Verwendung der Regressionsgleichung für Bretter mit Querlagen ergeben sich aus den Simulationsrechnungen für Querschnitte mit nur einer Lamelle in Richtung der Bauteilhöhe deutlich größere Biegefestigkeiten als bei Verwendung der Regressionsgleichung für Bretter ohne Querlagen. Die Differenz der Biegefestigkeiten, die mit den beiden unterschiedlichen Regressionsgleichungen ermittelt wurden, nimmt jedoch mit steigender Anzahl der Lamellen in Richtung der Bauteilhöhe ab, da in Trägern mit vielen übereinander liegenden Lamellen die Biegebeanspruchung der einzelnen Lamellen gering ist und daher das Versagen der Zellen von der Zugfestigkeit dominiert wird.

Zur Validierung des Rechenmodells wurden die Ergebnisse der numerischen Simulation mit den experimentell ermittelten Biegefestigkeiten aus Abschnitt 2.1 verglichen. Für Querschnitte mit nur einer Lamelle innerhalb der Längslagen liefert das Rechenmodell aufgrund der verwendeten Versagenskriterien, die nur rein spröde Versagensmechanismen abbilden, keine zutreffenden oder zumindest sehr konservative Ergebnisse. Für Querschnitte mit mehreren Lamellen innerhalb der Längslagen ergeben sich, unter Berücksichtigung des geringen Umfangs der zum Vergleich herangezogenen Versuchsreihen, gute Übereinstimmungen zwischen den simulierten und den experimentell ermittelten Biegefestigkeiten.

Für Brettsperrholzträger aus Brettern der Sortierklasse S10 mit einer Referenzhöhe von 600 mm wurde die Biegefestigkeit in Abhängigkeit der Anzahl der Längslagen und der Anzahl der Lamellen in Richtung der Querschnittshöhe mit Hilfe des Rechenmodells ermittelt. Aus dem Quotienten des 5%-Quantils der simulierten Biegefestigkeiten und der Biegefestigkeit von Brettschichtholz wurden Systembeiwerte berechnet.

Unter Verwendung der als konservativ zu bewertenden Regressionsgleichung für die Zellen-Biegefestigkeit ohne Berücksichtigung des Einflusses von Querlagen ergeben sich für Querschnitte mit bis zu fünf Längslagen Systembeiwerte $k_{sys} < 1$. Für die Regressionsgleichung mit Querlagen ergeben sich für nahezu alle untersuchten Querschnitte auf die Längslagen bezogene, charakteristische Biegefestigkeiten, die mindestens gleich groß sind wie die charakteristische Biegefestigkeit von Brettschichtholz aus Brettern der gleichen Sortierklasse. Für den größten simulierten Brettsperrholzquerschnitt mit sechs Längslagen und acht Lamellen in Richtung der Trägerhöhe wurde ein Anstieg der Biegefestigkeit gegenüber Brettschichtholz von 10% ermittelt.

3 Schubfestigkeit von Brettsperrholzträgern bei Beanspruchung in Plattenebene

3.1 Versagensmechanismen

In Plattenebene wirkende Querkräfte verursachen in den Brettlamellen von Brettsperrholzträgern, ebenso wie in Trägern aus Brettschichtholz oder Vollholz, Schubspannungen. Sind, wie bei den meisten am Markt verfügbaren Brettsperrholzprodukten, die Schmalseiten der Bretter innerhalb einzelner Lagen nicht miteinander verklebt, so ist die Dicke eines Brettsperrholzträgers, sowohl in Richtung der Trägerhöhe als auch in Richtung der Trägerachse, nicht konstant, da in den nicht verklebten Fugen zwischen den Lamellen einer Lage jeweils nur der Querschnitt der rechtwinklig zur betrachteten Fuge angeordneten Lagen wirksam ist. Im Bruttoquerschnitt, d.h. in Schnitten, die zwischen den nicht verklebten Fugen liegen, ist die Schubspannung in allen längs und quer zur Trägerachse orientierten Brettlagen gleich groß. In den nicht verklebten Fugen zwischen den Brettern einer Lage ist jedoch die Schubspannung gleich Null. Die gesamte Schubkraft muss daher über den Querschnitt der rechtwinklig zur Fuge verlaufenden Brettlagen, den Nettoquerschnitt, übertragen werden. In den Nettoquerschnitten treten folglich größere Schubspannungen auf als in Schnitten, in denen die Dicke aller Brettlagen zur Verfügung steht.

Da wegen der fehlenden Schmalseitenverklebung keine direkte Übertragung von Schubkräften zwischen den Lamellen einer Lage möglich ist, müssen die Schubkräfte stattdessen indirekt über die Kreuzungsflächen mit den Lamellen benachbarter Lagen übertragen werden. Querkräfte in Scheibenebene verursachen daher in Brettsperrholzelementen ohne Schmalseitenverklebung nicht nur Schubspannungen in den Brettquerschnitten, sondern auch in den Kreuzungsflächen von rechtwinklig miteinander verklebten Brettlagen.

Jede der beschriebenen Schubbeanspruchungen, im Brutto- und im Nettoquerschnitt der Brettlamellen und in den Kreuzungsflächen zwischen rechtwinklig miteinander verklebten Lagen, kann zum Versagen führen. Bei in Plattenebene beanspruchten Brettsperrholzträgern sind daher drei Versagensmechanismen zu unterscheiden (s.a. Bild 3-1).

Versagensmechanismus 1:

Schubversagen im Bruttoquerschnitt
Durch die Verzerrung in Plattenebene entstehen in den Brettlamellen Schubspannungen, die über die Plattendicke als konstant angenommen werden und zu einem Schubversagen parallel zur Faserrichtung der Lamellen führen können.

Versagensmechanismus 2:

Schubversagen im Nettoquerschnitt
Die in den Fugen zwischen den nicht miteinander verklebten Brettern einer Lage quer zur Faserrichtung wirkenden Schubspannungen können zu einem Abscheren quer zur Faserrichtung führen.

Versagensmechanismus 3:

Schubversagen in den Kreuzungsflächen
Durch die Übertragung von Schubkräften zwischen den an den Schmalseiten nicht miteinander verklebten Brettern einer Lage entstehen Schubspannungen in den Kreuzungsflächen zwischen rechtwinklig miteinander verklebten Brettlamellen, die zu einem Versagen in einer der beiden miteinander verklebten Brettlamellen oder in der Klebefuge führen können.

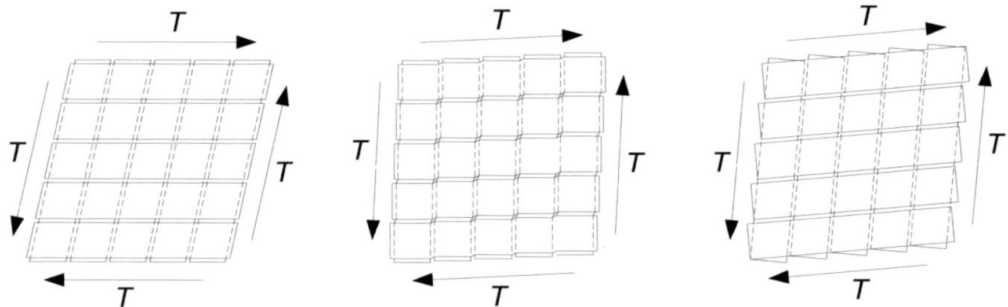

Bild 3-1   Versagensmechanismen von Brettsperrholzelementen bei Schubbeanspruchung in Plattenebene (von links nach rechts: VM 1, VM2 und VM3)

3.2   Berechnung der Schubspannungen

Für den Tragfähigkeitsnachweis von Brettsperrholzträgern ist es erforderlich, die einzelnen, zu den Versagensmechanismen gehörenden Schubspannungen zu berechnen. Bei schlanken Biegeträgern ist der Verbund zwischen den Lamellen der Längslagen so steif, dass die Schubspannungen in den Brettlamellen im Brutto- und im Nettoquerschnitt für den Nachweis der Versagensmechanismen 1 und 2 ohne Berücksichtigung von Nachgiebigkeiten nach der technischen Biegelehre ermittelt werden können.

In den Kreuzungsflächen müssen bei Biegeträgern aus Brettsperrholz insgesamt drei Schubspannungskomponenten – Schubspannungen in Richtung der Trägerachse und rechtwinklig dazu sowie Torsionsschubspannungen – berücksichtigt werden. Wie in den Fugen von nachgiebig verbundenen Biegestäben wirken in den Kreuzungsflächen von Brettsperrholzträgern Schubspannungen parallel zur Trägerachse, die durch Änderungen des Biegemomentes entlang der Trägerachse und den Ausgleich der daraus resultierenden differentiellen Normalkräfte zwischen den Lamellen der Längslagen entstehen. Da die zu übertragenden Normalkräfte in den Schwerlinien der Brettlamellen wirken, entstehen, aufgrund der Exzentrizität, zusätzlich Momente, die wiederum Torsionsschubspannungen in den Kreuzungsflächen verursachen. Zur Berechnung der beiden genannten Schubspannungskomponenten kann das Modell eines Verbundträgers verwendet werden. Im Bereich von Trägerauflagern, Lasteinleitungen und Querschnittsänderungen, wie z.B. in Trägern mit Ausklinkungen, Durchbrüchen und angeschnittenen Rändern, treten in den Kreuzungsflächen zusätzlich Schubspannungen rechtwinklig zur Trägerachse auf.

Insgesamt sind bei in Plattenebene beanspruchten Brettsperrholzträgern fünf verschiedene Schubspannungen bzw. Schubspannungskomponenten zu berechnen:

- Schubspannungen in den Brettlamellen im Bruttoquerschnitt

- Schubspannungen in den Brettlamellen im Nettoquerschnitt

- Schubspannungen in den Kreuzungsflächen parallel zur Trägerachse

- Torsionsschubspannungen in den Kreuzungsflächen

- Schubspannungen in den Kreuzungsflächen rechtwinklig zur
  Trägerachse

3.2.1 Schubspannungen in den Brettlamellen

Die Schubspannungen τ_{xz} in den Brettlamellen, die in den Versagensmechanismen 1 und 2 Schubversagen parallel bzw. rechtwinklig zur
Faserrichtung verursachen, können, wie bei Vollquerschnitten, nach der
technischen Biegelehre berechnet werden, indem bei der Berechnung
der Querschnittswerte die Dicke im jeweils betrachteten Schnitt ange-
setzt wird.

$$\tau_{xz,gross} = \frac{V_z \cdot S_{y,gross}}{I_{y,gross} \cdot t_{gross}} \tag{3-1}$$

$$\tau_{xz,net} = \frac{V_z \cdot S_{y,net}}{I_{y,net} \cdot t_{net}} \tag{3-2}$$

In den Gleichungen (3-1) und (3-2) bedeuten:

$\tau_{xz,gross}$ Schubspannung im Bruttoquerschnitt

V_z in Plattenebene wirkende Querkraft

$S_{y,gross}$ statisches Moment des Bruttoquerschnitts

$I_{y,gross}$ Flächenträgheitsmoment des Bruttoquerschnitts

t_{gross} Dicke des Bruttoquerschnitts

$\tau_{xz,net}$ Schubspannung im Nettoquerschnitt

$S_{y,net}$ statisches Moment des Nettoquerschnitts

$I_{y,net}$ Flächenträgheitsmoment des Nettoquerschnitts

t_{net} Dicke des Nettoquerschnitts

In Bild 3-2 sind exemplarisch für einen Brettsperrholzträger mit zwei Längs- und einer Querlage die Schubspannungen in den Brettlamellen für den Brutto- und den Nettoquerschnitt dargestellt.

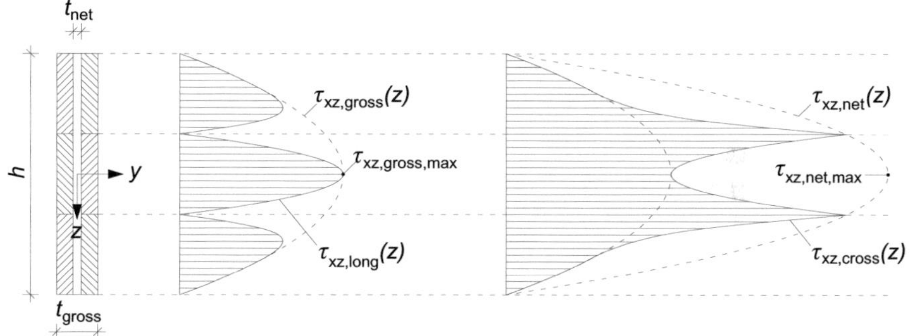

Bild 3-2   *Querschnitt eines dreilagigen Brettsperrholzträgers und Verlauf der Schubspannung $\tau_{xz,long}$ in den Lamellen der Längslagen (links) und Verlauf der Schubspannungen $\tau_{xz,cross}$ in den Lamellen der Querlagen (rechts) in einem Schnitt durch die Mitte eines Querbrettes*

Ausgehend vom oberen und unteren Querschnittsrand folgen die Schubspannungen, sowohl in den Längs- als auch in den Querlagen, zunächst dem parabelförmigen Verlauf der mit dem Bruttoquerschnitt berechneten Schubspannung. In den nicht verklebten Fugen zwischen den Brettern der Längslagen muss die Schubspannung jedoch gleich Null sein. Die Schubspannungen in Schnitten durch nicht verklebte Fugen liegen daher auf einer mit dem Nettoquerschnitt berechneten Parabel.

Die Verwendung der Maximalwerte der Schubspannungsparabeln nach Gleichung (3-3) bzw. (3-4) für den Spannungsnachweis ist eine gute und zugleich konservative Abschätzung der tatsächlichen Schubspannungen im Brutto- und im Nettoquerschnitt, wie nachfolgend gezeigt werden soll.

$$\tau_{xz,gross} = \frac{3 \cdot V_z}{2 \cdot h \cdot t_{gross}} \qquad \text{Scheitelwert der Schubspannung im Bruttoquerschnitt} \qquad (3\text{-}3)$$

$$\tau_{xz,net} = \frac{3 \cdot V_z}{2 \cdot h \cdot t_{net}} \qquad \text{Scheitelwert der Schubspannung im Nettoquerschnitt} \qquad (3\text{-}4)$$

Bei Verwendung der Scheitelwerte der Schubspannungsparabeln werden in Brettsperrholzträgern mit einer geraden Anzahl der Lamellen in den Längslagen die Schubspannungen im Bruttoquerschnitt, bei ungerader Anzahl der Lamellen in den Längslagen die Schubspannungen im Nettoquerschnitt überschätzt. Bei dem in Bild 3-2 dargestellten Querschnitt mit drei Lamellen je Längslage beträgt der Unterschied zwischen dem tatsächlichen Maximalwert und dem Scheitelwert der Schubspannung in der Querlage zwar immerhin 11%. Der Fehler nimmt jedoch mit zunehmender Anzahl m der Lamellen in den Längslagen rasch ab, wie an der Zusammenstellung in Tabelle 3-1 zu erkennen ist.

Tabelle 3-1   Fehler der nach Gleichung (3-3) bzw. Gleichung (3-4) berechneten Schubspannungen gegenüber den genauen Werten nach Gleichung (3-1) bzw. Gleichung (3-2)

Anzahl m der Lamellen in den Längslagen	2	3	4	5	6	7	8	9	10	11	12
Fehler im Bruttoquerschnitt in %	25	-	6,3	-	2,8	-	1,6	-	1,0	-	0,7
Fehler im Nettoquerschnitt in %	-	11	-	4,0	-	2,0	-	1,2	-	0,8	-

3.2.2 Schubspannungen in den Kreuzungsflächen

Die aus dem Verbund der Lamellen in den Längslagen resultierenden Schubspannungskomponenten in den Kreuzungsflächen, parallel zur Trägerachse und aus Torsion, können am Modell eines Verbundträgers berechnet werden, dessen Teilquerschnitte aus den Lamellen der Längslagen bestehen (Bild 3-3). Bei Querschnitten mit mehreren Längslagen werden dabei alle Lamellen in Richtung der Querschnittsdicke zu einem Teilquerschnitt zusammengefasst. Der Verbund zwischen den Teilquerschnitten wird über die Verklebung der Längsbretter mit den rechtwinklig dazu angeordneten Brettern der Querlagen hergestellt.

Sind die Bauteile hinreichend schlank (etwa $L / h \geq 15$) kann die Nachgiebigkeit der Klebefugen bei der Ermittlung der Beanspruchungen in den Teilquerschnitten und den Kreuzungsflächen vernachlässigt werden.

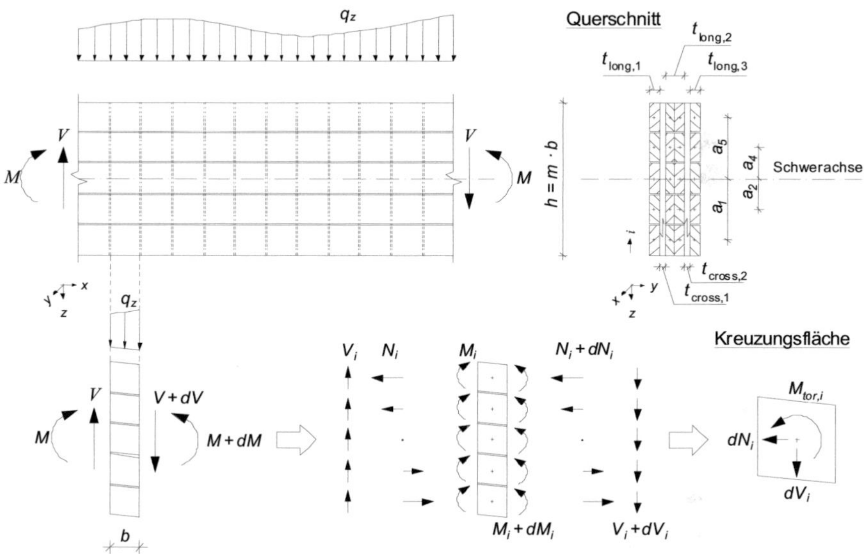

Bild 3-3   *Aus der Verbundwirkung resultierende Beanspruchungen in den Teilquerschnitten und den Kreuzungsflächen von in Plattenebene beanspruchten Biegeträgern aus Brettsperrholz*

Werden einheitliche Elastizitäts- und Schubmoduln aller Brettlamellen vorausgesetzt, lassen sich die drei Schubspannungskomponenten wie nachfolgend beschrieben berechnen:

a)   *Schubspannungskomponente parallel zur Trägerachse*

Die in den Kreuzungsflächen in Trägerlängsrichtung wirkende Schubspannungskomponenten $\tau_{yx,i,k}$ parallel zur Trägerachse kann für brettsperrholzträger mit konstanter Lamellenbreite b in allen Längs- und Querlagen nach Gleichung (3-5) berechnet werden.

$$\tau_{yx,i,k} = \frac{dN_{i,k}(x)}{n_{CA,k} \cdot b^2}$$
(3-5)

Dabei ist

$dN_{i,k}(x)$ Differential der Normalkraft in der i-ten Lamelle der k-ten Längslage an der Stelle x;
hier: die Änderung der Normalkraft innerhalb der Länge b

$n_{CA,k}$ Anzahl der Klebefugen zwischen der k-ten Längslage und benachbarten Querlagen, wobei $n_{CA,k} = 1$ für Rand-/Decklagen und
$n_{CA,k} = 2$ für innenliegende Längslagen

b Lamellenbreite in Längs- und Querlagen

Nach der Verbundtheorie sind die aus einer Biegebeanspruchung resultierenden Normalkräfte dN_i in den Teilquerschnitten proportional zum
Produkt aus der Dehnsteifigkeit und dem Schwerpunktabstand der Teilquerschnitte. Bei gleichem Elastizitätsmodul aller Längslagen kann der
Maximalwert der Normalkraft $dN_{i,max}$ wie folgt angegeben werden:

$$dN_{i,max}(x) = \frac{dM(x)}{I_{y,net,long}} \cdot a_{i,max} \cdot t_{k,long} \cdot b$$
(3-6)

Dabei ist

$dM(x)$ Differential des Biegemomentes im Träger an der Stelle x
hier: die Änderung des Biegemomentes innerhalb der Länge b

$I_{y,net,long}$ Flächenträgheitsmoment des Nettoquerschnitts der Längslagen

$t_{k,long}$ Dicke der k-ten Längslage

$a_{i,max}$ Abstand der Schwerlinie des obersten/untersten Längsbrettes
($i = 1$ und $i = m$) von der Schwerlinie des Gesamtquerschnitts

m Anzahl der übereinander angeordneten Bretter innerhalb der
Längslagen

Durch Einsetzen von Gleichung (3-6) in Gleichung (3-5) und Substitution
folgender Ausdrücke

$$dM(x) \; = V(x) \cdot dx = V(x) \cdot b$$

$$I_{y,net,long} = \frac{m^3 \cdot b^3 \cdot t_{net,long}}{12}$$

$$a_{i,max} = \frac{m-1}{2} \cdot b \, ,$$

wobei $t_{net,long}$ die Summe der Längslagendicken ist, erhält man für die in den obersten und untersten Kreuzungsflächen, in Trägerlängsrichtung wirkende Schubspannungskomponente $\tau_{yx,k}$

$$\tau_{yx,k} = \frac{6 \cdot V}{n_{CA,k} \cdot b^2} \cdot \frac{t_{k,long}}{t_{net,long}} \cdot \left(\frac{1}{m^2} - \frac{1}{m^3} \right) \qquad (3\text{-}7)$$

Gleichung (3-7) liegt die Annahme zugrunde, dass die gesamte, auf einen Teilquerschnitt entfallende differentielle Normalkraft dN_i im Verhältnis der Dehnsteifigkeiten $(E \cdot b \cdot t_{k,long})$ / $(E \cdot b \cdot t_{net,long})$ auf die in Richtung der Trägerdicke nebeneinander liegenden Lamellen der Längslagen verteilt ist.

Die Verteilung der Normalkräfte dN_i in Richtung der Bauteildicke ist jedoch nicht nur vom Verhältnis der Dehnsteifigkeiten der Lamellen, sondern auch vom Verhältnis zwischen der Dehnsteifigkeit der Lamellen und der Steifigkeit der Kreuzungsflächen abhängig, über die die Lamellen miteinander verbunden sind.

Bei Brettsperrholzträgern mit einem konstanten Verhältnis $t_{k,long}/n_{CA,k}$ – das ist der Fall, wenn alle innenliegenden Längslagen gerade doppelt so dick sind wie die beiden außenliegenden Längslagen – ist das Verhältnis dieser Steifigkeiten innerhalb der Bauteildicke konstant, d.h. die Normalkräfte dN_i sind über alle Klebefugen innerhalb der Bauteildicke gleichmäßig verteilt. In Brettsperrholzträgern, bei denen das Verhältnis $t_{k,long}/n_{GL,k}$ nicht für alle Längslagen gleich ist, können die Schubspannungen ungleichmäßig über die Kreuzungsflächen innerhalb der Bauteildicke verteilt sein. Berechnungen mit Hilfe von Finite-Elemente Modellen haben jedoch gezeigt, dass bei Brettsperrholzträgern aus Lamellen mit einem Elastizitätsmodul von ca. 11.000 N/mm² und einem Verschiebungsmodul der Kreuzungsflächen zwischen 3 N/mm³ und 5 N/mm³ (vgl. Abschnitt 4) für die in der Praxis verwendeten Aufbauten und Lagendicken die Verteilung der Schubspannungen annähernd konstant ist, auch wenn das Verhältnis $t_{\mathrm{long,k}}/n_{\mathrm{GL,k}}$ innerhalb der Bauteildicke variiert. Die Schubspannungskomponenten τ_{yx} können daher bei Brettsperrholzträgern aus Fichtenholz in guter Näherung in allen Kreuzungsflächen innerhalb der Bauteildicke als gleich groß angenommen werden.

Werden wie zuvor gleiche Lamellenbreiten b in allen Lagen vorausgesetzt, vereinfacht sich dadurch Gleichung (3-7) wie folgt:

$$\tau_{\mathrm{yx}} = \frac{6 \cdot V}{b^2 \cdot n_{\mathrm{CA}}} \cdot \left(\frac{1}{m^2} - \frac{1}{m^3} \right) \tag{3-8}$$

Dabei ist

n_{CA} Anzahl der Klebefugen zwischen Längs- und Querlagen in Richtung der Bauteildicke

Der Maximalwert innerhalb eines Trägerabschnittes tritt daher stets in den Kreuzungsflächen des obersten oder untersten Längsbrettes auf. Sind die Lamellenbreiten in den Längslagen unterschiedlich groß, kann abweichend von Gleichung (3-8) die Schubspannungskomponente τ_{yx} nach Gleichung (3-9) berechnet werden:

$$\tau_{\mathrm{yx}} = \frac{12 \cdot V}{h^3 \cdot n_{\mathrm{CA}}} \cdot a_{\mathrm{i,max}} \tag{3-9}$$

Dabei bedeuten

$a_{\mathrm{i,max}}$ Abstand des Teilflächenschwerpunktes des obersten/untersten Längsbrettes vom Schwerpunkt des Gesamtquerschnitts

h Höhe des Gesamtquerschnitts

b) Torsionsschubspannung

Die Momente $M_{tor,i}$, die durch die Exzentrizität der in den Schwerachsen der Lamellen der Längslagen wirkenden Normalkräfte dN_i verursacht werden und die durch diese Momente in den Kreuzungsflächen hervorgerufenen Torsionsschubspannungen $\tau_{tor,i}$ können ebenfalls an dem in Bild 3-3 dargestellten Modell eines Verbundträgers berechnet werden.

Die Verteilung der Torsionsschubspannungen über die Klebefugen in Richtung der Querschnittsdicke kann, wie die Verteilung der Schubspannungskomponente τ_{yx} in Richtung der Trägerachse, als konstant angenommen werden. Wird desweiteren vorausgesetzt, dass die Bretter der Querlagen im verformten Zustand gerade bleiben, so sind die Momente $M_{tor,i}$ und die Torsionsschubspannungen $\tau_{tor,i}$ auch in Richtung der Bauteilhöhe gleichmäßig verteilt. Die zweite Annahme scheint insofern gerechtfertigt, als die Lamellen der Querlagen keine freie Biegelänge zwischen den Kreuzungsflächen aufweisen, und demzufolge auch keine Krümmungen der Brettachsen auftreten können.

Blaß und Görlacher (2002) gehen davon aus, dass in Kreuzungsflächen, die durch Momente beansprucht werden stets parallel zu den Rändern der Kreuzungsflächen wirkende Schubspannungskomponenten zum Versagen führen, da sie in jeweils einem der miteinander verklebten Bretter Rollbeanspruchungen hervorrufen.

Die in allen Kreuzungsflächen eines Trägerabschnittes der Länge b gleich große Torsionsschubspannungskomponente rechtwinklig zur Faserrichtung kann unter den genannten Voraussetzungen nach Gleichung (3-10) bzw. (3-11) berechnet werden.

$$\tau_{tor} = \frac{\sum_{i=1}^{m} M_{tor,i}}{n_{CA} \cdot \sum_{i=1}^{m} I_{p,CA}} \cdot \frac{b}{2} \tag{3-10}$$

$$\text{mit} \quad \sum_{i=1}^{m} M_{tor,i} = \sum_{i=1}^{m} dN_i(x) \cdot a_i = \frac{dM(x)}{I_{y,net,long}} \cdot t_{net,long} \cdot b \cdot \sum_{i=1}^{m} a_i^2$$

$$dM(x) \quad = V(x) \cdot dx = V(x) \cdot b$$

$$I_{y,net,long} = \frac{t_{net,long} \cdot (m \cdot b)^3}{12}$$

$$\text{und} \quad \sum_{i=1}^{m} I_{p,CA} = m \cdot \frac{b^4}{6}$$

folgt daraus

$$\tau_{tor} = \frac{36 \cdot V}{m^4 \cdot b^4 \cdot n_{CA}} \cdot \sum_{i=1}^{m} a_i^2 \qquad\qquad (3\text{-}11)$$

Dabei ist

b \qquad Lamellenbreite in Längs- und Querlagen

n_{CA} \qquad Anzahl der Klebefugen zwischen Längs und Querlagen in Richtung der Bauteildicke

m \qquad Anzahl der übereinander angeordneten Bretter innerhalb der Längslagen

$dN_i(x)$ \qquad Differential der Normalkraft in der i-ten Lamelle der k-ten Längslage an der Stelle x;
hier: die Änderung der Normalkraft innerhalb der Länge b

$dM(x)$ \qquad Differential des Biegemomentes im Träger an der Stelle x
hier: die Änderung des Biegemomentes innerhalb der Länge b

$I_{p,CA}$ \qquad polares Trägheitsmoment einer Kreuzungsfläche

$I_{y,net,long}$ \qquad Flächenträgheitsmoment des Nettoquerschnitts der Längslagen

$t_{net,long}$ \qquad Summe der Längslagendicken

a_i \qquad Abstand der Schwerlinie des i-ten Längsbrettes von der Schwerlinie des Gesamtquerschnitts

$V(x)$ \qquad Querkraft im Träger an der Stelle x

Für Querschnitte, die aus mehreren Teilquerschnitten mit gleicher Höhe b zusammengesetzt sind, können die Schwerpunktabstände a_i als Vielfaches der Höhe b eines Teilquerschnittes angegeben werden (s. Bild 3-4).

$$a_i = \left(\frac{m}{2} - i + \frac{1}{2} \right) \cdot b \tag{3-12}$$

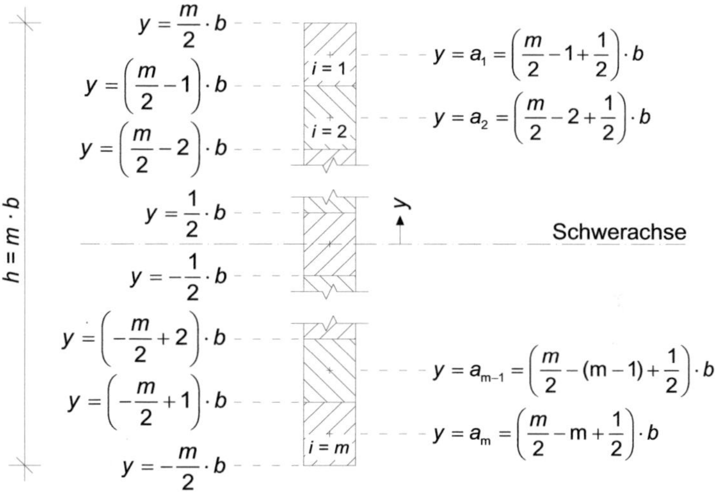

Bild 3-4   *Definition der Schwerpunktabstände a_i*

Die Summe der quadrierten Schwerpunktabstände in Gleichung (3-11) kann damit geschrieben werden als

$$\sum_{i=1}^{m} a_i^2 = b^2 \cdot \sum_{i=1}^{m} \left(\frac{m}{2} - i + \frac{1}{2} \right)^2 \tag{3-13}$$

Bei der Berechnung der Torsionsschubspannung ist die Ermittlung der Partialsumme mit Hilfe der rekursiven Form in Gleichung (3-13) insbesondere für große Werte von m umständlich und zeitaufwändig. Mathematisch betrachtet ist die Summe der Schwerpunktabstände eine Reihe von m fortlaufend nummerierten Zahlen, deren einzelne Glieder die Partialsummen der Folge $i \mapsto a_i^2$ sind. Für bestimmte Reihen können zur Berechnung der Partialsummen auch explizite Formeln angegeben werden. Nachfolgend wird gezeigt, dass die Summe der quadrierten Schwerpunktabstände nach Gleichung (3-13) eine arithmetische Reihe dritter Ordnung ist, die durch ein Polynom dritter Ordnung in expliziter Form dargestellt werden kann. Hierzu werden zunächst die Differenzenfolgen $i \mapsto d_i$ der Reihe gebildet.

$$d_i = \sum_{i=1}^{m+1} a_i^2 - \sum_{i=1}^{m} a_i^2 \qquad (3\text{-}14)$$

Zur Vereinfachung wird vor der Ermittlung der Differenzenfolgen durch den konstanten Faktor b^2 dividiert.

$$\sum_{i=1}^{m} \overline{a}_i^2 = \frac{\sum_{i=1}^{m} a_i^2}{b^2} = \sum_{i=1}^{m} \left(\frac{m}{2} - i + \frac{1}{2} \right)^2 \qquad (3\text{-}15)$$

Tabelle 3-2   *Summe der quadrierten Schwerpunktabstände sowie der ersten, zweiten und dritten Differenzenfolge (jeweils durch b² dividiert)*

i	1	2	3	4	5	6	7	8	…	19	20
$\sum_{i=1}^{m} \overline{a}_i^2$	0	0,5	2	5	10	17,5	28	42	…	570	665
$\overline{d}_i^{(1)}$	0,5	1,5	3	5	7,5	10,5	14	18	…	95	105
$\overline{d}_i^{(2)}$	1	1,5	2	2,5	3	3,5	4,5	5	…	10	10,5
$\overline{d}_i^{(3)}$	0,5	0,5	0,5	0,5	0,5	0,5	0,5	0,5	…	0,5	0,5

Es zeigt sich, dass die dritte Differenzenfolge den konstanten Wert 0,5 annimmt. Die Summe der quadrierten Schwerpunktabstände kann daher durch ein Polynom dritten Grades dargestellt werden.

$$\sum_{i=1}^{m} \bar{a}_i^2 = x_0 + x_1 \cdot m + x_2 \cdot m^2 + x_3 \cdot m^3 \tag{3-16}$$

Zur Ermittlung der Koeffizienten x_i werden vier beliebige konkrete Werte von m sowie die entsprechenden Partialsummen in Gleichung (3-16) eingesetzt, z.B.:

$$\begin{aligned}
m = 2: \quad 0{,}5 &= x_0 + x_1 \cdot 2 + x_2 \cdot 2^2 + x_3 \cdot 2^3 \\
m = 3: \quad 2 &= x_0 + x_1 \cdot 3 + x_2 \cdot 3^2 + x_3 \cdot 3^3 \\
m = 4: \quad 5 &= x_0 + x_1 \cdot 4 + x_2 \cdot 4^2 + x_3 \cdot 4^3 \\
m = 5: \quad 10 &= x_0 + x_1 \cdot 5 + x_2 \cdot 5^2 + x_3 \cdot 5^3
\end{aligned} \tag{3-17}$$

Durch Lösen des Gleichungssystems erhält man

$$x_0 = 0; \quad x_1 = \frac{1}{12}; \quad x_2 = 0; \quad x_3 = \frac{1}{12} \tag{3-18}$$

und damit

$$\sum_{i=1}^{m} a_i^2 = \frac{b^2}{12} \cdot (m^3 - m) \tag{3-19}$$

Durch Einsetzen der expliziten Form in Gleichung (3-11) kann die Torsionsschubspannung in den Kreuzungsflächen in geschlossener Form angegeben werden:

$$\tau_{tor} = \frac{3 \cdot V}{b^2 \cdot n_{CA}} \cdot \left(\frac{1}{m} - \frac{1}{m^3} \right) \tag{3-20}$$

An Gleichung (3-20) ist zu erkennen, dass die Torsionsschubspannungskomponente τ_{tor}, wie auch die Schubspannungskomponente τ_{yx} parallel zur Trägerachse, umgekehrt proportional zur Größe der Kreuzungsflächen b^2 und zur Anzahl n_{CA} der Kreuzungsflächen in Richtung der Bauteildicke ist. Die Abhängigkeit der Torsionsschubspannung von der Anzahl m der Lamellen in den Längslagen ist jedoch, im Vergleich zur Schubspannungskomponente τ_{yx}, weniger stark ausgeprägt.

In Trägern mit großer Anzahl m der Lamellen in den Längslagen wird der Term $1/m^3$ sehr klein und kann vernachlässigt werden. Dadurch vereinfacht sich Gleichung (3-20) zu

$$\tau_{tor} = \frac{3 \cdot V}{b^2 \cdot m \cdot n_{CA}} = \frac{V \cdot b}{\Sigma I_{p,CA}} \cdot \frac{b}{2} \qquad (3\text{-}21)$$

Der Ausdruck auf der rechten Seite der Gleichung ist in vielen technischen Zulassungen für Brettsperrholzprodukte zur Berechnung der Torsionsschubspannungen in den Kreuzungsflächen von Scheiben aus Brettsperrholz angegeben.

Gleichung (3-20) gilt unter der Voraussetzung gleicher Lamellenbreiten in allen Lagen. Bei Biegeträgern mit unterschiedlichen Lamellenbreiten in den Längs- und Querlagen ($b_{cross} \neq b$) kann die Schubspannungskomponente $\tau_{tor,*}$ wie folgt berechnet werden:

$$\tau_{tor,*} = k_b \cdot \tau_{tor} \qquad (3\text{-}22)$$

$$\text{mit} \qquad k_b = \frac{b_{max}}{b} \cdot \frac{2 \cdot b^2}{b^2 + b_{cross}^2}$$

τ_{tor} Torsionsschubspannung nach Gleichung (3-20)

b Lamellenbreite in den Längslagen

b_{cross} Lamellenbreite in den Querlagen

Bei unterschiedlichen Lamellenbreiten innerhalb einzelner Lagen kann die Torsionsschubspannung nicht mehr in geschlossener Form angegeben werden. Die Summe der quadrierten Schwerpunktabstände und die Summe der polaren Trägheitsmomente in einem Trägerabschnitt der Länge b_{cross} müssen dann von Hand berechnet werden. Es gilt

$$\tau_{tor} = \frac{6 \cdot V \cdot b_{cross}}{h^3} \cdot \frac{\sum\limits_{i=1}^{m} a_i^2 \cdot b_{long,i}}{\sum\limits_{i,k} I_{p,CA}} \cdot b_{max} \tag{3-23}$$

In Gleichung (3-23) bedeuten:

b_{max} $= \max\{b_{long,i} \, ; \, b_{cross}\}$

$b_{long,i}$ Breite des i-ten Längsbrettes

h $= \sum\limits_{i=1}^{m} b_{long,i} = $ Trägerhöhe

a_i Abstand der Schwerlinie des i-ten Längsbrettes von der Schwerlinie des Gesamtquerschnitts

$\sum\limits_{i,k} I_{p,CA}$ Summe der polaren Flächenträgheitsmomente der Kreuzungsflächen in einem Stababschnitt der Länge b_{cross}

c) *Schubspannungskomponente rechtwinklig zur Trägerachse*

Zusätzlich zu den beiden Schubspannungskomponenten τ_{yx} und τ_{tor} können durch rechtwinklig zur Stabachse wirkende Kräfte Schubspannungen τ_{yz} in den Kreuzungsflächen hervorrufen werden. Die rechtwinklig zur Stabachse wirkenden Kräfte können dabei aus äußeren Lasten oder aus inneren Kräften herrühren.

Äußere Lasten rechtwinklig zur Stabachse treten beispielsweise im Bereich von Trägerauflagern und bei der Einleitung von Lasten auf. Unter der Annahme, dass äußere Kräfte durch Kontakt in die Hirnholzflächen der Querlagen eingeleitet werden und dass die Schubspannungen in den Kreuzungsflächen gleichmäßig über die Bauteilhöhe verteilt sind, kann die durch äußere Kräfte hervorgerufene Schubspannungskomponente τ_{yz} nach Gleichung (3-24) berechnet werden.

$$\tau_{yz} = \frac{q_y}{h} = \frac{q_y}{m \cdot b} \qquad (3\text{-}24)$$

Dabei ist

h Trägerhöhe

q_y äußere Last, bei Einzellasten und Auflagerkräften gilt $q_y = F / \ell_A$

     mit F_y in Richtung der Querbretter wirkende Kraft

       ℓ_A Länge der Lasteinleitungs- oder Auflagerfläche

Innere Kräfte rechtwinklig zur Stabachse treten beispielsweise im Bereich kontinuierlicher oder sprunghafter Querschnittsänderungen auf, wie sie bei Trägern mit Ausklinkungen, Durchbrüchen und angeschnittenen Rändern vorkommen. Ansätze zur Ermittlung der durch innere Kräfte in den Kreuzungsflächen hervorgerufenen Schubspannungskomponenten τ_{yz} sind in den nachfolgenden Abschnitten im Zusammenhang mit der Auswertung der Versuche mit Trägern der jeweiligen Form angegeben. Die beschriebenen Ansätze zur Berechnung der Schubspannungskomponente τ_{yz} berücksichtigen soweit erforderlich lokale Spannungsspitzen und werden anhand der Ergebnisse der durchgeführten Versuche überprüft.

3.3   Schubfestigkeiten und Nachweiskriterien

Beim Nachweis der Tragfähigkeit müssen die im vorigen Abschnitt beschriebenen Schubspannungen in den Brettlamellen, parallel und rechtwinklig zur Faserrichtung, und die Schubspannungskomponenten in den Kreuzungsflächen jeweils mit einer der Art des Versagens entsprechenden Festigkeit nachgewiesen werden. In den Kreuzungsflächen ist zusätzlich das gleichzeitige Auftreten verschiedener Schubspannungskomponenten zu berücksichtigen.

3.3.1 Versagensmechanismus 1

Der Versagensmechanismus 1 ist durch Schubversagen parallel zur Faserrichtung im Bruttoquerschnitt gekennzeichnet. Für den Nachweis der Schubspannung in den Brettlamellen können daher die in EN 338 für Nadelschnittholz angegebenen Schubfestigkeiten verwendet werden. Weil die Entstehung großer Schwindrisse durch die kreuzweise Verklebung der Brettlamellen behindert wird und außerdem die Querschnitte der einzelnen Lamellen verhältnismäßig klein sind, ist der Einfluss von Schwindrissen auf die Schubfestigkeit parallel zur Faserrichtung gering. In Versuchen mit Mehrschichtplatten aus Fichtenholz wurde von Blaß und Fellmoser (2003) eine charakteristische Schubfestigkeit von 3,8 N/mm² ermittelt. Im Nationalen Anhang zu Eurocode 5 für Deutschland ist für Bauteile aus Brettsperrholz ein Reduktionsfaktor k_{cr} = 1,0 zur Berücksichtigung des Einflusses von Schwindrissen auf die Schubfestigkeit angegeben. Für Brettlamellen der Festigkeitsklasse C24 führt dies zu einer charakteristischen Schubfestigkeit von 4,0 N/mm². Der Nachweis der Schubspannung im Bruttoquerschnitt kann nach Gleichung (3-25) geführt werden.

$$\frac{\tau_{xz,gross,d}}{1{,}0 \cdot f_{v,lam,d}} \leq 1 \tag{3-25}$$

Dabei ist

$\tau_{xz,gross}$ Schubspannung im Bruttoquerschnitt nach Gleichung (3-3)

$f_{v,lam}$ Schubfestigkeit der Brettlamellen nach EN 338

3.3.2 Versagensmechanismus 2

In Versagensmechanismus 2 tritt das Schubversagen rechtwinklig zur Faserrichtung in den Fugen zwischen den nicht verklebten Schmalseiten der Lamellen ein. Obwohl die Schubspannungen im Nettoquerschnitt deutlich größer sind als die Schubspannungen im Bruttoquerschnitt, werden sie nur bei Aufbauten maßgebend, bei denen der Anteil der Brettlagen in einer der beiden Richtungen sehr gering ist, da die Schubfestigkeit rechtwinklig zur Faserrichtung deutlich größer ist als die Schubfestigkeit in Faserrichtung. Jöbstl et al. (2008) haben durch Versuche an Brettsperrholzelementen mit einzelnen quer zur Faserrichtung auf Schub beanspruchten Brettern einen Mittelwert der Schubfestigkeit rechtwinklig zur Faserrichtung von 12,8 N/mm² und ein 5%-Quantil von 10,3 N/mm² ermittelt, wobei die Fugenbreite der geprüften dreilagigen Elemente bis zu 5 mm betrug. Aus den in Abschnitt 3.6 beschriebenen Versuchen mit Trägern mit Durchbrüchen wurden teilweise deutlich höhere Werte ermittelt. Trotz der hohen Schubspannungen rechtwinklig zur Faserrichtung im Bereich der Durchbruchecken wurde bei keinem der Prüfkörper ein Schubversagen rechtwinklig zur Faserrichtung beobachtet. Da bei den geprüften Trägern mit Durchbrüchen die Fugenbreite maximal 1,5 mm, in der Regel jedoch unter 1 mm betrug sind die hohen Werte möglicherweise auf die geringeren Fugenbreiten zurückzuführen.

Da bislang keine Untersuchungen zum Einfluss der Fugenbreite auf die Schubfestigkeit rechtwinklig zur Faserrichtung durchgeführt wurden und der Umfang der von Jöbstl et al. durchgeführten Versuche auf 20 Prüfkörper begrenzt war, sollte der Nachweis der Schubspannung im Nettoquerschnitt nach Gleichung (3-26) mit einer charakteristischen Schubfestigkeit $f_{v,lam,90,k}$ von höchstens 10 N/mm² geführt werden.

$$\frac{\tau_{xz,net,d}}{f_{v,lam,90,d}} \leq 1 \tag{3-26}$$

Dabei ist

$\tau_{xz,net}$ Schubspannung im Nettoquerschnitt nach Gleichung (3-4)

$f_{v,lam,90}$ Schubfestigkeit der Brettlamellen rechtwinklig zur Faserrichtung

3.3.3 Versagensmechanismus 3

Zur Ermittlung der Schubfestigkeit $f_{v,yx}$ bei Beanspruchung durch Schubkräfte und der Torsionsschubfestigkeit $f_{v,tor}$ wurden in der Vergangenheit bereits mehrere Versuchsreihen durchgeführt. Eine Übersicht der Schubfestigkeiten, die an kleinen Prüfkörpern mit einer oder zwei Kreuzungsflächen ermittelt wurden ist in Tabelle 3-3 in den Zeilen 2 bis 5 gegeben.

Obwohl in den von Blaß und Görlacher (2002) sowie von Jöbstl et al. (2004) durchgeführten Versuchsreihen Kreuzungsflächen mit stark unterschiedlichen Abmessungen geprüft wurden, sind die ermittelten Torsionsschubfestigkeiten, sowohl die Mittelwerte als auch die 5%-Quantilwerte, annähernd gleich groß:

Blaß/Görlacher:	40 mm x 40 mm
	40 mm x 64 mm
	62 mm x 95 mm
	62 mm x 75 mm
	64 mm x 64 mm
	64 mm x 100 mm
Jöbstl et al.:	100 mm x 145 mm
	150 mm x 145 mm
	200 mm x 145 mm

Innerhalb der beiden Versuchsreihen ist ebenfalls kein signifikanter Einfluss der Größe der geprüften Kreuzungsflächen erkennbar. Die Torsionsschubfestigkeit der Kreuzungsflächen von rechtwinklig miteinander verklebten Brettern kann daher als unabhängig von der Größe der Kreuzungsfläche angesehen werden.

Dies gilt auch für die Schubfestigkeit von Kreuzungsflächen bei Beanspruchung durch Schubkräfte. Der Mittelwert und das 5%-Quantil der von Wallner (2004) an Kreuzungsflächen mit den Abmessungen

100 mm x 150 mm
150 mm x 150 mm
200 mm x 150 mm

ermittelten Schubfestigkeit unterscheiden sich nur unwesentlich von den Ergebnissen der in Abschnitt 4.3 beschriebenen Versuche, bei denen die

Kreuzungsflächen Abmessungen von 75 mm x 150 mm hatten.

Der Vergleich der Schubfestigkeit $f_{v,yx}$ der Kreuzungsflächen von rechtwinklig miteinander verklebten Brettern aus Fichtenholz mit der Rollschubfestigkeit f_R von Fichtenholz (vgl. Abschnitt 3.9.1) zeigt, dass beide Festigkeiten gleich groß sind. Die Übereinstimmung wird bestätigt durch die Bruchbilder von durch Schubkräften beanspruchten Kreuzungsflächen, die durch ein Rollschubversagen nahe der Klebefugen in den Brettern mit rechtwinklig zur Kraftrichtung verlaufender Faserrichtung gekennzeichnet sind.

Die Torsionsschubfestigkeit von Kreuzungsflächen ist hingegen deutlich größer als die Rollschubfestigkeit, obwohl das Versagen ebenfalls durch Rollschubbeanspruchungen parallel zu den Rändern der Kreuzungsflächen ausgelöst wird, die jedoch innerhalb der Kreuzungsflächen nicht konstant sind.

Tabelle 3-3   *Experimentell ermittelte Schubfestigkeiten der Kreuzungsflächen von rechtwinklig miteinander verklebten Brettern aus Fichtenholz*

Quelle	Beschreibung des Versuchsaufbaus	n	$f_{v,tor,mean}$ in N/mm²	$f_{v,tor,k}$ in N/mm²	$f_{v,yx,mean}$ in N/mm²	$f_{v,yx,k}$ in N/mm²
Blaß/Görlacher (2002)	einzelne Kreuzungsflächen	57	3,59	2,82	-	-
Jöbstl et al. (2004)	einzelne Kreuzungsflächen	81	3,46	2,71	-	-
Wallner (2004)	zwei symmetrische Kreuzungsflächen	122	-	-	1,51	1,18
Abschnitt 4.3	zwei symmetrische Kreuzungsflächen	6	-	-	1,43	1,18

Das Versagen in den Kreuzungsflächen in Versagensmechanismus 3 wird bei Biegeträgern aus Brettsperrholz stets durch die Interaktion der gleichgerichteten Schubspannungskomponenten τ_{yx} und τ_{yz} mit der Torsionsschubspannungskomponente τ_{tor} ausgelöst. Beim Nachweis der Schubspannungen in den Kreuzungsflächen sind daher die Spannungskomponenten ungünstig zu überlagern. Zur Ermittlung eines Versagenskriteriums für den Nachweis der Schubspannungen in den Kreuzungsflächen, das die Interaktion gleichzeitig auftretender Schubspannungskomponenten berücksichtigt, wurden die Ergebnisse von insgesamt 43 Biegeversuchen ausgewertet, bei denen das Versagen durch Erreichen der Schubfestigkeit in den Kreuzungsflächen eintrat. Die herangezogenen Versuche umfassen die in den Abschnitten 3.6, 3.7 und 3.8 beschriebenen Versuche mit Trägern mit Durchbrüchen, Ausklinkungen und Queranschlüssen sowie Biegeversuche nach CUAP 03.04/06, die in Abschnitt 3.9.2 beschrieben sind. Bei der Auswertung aller Versuche wurden die Schubspanungskomponenten τ_{yx}, τ_{yz} und τ_{tor} nach Abschnitt 3.2.2 berechnet. Dabei wurden sowohl unterschiedliche Lamellenbreiten als auch erhöhte Schubspannungen im Bereich von Durchbrüchen und Ausklinkungen berücksichtigt, die unter Verwendung der in den Abschnitten 3.6 und 3.7 angegebenen Beiwerte ermittelt wurden. Bei den Trägern mit Queranschlüssen wurden aufgrund der kurzen Stützweite die Schubspannungen in den Kreuzungsflächen mit Hilfe des in Anlage 2 beschriebenen Gittermodells berechnet.

Aus den berechneten Schubspannungskomponenten wurden die Schubfestigkeiten $f_{v,tor}$ und f_R der Kreuzungsflächen unter Verwendung von sechs verschiedenen, linearen, quadratischen und halbquadratischen Versagenskriterien ermittelt. Da in allen Versagenskriterien jeweils zwei unbekannte Größen, $f_{v,tor}$ und f_R, auftreten, wurde für die Ermittlung der Schubfestigkeiten ein konstantes Verhältnis der beiden Festigkeitskennwerte von $f_{v,tor}$ / f_R = 2,33 angenommen, das anhand der Ergebnisse von Versuchen mit einzelnen Kreuzungsflächen bestimmt wurde (siehe Tabelle 3-3). Die sechs Versagenskriterien sowie die Mittelwerte und die 5%-Quantile der anhand der Versagenskriterien aus den betrachteten Versuchen ermittelten Schubfestigkeiten sind in Tabelle 3-4 zusammengestellt.

Die mit Hilfe des linearen Versagenskriteriums 1 berechneten Mittelwerte der Schubfestigkeiten sind etwa 15% größer als die in Kleinversuchen ermittelten Werte. Das ebenfalls lineare Versagenskriterium 2 liefert deutlich zu große Festigkeiten, wohingegen bei Verwendung des quadratischen Versagenskriteriums 3 die Schubfestigkeiten unterschätzt werden. Die beste Übereinstimmung mit den Ergebnissen der Kleinversuche zeigen die anhand des quadratischen Versagenskriteriums 4 ermittelten Festigkeitskennwerte. Ähnlich geringe Abweichungen ergeben sich für die halbquadratischen Versagenskriterien 5 und 6.

Trotz der guten Übereinstimmung werden die quadratischen und halbquadratischen Ansätze der Versagenskriterien 4, 5 und 6 als nicht zutreffend angesehen, da sie zum einen mechanisch nicht begründbar sind und andererseits die in Kleinversuchen ermittelten Festigkeiten durch die anhand dieser Versagenskriterien ermittelten Werte unterschritten werden. Aufgrund günstig wirkender Einflüsse, beispielsweise durch eine ungewollte Verklebung der Schmalseiten oder Reibung, sind jedoch bei den geprüften Biegeträgern in der Tendenz größere Werte zu erwarten als in den Kleinversuchen. Das Versagenskriterium 1 entspricht hingegen der vektoriellen Addition der parallel zu den Rändern der Kreuzungsflächen wirkenden Schubspannungskomponenten in x- bzw. z-Richtung und liefert zudem geringfügig größere Werte als in den Kleinversuchen ermittelt wurden.

Tabelle 3-4   Unter Verwendung verschiedener Versagenskriterien aus Biegeversuchen ermittelte Schubfestigkeiten der Kreuzungsflächen von rechtwinklig miteinander verklebten Brettern aus Fichtenholz

Versagenskriterium		$f_{v,tor,mean}$	$f_{v,tor,k}$	$f_{R,mean}$	$f_{R,k}$
		in N/mm²			
1	$\dfrac{\tau_{tor}}{f_{v,tor}}+\dfrac{\tau_{yx}}{f_R}\le 1$ und $\dfrac{\tau_{tor}}{f_{v,tor}}+\dfrac{\tau_{yz}}{f_R}\le 1$	4,03	2,71	1,73	1,16
2	$\dfrac{\tau_{tor}}{f_{v,tor}}+\dfrac{\tau_{yx}}{f_R}+\dfrac{\tau_{yz}}{f_R}\le 1$	5,53	3,51	2,38	1,51
3	$\left(\dfrac{\tau_{tor}}{f_{v,tor}}\right)^2+\left(\dfrac{\tau_{yx}}{f_R}\right)^2\le 1$ und $\left(\dfrac{\tau_{tor}}{f_{v,tor}}\right)^2+\left(\dfrac{\tau_{yz}}{f_R}\right)^2\le 1$	3,04	2,00	1,31	0,86
4	$\left(\dfrac{\tau_{tor}}{f_{v,tor}}\right)^2+\left(\dfrac{\tau_{yx}}{f_R}\right)^2+\left(\dfrac{\tau_{yz}}{f_R}\right)^2\le 1$	3,43	2,22	1,47	0,95
5	$\left(\dfrac{\tau_{tor}}{f_{v,tor}}\right)^2+\dfrac{\tau_{yx}}{f_R}\le 1$ und $\left(\dfrac{\tau_{tor}}{f_{v,tor}}\right)^2+\dfrac{\tau_{yz}}{f_R}\le 1$	3,31	2,22	1,42	0,95
6	$\dfrac{\tau_{tor}}{f_{v,tor}}+\left(\dfrac{\tau_{yx}}{f_R}\right)^2\le 1$ und $\dfrac{\tau_{tor}}{f_{v,tor}}+\left(\dfrac{\tau_{yz}}{f_R}\right)^2\le 1$	3,42	2,27	1,47	0,97
Kleinversuche		3,51	2,76	1,51	1,18

Die lineare Interaktion der Schubspannungskomponenten in x- und z-Richtung wird daher als das am besten zutreffende Kriterium für den Nachweis der Schubspannungen in den Kreuzungsflächen angesehen

$$\frac{\tau_{tor}}{f_{v,tor}} + \frac{\tau_{yx}}{f_R} \leq 1 \quad \text{und} \quad \frac{\tau_{tor}}{f_{v,tor}} + \frac{\tau_{yz}}{f_R} \leq 1 \tag{3-27}$$

In Tabelle 3-5 sind die unter Verwendung des Versagenskriteriums 1 ermittelten Mittelwerte und 5%-Quantile der beiden Schubfestigkeiten für die einzelnen bei der Auswertung berücksichtigten Versuchsreihen angegeben. Die Zusammenstellung zeigt für alle betrachteten Versuchsreihen, mit Ausnahme einer der beiden nach CUAP 03.04/06 durchgeführten Serien von Biegeversuchen, in der deutlich größere Werte erreicht wurden, eine geringfügige Überschreitung der in Kleinversuchen ermittelten Werte.

Tabelle 3-5   Durch Biegeversuche ermittelte Schubfestigkeiten der Kreuzungsflächen von rechtwinklig miteinander verklebten Brettern aus Fichtenholz

Quelle	Beschreibung des Versuchsaufbaus	n	$f_{v,tor,mean}$ in N/mm²	$f_{v,tor,k}$ in N/mm²	$f_{v,yx,mean}$ in N/mm²	$f_{v,yx,k}$ in N/mm²
Abschnitt 3.6	Träger mit Durchbrüchen	13	3,69	2,79	1,58	1,20
Abschnitt 3.7	Träger mit Ausklinkungen	13	3,98	2,76	1,71	1,19
Abschnitt 3.8	Träger mit Queranschlüssen	5	3,52	2,39	1,51	1,02
Abschnitt 3.9.2	Versuche nach CUAP 03.04/06	6	3,78	3,09	1,62	1,33
		6	5,57	3,14	2,39	1,35
Kleinversuche (n = 138 bzw. n =128)			3,51	2,76	1,51	1,18

3.4   Effektive Schubfestigkeit

Die Art des Schubversagens von Brettsperrholzträgern, d.h. welcher Versagensmechanismus die Tragfähigkeit eines Trägers bestimmt, ist abhängig von der Anordnung der Längs- und Querlagen im Querschnitt, dem Verhältnis der Lagendicken und den Lamellenbreiten. Die Schubtragfähigkeit eines Brettsperrholzträgers kann als die kleinste Tragfähigkeit angegeben werden, die sich aus den drei in Abschnitt 3.1 beschriebenen Versagensmechanismen ergibt. Werden diese Tragfähigkeiten einer nach der technischen Biegelehre mit dem Bruttoquerschnitt berechneten Schubtragfähigkeit gegenübergestellt, so kann für jeden Versagensmechanismus eine auf den Bruttoquerschnitt bezogene Schubfestigkeit in Abhängigkeit des Trägeraufbaus angegeben werden. Für Träger mit gleicher Lamellenbreite b in allen Längs- und Querlagen kann die effektive Schubfestigkeit $f_{v,BSP}$ nach Gleichung (3-28) berechnet werden.

$$f_{v,BSP} = \min \begin{cases} f_{v,lam} \\[2ex] f_{v,lam,90} \cdot \dfrac{t_{net}}{t_{gross}} \\[3ex] \dfrac{b \cdot n_{CA}}{2 \cdot t_{gross}} \cdot \dfrac{1}{\dfrac{1}{f_{v,tor}} \cdot \left(1 - \dfrac{1}{m^2}\right) + \dfrac{2}{f_R} \cdot \left(\dfrac{1}{m} - \dfrac{1}{m^2}\right)} \end{cases} \qquad (3\text{-}28)$$

In den Diagrammen in Bild 3-5 und Bild 3-6 sind die auf den Bruttoquerschnitt bezogenen Schubfestigkeiten, die sich aus den drei Ausdrücken auf der rechten Seite von Gleichung (3-28) ergeben, in Abhängigkeit des Trägeraufbaus dargestellt.

Das in Bild 3-5 auf der Abszisse aufgetragene Verhältnis t_{net}/t_{gross}, das die Schubfestigkeit im Versagensmechanismus 2 bestimmt, entspricht bei Biegeträgern aus Brettsperrholz in der Regel dem Anteil der Querlagen an der Gesamtquerschnittsfläche. In Bild 3-6 ist die Schubfestigkeit für den Versagensmechanismus 3 über dem Quotienten t_{gross}/n_{CA} aus der

Gesamtdicke eines Trägers und der Anzahl der Kreuzungsflächen in Richtung der Trägerdicke dargestellt. Die verschiedenen Kurvenscharen zeigen den Einfluss der Lamellenbreite für drei exemplarisch ausgewählte Werte. Die Unterschiede innerhalb der Kurvenscharen zeigen den Einfluss der Anzahl m der Lamellen in Richtung der Trägerhöhe.

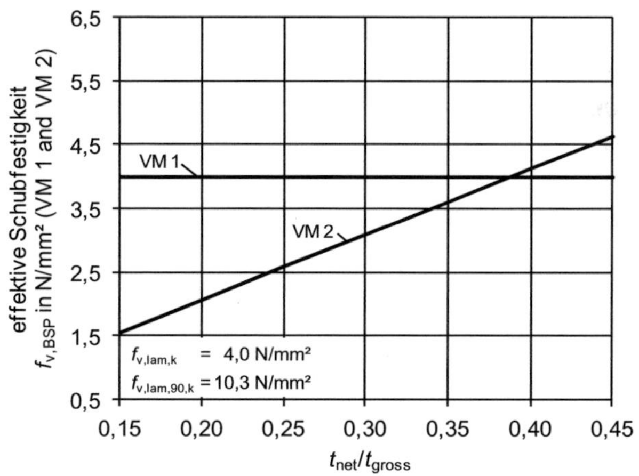

Bild 3-5   *Auf den Bruttoquerschnitt bezogene Schubfestigkeit von Brettsperr-holzträgern für die Versagensmechanismen 1 und 2*

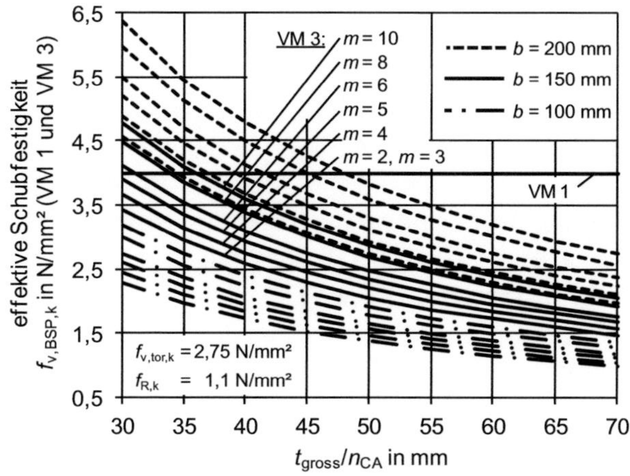

Bild 3-6   *Auf den Bruttoquerschnitt bezogene Schubfestigkeit von Brettsperr-holzträgern für die Versagensmechanismen 1 und 3*

3.5   Träger mit angeschnittenem Rand

3.5.1 Allgemeines

Aufgrund der geringen Festigkeitskennwerte von Nadelholz quer zur Faserrichtung nehmen die Biegetragfähigkeiten von Brettschichtholzträgern, deren Rand schräg zur Faserrichtung verläuft, bereits bei kleinen Anschnittwinkeln deutlich ab. Beim Nachweis der Biegespannungen an angeschnittenen Rändern mit den in DIN 1052 angegebenen Faktoren $k_{\alpha,c}$ nach Gleichung (3-29) und $k_{\alpha,t}$ nach Gleichung (3-30) wird implizit auch der Nachweis der an diesen Rändern auftretenden Schub- und Querdruck- bzw. Querzugspannungen geführt.

$$k_{\alpha,c} = \sqrt{\frac{1}{\sqrt{\left(\frac{f_m}{f_{c,90}} \cdot \sin^2\alpha\right)^2 + \left(\frac{f_m}{1,5 \cdot f_v} \cdot \sin\alpha \cdot \cos\alpha\right)^2 + \cos^4\alpha}}} \qquad (3\text{-}29)$$

$$k_{\alpha,t} = \sqrt{\frac{1}{\sqrt{\left(\frac{f_m}{f_{t,90}} \cdot \sin^2\alpha\right)^2 + \left(\frac{f_m}{f_v} \cdot \sin\alpha \cdot \cos\alpha\right)^2 + \cos^4\alpha}}} \qquad (3\text{-}30)$$

Da bei Brettsperrholzträgern, die in Richtung der Plattenebene beansprucht werden, aufgrund der Querlagen sowohl die Schubfestigkeit als auch die Zug- und Druckfestigkeit in Richtung der Querlagen deutlich größer sind als bei Brettschichtholz, sind für Brettsperrholzträger mit angeschnittenen Rändern höhere Tragfähigkeiten zu erwarten als bei vergleichbaren Brettschichtholzträgern.

3.5.2 Prüfkörper

Zur Ermittlung der Tragfähigkeit von Brettsperrholzträgern mit schräg zur Faserrichtung angeschnittenen Rändern wurden insgesamt 20 Satteldachträger in Bauteilgröße hergestellt und geprüft. Dabei wurden Träger mit angeschnittenem Rand in der Biegedruckzone (Versuchsreihen RO) und der Biegezugzone (Versuchsreihen RU) mit jeweils zwei unterschiedlichen Faseranschnittwinkeln untersucht. Bei der Auswertung der Versuche standen damit vier Stützstellen zur Ermittlung eines Zusammenhanges zwischen dem Faseranschnittwinkel und der Biegefestigkeit zur Verfügung.

Tabelle 3-6   Abmessungen der Prüfkörper für die Versuchsreihen mit Trägern mit angeschnittenem Rand

Reihe	Höhe Auflager h_s in mm	Höhe First h_ap in mm	Breite t_gross in mm	Stützweite L in mm	Anzahl Lagen n -	Lagendicke längs/quer t_long / t_cross in mm
RO 600						
	300	600	150	5800	6	30 / 15
RU 600						
RO 900						
	300	900	150	6800	6	30 / 15
RU 900						

Reihen RO 600 und RU 600

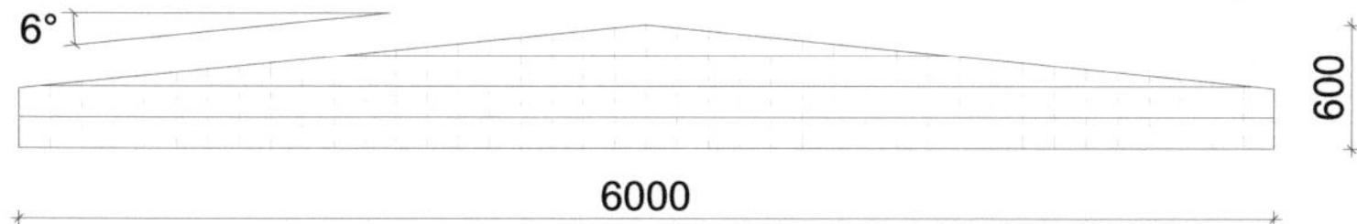

Reihen RO 900 und RU 900

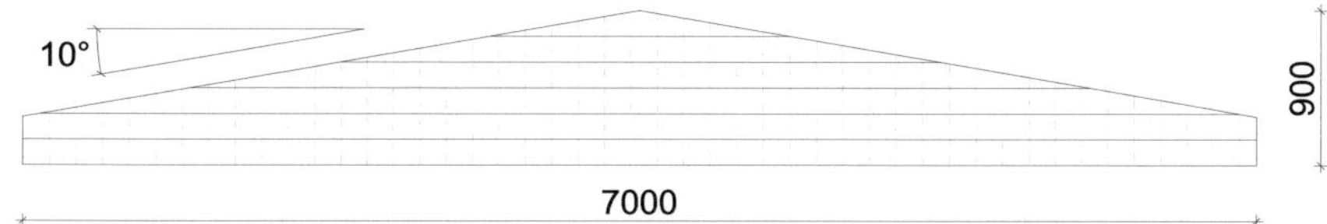

Bild 3-7   Abmessungen der geprüften Träger mit angeschnittenem Rand in mm

Für die beiden geprüften Trägerformen wurde der gleiche Lagenaufbau, bestehend aus vier jeweils 30 mm dicken Längs- und zwei jeweils 15 mm dicken Querlagen, gewählt (siehe Bild 3-8). Alle Prüfkörper wurden aus Brettern mit einer Breite von 150 mm hergestellt. Ursprünglich war vorgesehen, bei allen Prüfkörpern an den nicht angeschnittenen

Rändern ganze, der Länge nach nicht aufgetrennte Bretter anzuordnen. Herstellungsbedingt konnte diese Forderung bei den 900 mm hohen Trägern nicht eingehalten werden, sodass bei diesen Trägern der Länge nach aufgetrennte Bretter unterschiedlicher Breite an den parallel zu den Längslagen verlaufenden Querschnittsrändern vorhanden waren.

Tabelle 3-7   Breite der Längslamellen am Rand parallel zur Faserrichtung bei den Prüfkörpern der Reihen RO/RU 600 und RO/RU 900 in mm

Reihe	Prüfkörper Nr.				
	1	2	3	4	5
RO 600	150	150	150	150	150
RU 600	150	150	150	150	150
RO 900	3 x 48 1 x 122	3 x 40 1 x 119	3 x 92 1 x 17	3 x 92 1 x 15	3 x 34 1 x 104
RU 900	3 x 98 1 x 24	3 x 55 1 x 131	3 x 102 1 x 26	3 x 54 1 x 132	3 x 113 1 x 41

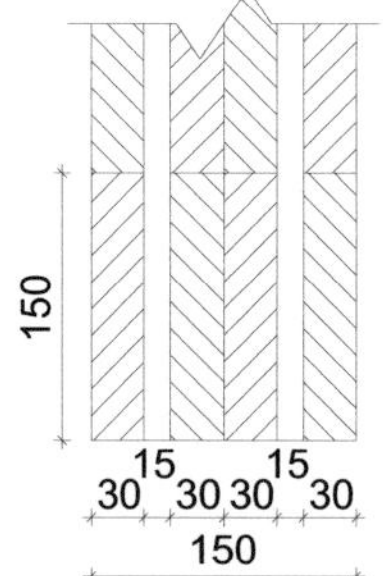

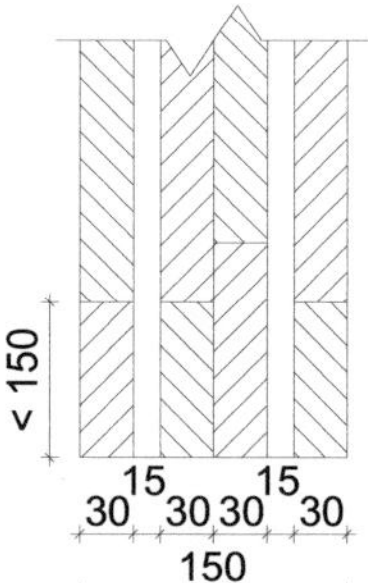

Bild 3-8   Lagenaufbau und Lamellenbreiten der Träger mit angeschnittenem Rand, links: Reihen RO 600 und RU 600, rechts: Reihen RO 900 und RU 900 (Maße in mm)

Die Herstellung der Prüfkörper erfolgte in zwei verschiedenen Unternehmen. Für die Lamellen der Längs- und Querlagen sollten gemäß der Versuchsplanung Bretter der Sortierklasse S10 / Festigkeitsklasse C24 verwendet werden. Da vor dem Verkleben der Prüfkörper keine Brettdaten ermittelt werden konnten, wurden zur Überprüfung der Brettqualität die Rohdichte und die Holzfeuchte aller Längsbretter innerhalb eines Querschnittes nahe der Bruchstelle nach der Versuchsdurchführung ermittelt. Die Bruttorohdichte der Lamellen betrug im Mittel 438 kg/m³, die mittlere Holzfeuchte lag bei 10,6%. Je nach Lage der Bruchstelle wurden aus jedem Prüfkörper zwischen 16 und 24 Proben entnommen. Um einen Eindruck von der Qualität der Brettlamellen zu erhalten, wurden die Werte mit den zur Verfügung stehenden Daten der Holzforschung München verglichen. Hierzu war es erforderlich, die gemessenen Werte der Bruttorohdichte nach Gleichung (2-16) in die Darrrohdichte umzurechnen. Beim Vergleich dieser Werte mit den Münchener Daten für die Sortierklasse S10 zeigt sich eine sehr gute Übereinstimmung.

Tabelle 3-8   Träger mit angeschnittenem Rand – Darrrohdichte der Bretter in den Längslagen in kg/m³

Reihe	Mittelwert Prüfkörper					Mittelwert Versuchsreihe	S10
	1	2	3	4	5		
RO 600	397	400	401	410	413	404	
RU 600	390	418	437	412	409	414	
RO 900	403	439	413	404	411	413	412
RU 900	405	427	423	410	397	412	

3.5.3 Versuchsdurchführung

Zur Ermittlung der Tragfähigkeit wurden die Träger durch zwei Einzellasten in den Drittelspunkten der Spannweite bis zum Bruch belastet. Da bei der Versuchsplanung nicht ausgeschlossen werden konnte, dass, wie bei Brettschichtholz, die Biegefestigkeit am angeschnittenen Rand vom Vorzeichen der Biegerandspannung abhängig ist, wurde jeweils die Hälfte der Prüfkörper mit angeschnittenem Rand in der Biegezugzone und in der Biegedruckzone geprüft (Bild 3-9 und Bild 3-10). Zur Ermittlung der globalen Biegesteifigkeit wurden die Durchbiegung in der Mitte der Spannweite und die Eindrückungen an den Trägerauflagern jeweils an der Trägeroberseite gemessen.

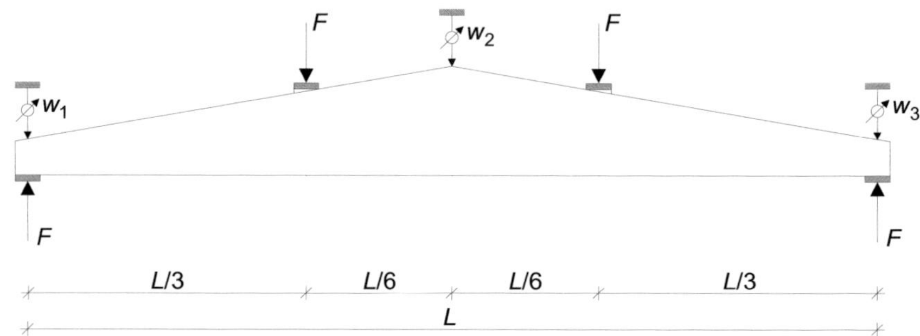

Bild 3-9   Versuchsanordnung Träger mit angeschnittenem Rand oben (RO)

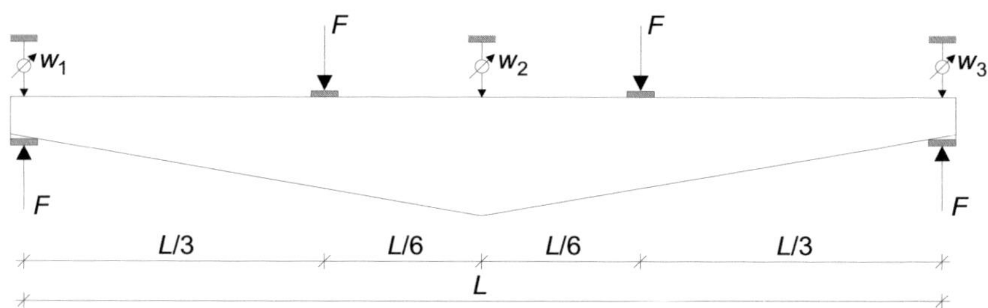

Bild 3-10   Versuchsanordnung Träger mit angeschnittenem Rand unten (RU)

Die Belastung wurde bis 30% der geschätzten Höchstlast F_{est} kraftge-steuert mit einer konstanten Belastungsgeschwindigkeit von $0{,}2 \cdot F_{est}$ pro Minute aufgebracht. Oberhalb von $0{,}3 \cdot F_{est}$ bis zum Bruch wurde die Belastung weggesteuert mit konstanter Vorschubgeschwindigkeit aufge-bracht.

Bei allen Versuchen wurde die Geschwindigkeit des Belastungskolbens so gewählt, dass die geschätzte Höchstlast F_{est} innerhalb von 300 s ± 120 s erreicht wurde. Soweit erforderlich, wurden die Prüfkörper gegen seitliches Ausweichen gesichert.

3.5.4 Ergebnisse und Auswertung

Bei den Prüfkörpern der Reihe RO 600 trat das Versagen stets durch Erreichen der Biegezugfestigkeit in den Längslagen am unteren Rand der Querschnitte ein. Vor dem Erreichen der Höchstlast waren am

oberen, schräg zur Faserrichtung der Längsbretter verlaufenden Querschnittsrand bei allen Prüfkörpern der Reihe Druckfalten erkennbar
(Bild 3-11).

 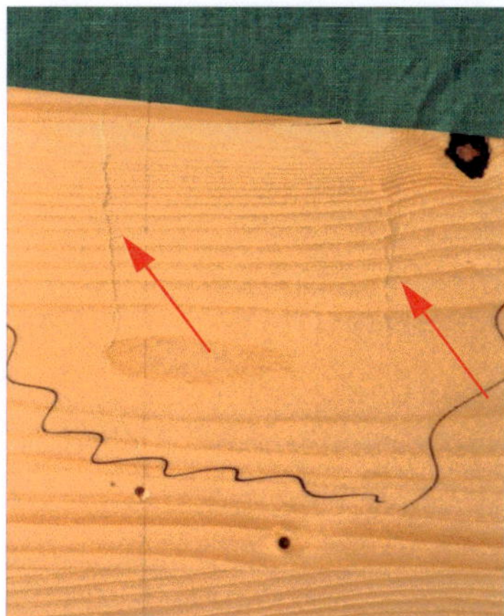

Bild 3-11   Prüfkörper RO 600/4 – Biegezugversagen und Druckfalten am Rand
schräg zur Faserrichtung

Bei den Prüfkörpern der Reihe RO 900 war das Erreichen der Biegezugfestigkeit in den Längslagen nur bei zwei der fünf Prüfkörper Ursache
des Versagens. Bei den restlichen drei Prüfkörpern trat das Versagen
durch Erreichen der Schubfestigkeit in den Klebefugen zwischen Längs-
und Querlagen ein. Das Schubversagen trat zunächst an den schräg zur
Faserrichtung verlaufenden Rändern auf. Nach dem Erreichen der
Höchstlast wiesen alle drei Prüfkörper außerdem horizontale Schubbrüche auf, die am unteren Rand der obersten, über die gesamte Länge
durchlaufenden Brettlamelle verliefen (Bild 3-12).

Bei den Reihen RU 600 und RU 900 trat bei allen Prüfkörpern das Versagen am unteren, schräg zur Faserrichtung verlaufenden Rand ein.
Das für beide Reihen charakteristische Bruchbild war gekennzeichnet
durch das Erreichen der Schubfestigkeit in den Kreuzungsflächen zwischen Längs- und Querlagen und ein infolgedessen auftretendes Abscheren der spitz auslaufenden Enden der schräg angeschnittenen Lamellen der Längslagen (Bild 3-13).

Bild 3-12   Prüfkörper RO 900/5 – Schubversagen am Rand schräg zur Faserrichtung (links) und am unteren Rand der obersten über die gesamte Länge durchlaufenden Brettlamelle (rechts)

Bild 3-13   Prüfkörper RU 900/1 – Versagen am Rand schräg zur Faserrichtung

Aus der Höchstlast der einzelnen Versuche wurden die auf den Querschnitt der Längslagen bezogenen Biegerandspannungen an den faserparallelen Rändern nach Gleichung (3-31) bzw. nach Gleichung (3-32) an den angeschnittenen Querschnittsrändern berechnet. Aus den Biegerandspannungen wurden die 5%-Quantile der Biegefestigkeit der Versuchsreihen unter der Annahme log-normalverteilter Werte ermittelt.

$$\sigma_{m,\alpha,net} = \frac{M_{max}(x)}{W_{net,long}(x)} = \frac{6 \cdot F_{max} \cdot x}{t_{net,long} \cdot h(x)^2} \tag{3-31}$$

$$\sigma_{m,0,net} = \frac{M_{max}(x)}{W_{net,long}(x)} \cdot (1 + 4\tan^2 \alpha) = \frac{6 \cdot F_{max} \cdot x}{t_{net,long} \cdot h(x)^2} \cdot (1 + 4\tan^2 \alpha) \tag{3-32}$$

Für den gewählten Versuchsaufbau kann die Stelle x, an der die Biege-randspannung maximal wird, angegeben werden als:

$$x = \min \begin{cases} L/3 \\ \dfrac{h_s \cdot L}{2 \cdot (h_{ap} - h_s)} \end{cases} \tag{3-33}$$

Daraus ergibt sich x = 1933 mm und $h(x)$ = 500 mm für die Versuchsreihen RO 600 und RU 600 sowie x = 1697 mm und $h(x)$ = 600 mm für die Versuchsreihen RO 900 und RU 900.

Der auf den Querschnitt der Längslagen bezogene, effektive Elastizitätsmodul $E_{ef,net}$ wurde für den Abschnitt der Last-Verformungs-Kurve zwischen 10% und 40% der Höchstlast aus der Durchbiegung in Feldmitte berechnet.

$$E_{ef,net} = \frac{23}{648} \cdot \frac{L^3}{\kappa_M \cdot I_{y,net,long,s}} \cdot \frac{\Delta F_{10-40}}{\Delta u_{10-40}} \tag{3-34}$$

mit

$$I_{y,net,long,s} = \frac{t_{net,long} \cdot h_s^3}{12}$$

$$\kappa_M = \frac{h_s^3}{h_{ap}^3 \cdot \left(0{,}15 + 0{,}85 \cdot \dfrac{h_s}{h_{ap}}\right)}$$

Tabelle 3-9   Versuchsergebnisse der Reihe RO 600 und RO 900 – Träger mit angeschnittenem Rand oben

Reihe	Versuch	F_{max} in kN	$w_{2,max}$ in mm	a [1] in kN/mm	$\sigma_{m,\alpha,net}$ [2] in N/mm²	$\sigma_{m,0,net}$ [3] in N/mm²	$E_{ef,net}$ [4] in N/mm²
	1	106	65,9	1,71	41,0	46,1	9438
	2	111	65,3	1,81	42,8	48,2	9964
RO 600	3	86,5	49,4	1,83	33,3	37,5	10086
	4	100	58,8	1,92	38,5	43,2	10598
	5	90,7	51,5	1,87	34,9	39,3	10312
Mittelwert		98,9	58,2	1,83	38,1	42,9	10080
5%-Quantil					29,3	32,9	
	1	155	68,4	2,52	36,6	41,2	8873
	2	165	68,4	2,73	39,1	43,9	9610
RO 900	3	154	62,9	2,61	36,4	40,9	9179
	4	130	55,9	2,51	30,8	34,6	8826
	5	135	53,9	2,62	31,8	35,8	9233
Mittelwert		148	61,9	2,60	34,9	39,3	9144
5%-Quantil					27,1	30,5	

[1] Steigung einer an die Last-Verformungskurve für die Durchbiegung w_2 in Feldmitte angepassten Regressionsgeraden im Abschnitt zwischen $0,1 \cdot F_{max}$ und $0,4 \cdot F_{max}$.

[2] maximale Biegespannung in den Längslagen am angeschnittenen Rand nach Gleichung (3-31)

[3] maximale Biegespannung in den Längslagen am Rand parallel zur Faserrichtung nach Gleichung (3-32)

[4] aus der Steigung a der Last-Verformungskurve zwischen $0,1 \cdot F_{max}$ und $0,4 \cdot F_{max}$ berechneter effektiver Elastizitätsmodul nach Gleichung (3-34)

Tabelle 3-10   Versuchsergebnisse der Reihen RU 600 und RU 900 – Träger mit angeschnittenem Rand unten

Reihe	Versuch	F_{max} in kN	$w_{2,max}$ in mm	a [1] in kN/mm	$\sigma_{m,\alpha,net}$ [2] in N/mm²	$\sigma_{m,0,net}$ [3] in N/mm²	$E_{ef,net}$ [4] in N/mm²
	1	97,8	63,5	1,84	37,7	42,4	10154
	2	99,2	57,0	-	38,2	43,0	-
RU 600	3	75,2	41,0	1,90	29,0	32,6	10468
	4	102	59,6	2,02	39,3	44,1	11115
	5	79,6	53,8	1,82	30,7	34,5	10054
Mittelwert		90,7	55,0	1,90	35,0	39,3	10448
5%-Quantil					24,5	27,6	
	1	116	63,3	2,54	27,3	30,7	8924
	2	128	73,8	2,70	30,3	34,1	9507
RU 900	3	121	57,2	2,55	28,6	32,2	8988
	4	110	49,2	2,45	26,0	29,2	8796
	5	101	53,6	2,48	23,8	26,8	8708
Mittelwert		115	59,4	2,49	27,2	30,6	8984
5%-Quantil					21,6	24,3	

Fußnoten [1] bis [4] siehe Tabelle 3-9

Bei der Auswertung der Versuche wurde angenommen, dass bei Brettsperrholzträgern mit angeschnittenen Rändern der Nachweis der Biegespannungen am Rand schräg zur Faserrichtung unter Verwendung der Abminderungsfaktoren k_α nach den Gleichungen (3-29) bzw. (3-30) geführt werden kann. Die zur Ermittlung der Abminderungsfaktoren erforderlichen Festigkeitskennwerte – Biegefestigkeit, Schubfestigkeit sowie Zug- und Druckfestigkeit rechtwinklig zur Stabachse – wurden hierfür in Abhängigkeit des Lagenaufbaus ermittelt und jeweils auf den Querschnitt der Längslagen bezogen. Bei der Ermittlung der Schubfestigkeit wurden die Versagensmechanismen 1 *‚Schubversagen parallel zur Faserrichtung im Bruttoquerschnitt'* und 3 *‚Schubversagen in den Kreu-*

zungsflächen' berücksichtigt. Der theoretisch mögliche Versagensmechanismus 2 *,Schubversagen rechtwinklig zur Faserrichtung in den Querlagen'* wird wegen der geringen Schubspannungen rechtwinklig zur Faserrichtung, die im Bereich angeschnittener Ränder in den Querlagen auftreten, nicht berücksichtigt. Da in den Versuchen an den angeschnittenen Rändern kein Schubversagen rechtwinklig zur Faserrichtung beobachtet wurde, erscheint diese Vorgehensweise gerechtfertigt.

Für den Versagensmechanismus 1 kann die auf den Querschnitt der Längslagen bezogene Schubfestigkeit durch Multiplizieren der zugehörigen Schubfestigkeit mit dem Verhältnis aus Brutto- und Nettoquerschnitt berechnet werden. Mit Hilfe des Versagenskriteriums nach Gleichung (3-27) kann die Schubfestigkeit für den Versagensmechanismus 3 bestimmt werden. Wird hierbei ein konstantes Verhältnis von 2,33 zwischen der Torsionsschubfestigkeit und der Rollschubfestigkeit angenommen (vgl. Abschnitt 3.6.4) kann für Querschnitte mit einheitlicher Lamellenbreite in den Längs- und Querlagen, die auf den Querschnitt der Längslagen bezogene Schubfestigkeit nach Gleichung (3-35) berechnet werden.

$$f_{v,BSP,k} = \min \begin{cases} f_{v,lam,k} \cdot \dfrac{t_{gross}}{t_{net,long}} \\[3mm] \dfrac{b \cdot n_{CA}}{2 \cdot t_{net,long}} \cdot \dfrac{1}{\dfrac{1}{f_{v,tor,k}} \cdot \left(1 - \dfrac{1}{m_x^2}\right) + \dfrac{2}{f_{R,k}} \cdot \left(\dfrac{1}{m_x} - \dfrac{1}{m_x^2}\right)} \end{cases} \qquad (3\text{-}35)$$

Bei den Prüfkörpern der Reihe RO 900 und RU 900 waren in den Längslagen unterschiedliche Lamellenbreiten vorhanden (s.o.). Bei den Prüfkörpern der Reihen RO 600 und RU 600 ist an der Stelle *x,* an der die Biegerandspannungen maximal werden, die Lamellenbreite in den Längslagen ebenfalls nicht konstant. Mit $h(x) = 500$ mm und $b = 150$ mm ergibt sich die Lamellenbreite am angeschnittenen Rand an der Stelle *x* zu 50 mm.

Zur Ermittlung der Abminderungsfaktoren k_α für die Prüfkörper wurden daher die Schubfestigkeiten unter Berücksichtigung der unterschiedlichen Lamellenbreiten nach Gleichung (3-36) berechnet.

$$f_{v,BSP,k} = \min \begin{cases} f_{v,lam,k} \cdot \dfrac{t_{gross}}{t_{net,long}} \\[3em] \dfrac{h^2}{4 \cdot \left(\dfrac{b_{cross} \cdot b_{max} \cdot \sum\limits_{i=1}^{m} a_i^2 \cdot b_{long,i} \cdot t_{net,long}}{f_{v,tor,k} \cdot \sum\limits_{i,k} I_{p,CA}} + \dfrac{2 \cdot a_{i,max} \cdot t_{net,long}}{f_{R,k}} \right)} \end{cases} \qquad (3\text{-}36)$$

Für die Prüfkörper der Reihen RO 600 und RU 600 ergibt sich eine auf den Querschnitt der Längslagen bezogene Schubfestigkeit von 3,42 N/mm², die nur unwesentlich von der nach Gleichung (3-35) mit b = 150 mm und m = 3 für den gleichen Lagenaufbau ermittelten Schubfestigkeit von 3,44 N/mm² abweicht. Für die Prüfkörper der Reihen RO 900 und RU 900 ergeben sich mit den Lamellenbreiten nach Tabelle 3-7 Schubfestigkeiten zwischen 3,13 N/mm² und 3,17 N/mm². Wegen der um etwa eine halbe Lamellenbreite versetzt angeordneten Längsbretter in den beiden innenliegenden Längslagen, bilden die beiden Lagen eine Scheibe, sodass die tatsächliche Schubfestigkeit der Prüfkörper größer ist als die nach Gleichung (3-37) ermittelten Werte. Die in Tabelle 3-11 angegebenen Abminderungsfaktoren k_α wurden daher mit einer für b = 150 mm und m = 4 nach Gleichung (3-35) berechneten Schubfestigkeit von 3,67 N/mm² ermittelt.

Bei der Ermittlung der Querzug- und Querdruckfestigkeit werden die Versagensmechanismen *,Zug- bzw. Druckversagen in den Querlagen'* durch Erreichen der Festigkeit in Faserrichtung und *,Schubversagen in den Kreuzungsflächen'* durch Erreichen der Rollschubfestigkeit berücksichtigt. Die Festigkeiten werden dabei über die gesamte angeschnittene Länge eines Längsbrettes b/tan α gemittelt.

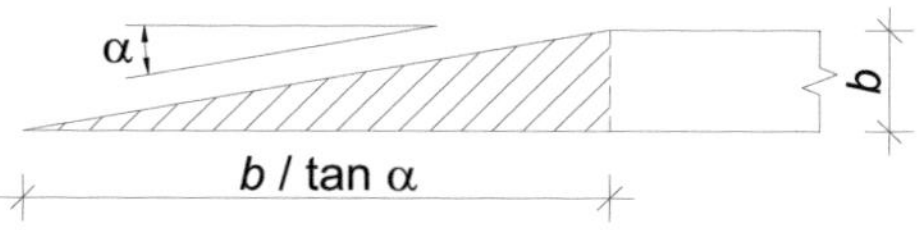

Bild 3-14   Schräg zur Faserrichtung angeschnittenes Ende eines Längsbrettes

$$f_{90,BSP} \cdot \frac{t_{net,long} \cdot b}{\tan\alpha} = \min \begin{cases} f_{c,0} \cdot \dfrac{t_{net,long} \cdot b}{\tan\alpha} \quad \text{bzw.} \quad f_{t,0} \cdot \dfrac{t_{net,long} \cdot b}{\tan\alpha} \\[2ex] \dfrac{b^2}{2 \cdot \tan\alpha} f_R \cdot n_{CA} \end{cases} \qquad (3\text{-}37)$$

Damit ergibt sich die auf den Querschnitt der Längslagen bezogene Querzug- und Querdruckfestigkeit in Abhängigkeit des Lagenaufbaus wie folgt:

$$f_{c,90,k,BSP} = \min \begin{cases} f_{c,0,k} \cdot \dfrac{t_{net,cross}}{t_{gross}} \\[2ex] f_{R,k} \cdot \dfrac{n_{CA} \cdot b}{2 \cdot t_{gross}} \end{cases} \qquad (3\text{-}38)$$

$$f_{t,90,k,BSP} = \min \begin{cases} f_{t,0,k} \cdot \dfrac{t_{net,cross}}{t_{gross}} \\[2ex] f_{R,k} \cdot \dfrac{n_{CA} \cdot b}{2 \cdot t_{gross}} \end{cases} \qquad (3\text{-}39)$$

In den Gleichungen (3-35) bis (3-39) bedeuten

t_{gross} Dicke des Bruttoquerschnitts

$t_{net,long}$ Summe der Längslagendicken

$t_{net,cross}$ Summe der Querlagendicken

b konstante Lamellenbreite in den Längs- und Querlagen

$b_{long,i}$ Lamellenbreiten in den Längslagen

b_{cross} Lamellenbreite in den Querlagen

b_{max} $= \max(b_{long,i}, b_{cross})$

h Trägerhöhe

m_x $= h(x)/b$, Anzahl der in den Längslagen übereinander liegenden Bretter an der Stelle x

$f_{v,k}$ charakteristische Schubfestigkeit der Brettlamellen, hier: 4,0 N/mm²

$f_{v,tor,k}$ charakteristische Torsionsschubfestigkeit der Kreuzungsflächen, hier: 2,75 N/mm²

$f_{c,0,k}$ charakteristische Druckfestigkeit parallel zur Faserrichtung der Lamellen in den Querlagen, hier: 21 N/mm²

$f_{t,0,k}$ charakteristische Zugfestigkeit parallel zur Faserrichtung der Lamellen in den Querlagen, hier: 14 N/mm²

$f_{R,k}$ charakteristische Rollschubfestigkeit der Kreuzungsflächen, hier: 1,1 N/mm²

n_{CA} Anzahl der Klebefugen zwischen Längs- und Querlagen in Richtung der Bauteildicke

a_i Abstand der Schwerlinie des i-ten Längsbrettes von der Schwerlinie des Gesamtquerschnitts

$a_{i,max}$ Abstand des Teilflächenschwerpunktes des obersten/untersten Längsbrettes vom Schwerpunkt des Gesamtquerschnitts

Zur Ermittlung der Abminderungsfaktoren k_α anhand der experimentell ermittelten Werte der Biegefestigkeiten $f_{m,\alpha}$ wurden die für die Prüfkörper der Reihen RO 600 und RU600 nach Gleichung (3-30) berechneten Abminderungsfaktoren als Referenzwert festgelegt.

In Tabelle 3-11 sind die Abminderungsfaktoren k_α, die sich aus dem Verhältnis der 5%-Quantilwerte der Versuchsreihen ergeben, den nach den Gleichungen (3-29) bzw. (3-30) berechneten Abminderungsfaktoren k_α gegenübergestellt.

In Anbetracht des verhältnismäßig geringen Umfangs der Versuchsreihen mit jeweils fünf Prüfkörpern und den damit einhergehenden Unsicherheiten in Bezug auf die geschätzten 5%-Quantile, zeigt die Zusammenstellung eine gute Übereinstimmung zwischen den experimentell und den analytisch ermittelten Abminderungsfaktoren.

Werden die Mittelwerte der experimentell ermittelten Biegefestigkeiten zur Bestimmung der Abminderungsfaktoren verwendet, ergeben sich nur geringfügig andere Werte, die im Mittel jedoch etwas weniger von den analytisch ermittelten Abminderungsfaktoren abweichen (Tabelle 3-12).

Tabelle 3-11   Gegenüberstellung der experimentell anhand der 5%-Quantile und der analytisch ermittelten Abminderungsfaktoren k_α für die Prüfkörper der Reihen RO 600, RU 600, RO 900 und RU 900

Reihe	$f_{m,\alpha,k}$ in N/mm²	k_α experimentell	k_α analytisch	Quotient analyt./exp.
RO 600	29,3	0,906[1]		1
RO 900	27,1	0,838	0,799	0,95
RU 600	24,5	0,758	0,815	1,08
RU 900	21,6	0,668	0,665	0,99

[1] Referenzwert

Tabelle 3-12   Gegenüberstellung der experimentell anhand der Mittelwerte und der analytisch ermittelten Abminderungsfaktoren k_α für die Prüfkörper der Reihen RO 600, RU 600, RO 900 und RU 900

Reihe	$f_{m,\alpha,mean}$ in N/mm²	k_α experimentell	k_α analytisch	Verhältnis analyt./exp.
RO 600	38,1	0,906[1]		1
RO 900	34,9	0,830	0,799	0,96
RU 600	35,0	0,833	0,815	0,98
RU 900	27,2	0,647	0,665	1,03

In Bild 3-15 und Bild 3-16 sind exemplarisch die nach den Gleichungen (3-29) bzw. (3-30) ermittelten Abminderungsfaktoren k_α für den 6-lagigen Aufbau der Prüfkörper in Abhängigkeit des Faseranschnittwinkels α für Träger mit unterschiedlicher Anzahl m der Lamellen in den Längslagen angegeben. Die auf die Längslagen bezogene Biegefestigkeit für $\alpha = 0°$ wurde konservativ – da größere Biegefestigkeiten zu kleineren Abminderungsfaktoren k_α führen – zu 24 N/mm², entsprechend der Festigkeitsklasse C24 bzw. GL24, angenommen. Die Brettbreite in den Längs- und Querlagen wurde mit $b = 150$ mm angenommen. Zum Vergleich sind zusätzlich die Abminderungsfaktoren k_α für Brettschichtholz der Festigkeitsklasse GL24h angegeben.

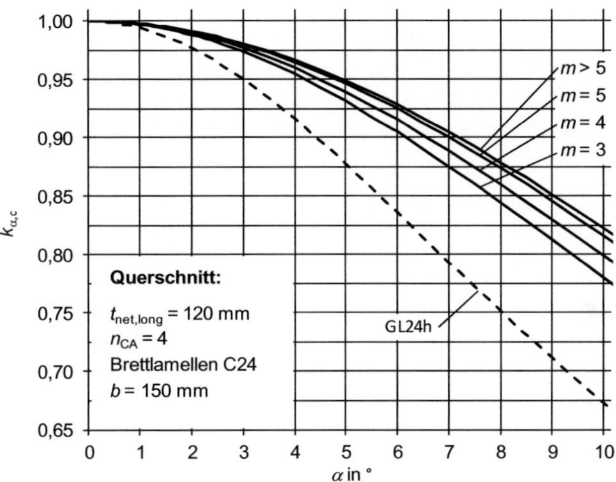

Bild 3-15 Abminderungsfaktoren $k_{\alpha,c}$ für den 6-lagigen Aufbau der geprüften Brettsperrholzträger mit angeschnittenen Rändern sowie für Brettschichtholz der Festigkeitsklasse GL24h

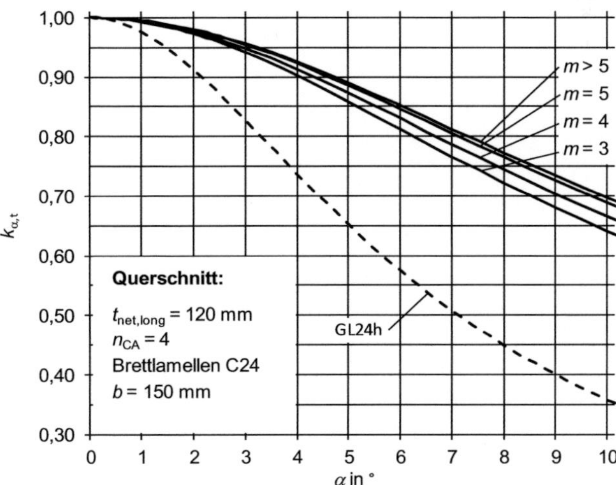

Bild 3-16 Abminderungsfaktoren $k_{\alpha,t}$ für den 6-lagigen Aufbau der geprüften Brettsperrholzträger mit angeschnittenen Rändern sowie für Brettschichtholz der Festigkeitsklasse GL24h

3.5.5 Zusammenfassung

Zur Ermittlung der Tragfähigkeit von Brettsperrholzträgern mit angeschnittenen Rändern wurden insgesamt 20 Tragfähigkeitsversuche mit
zwei unterschiedlichen Faseranschnittwinkeln durchgeführt. Jeweils die
Hälfte der Träger wurde mit angeschnittenen Rändern in der Biegezug-
bzw. Biegedruckzone geprüft. In Anlehnung an die in DIN 1052 angegebenen Gleichungen zur Ermittlung von Abminderungsfaktoren für die
Biegefestigkeit an den angeschnittenen Rändern von Brettschichtholzträgern wurden Abminderungsfaktoren für Brettsperrholzträger mit angeschnittenen Rändern ermittelt. Der Vergleich der in Anlehnung an
DIN 1052 ermittelten Abminderungsfaktoren mit den experimentell ermittelten Werten zeigt eine gute Übereinstimmung und bestätigt damit die
bei der Ermittlung der Schub-, Querzug und Querdruckfestigkeiten der
Brettsperrholzträger getroffenen Annahmen.

3.6   Träger mit Durchbrüchen

3.6.1 Allgemeines

Im Bereich von Durchbrüchen treten lokal sehr hohe Schub- und Querzugspannungen auf. Um die mit diesen Beanspruchungen verbundenen spröden Versagensmechanismen zu vermeiden, werden bei Brettschichtholzträgern mit Durchbrüchen in der Regel lokale Verstärkungen angeordnet. Bei in Plattenebene beanspruchten Brettsperrholzträgern wirken die quer zur Stabachse orientierten Bretter ähnlich wie außen aufgeklebte Schub- und Querzugverstärkungen aus Holzwerkstoffplatten bei Bauteilen aus Brettschichtholz. Im Gegensatz zu diesen, in der Regel lokalen, Verstärkungen sind bei Bauteilen aus Brettsperrholz die Querlagen über die gesamte Trägerlänge vorhanden. In Brettsperrholzträgern mit Durchbrüchen müssen die Querlagen jedoch nicht nur die lokalen Spannungsspitzen aufnehmen, sondern, wegen der nicht verklebten Schmalseiten der Bretter, auch die aus einer Biegebeanspruchung resultierenden Schubkräfte zwischen den Brettern der Längslagen übertragen. Beide Beanspruchungen verursachen in den Brettquerschnitten und in den Kreuzungsflächen zwischen Längs- und Querlagen Schubspannungen, die bei der Bemessung der Bauteile zu berücksichtigen sind.

3.6.2 Prüfkörper

Zur Ermittlung der Tragfähigkeit von Brettsperrholzträgern mit Durchbrüchen wurden fünf Versuchsreihen mit insgesamt 24 Trägern durchgeführt, wobei sich die Prüfkörper der einzelnen Reihen durch Anzahl und Abmessungen der Durchbrüche unterschieden. Für die meisten Versuche wurde eine Trägerform mit zwei symmetrisch angeordneten Durchbrüchen gewählt (Bild 3-17, oben). In einer der fünf Versuchsreihen wurden außerdem Träger mit 10 Durchbrüchen geprüft (Bild 3-17, unten). Bei den Prüfkörpern mit zwei Durchbrüchen wurden jeweils zwei unterschiedliche Trägerhöhen sowie zwei verschiedene Durchbruchhöhen geprüft. Die kleinere der beiden Durchbruchhöhen wurde so gewählt, dass sie der nach DIN 1052 maximal zulässigen Durchbruchhöhe für verstärkte Durchbrüche in Brettschichtholzträgern entsprach ($h_\mathrm{d} = 0{,}4\ h$). Die größere Durchbruchhöhe wurde mit $h_\mathrm{d} = 0{,}5\ h$ festgelegt. Bei allen Trägern mit zwei Durchbrüchen war die Durchbruchlänge gleich der Trägerhöhe h. Bei den Trägern mit zehn Durchbrüchen betrugen Durchbruchhöhe und -länge sowie der Abstand zwischen den Durchbrüchen jeweils $h/2$. Die Stützweite betrug bei allen Versuchsreihen das 10-fache der Trägerhöhe. Um bei den Prüfkörpern mit zwei Durchbrüchen Biegebrüche in Feldmitte zu vermeiden, wurden die beiden Einzellasten im Abstand von nur $2\,h$ angeordnet.

Tabelle 3-13   *Abmessungen der Prüfkörper für die Versuchsreihen mit Trägern mit Durchbrüchen*

Reihe	Anzahl	Maße in mm					
		h	t_{gross}	L	h_d	ℓ_d	$t_{long}\,/\,t_{cross}$
DB 600/240	5	600	150	6300	240	600	30/15
DB 600/300	5	600	150	6300	300	600	30/15
DB 300/120	5	300	160	3150	120	300	30/20
DB 300/150	5	300	160	3150	150	300	30/20
DBV 300/150	4	300	160	3150	150	150	30/20

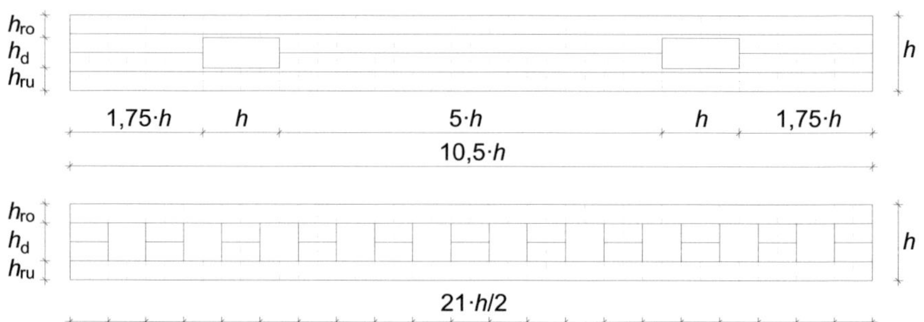

Bild 3-17   *Prüfkörper der Reihen DB mit zwei Durchbrüchen (oben) und der Reihe DBV mit zehn Durchbrüchen (unten)*

Die Herstellung der Prüfkörper erfolgte in den Produktionsstätten zweier unterschiedlicher Industriepartner. Ursprünglich war für die Prüfkörper aller Versuchsreihen ein einheitlicher Lagenaufbau mit vier 30 mm dicken Längslagen und zwei 15 mm dicken Querlagen vorgesehen. Da es einem der beiden Hersteller nicht möglich war, Brettlamellen mit einer Dicke von nur 15 mm auf der Produktionsanlage zu verarbeiten, wurden bei einem Teil der Prüfkörper die Querlagen mit einer Dicke von 20 mm ausgeführt.

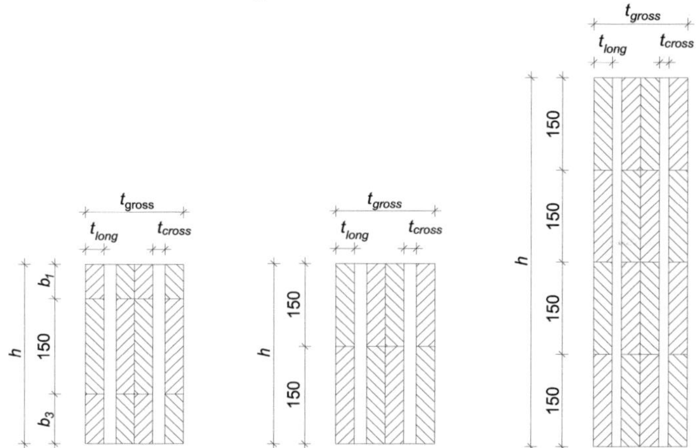

Bild 3-18   Lagenaufbau und Lamellenbreiten der Träger mit Durchbrüchen,
links/Mitte: Reihen DB 300, rechts: Reihen DB 600

Für alle Lamellen wurden Bretter der Sortierklasse S10 / Festigkeitsklasse C24 verwendet. Zur Überprüfung der Brettqualität wurde nach der Versuchsdurchführung, wie in Abschnitt 2.2.4 beschrieben, von allen Längsbrettern die Rohdichte ermittelt und mit der von der Holzforschung München ermittelten, mittleren Rohdichte für diese Sortierklasse verglichen. Die mittlere Holzfeuchte der Längsbretter betrug 10,7% bei den Prüfkörpern der Reihen DB 600 und 12,4% bei den Prüfkörpern der Reihen DB 300.

Tabelle 3-14   Träger mit Durchbrüchen – Darrrohdichte der Bretter in den
Längslagen in kg/m³

Reihe	Mittelwert Prüfkörper					Mittelwert Versuchsreihe	S10
	1	2	3	4	5		
DB 600/240	435	437	423	432	430	432	
DB 600/300	417	420	425	462	412	427	
DB 300/120	406	399	417	441	409	414	412
DB 300/150	418	428	399	398	430	415	
DBV 300	424	415	421	420		420	

3.6.3 Versuchsdurchführung

Die Belastung wurde bis 30% der geschätzten Höchstlast F_{est} kraftgesteuert mit einer konstanten Belastungsgeschwindigkeit von $0{,}2 \cdot F_{est}$ pro Minute aufgebracht. Oberhalb von $0{,}3 \cdot F_{est}$ bis zum Bruch wurde die Belastung weggesteuert mit konstanter Vorschubgeschwindigkeit aufgebracht.

Bei allen Versuchen wurde die Geschwindigkeit des Belastungskolbens so gewählt, dass die geschätzte Höchstlast F_{est} innerhalb von 300 s ± 120 s erreicht wurde. Soweit erforderlich, wurden die Prüfkörper gegen seitliches Ausweichen gesichert.

Zur Ermittlung des globalen Biege-Elastizitätsmoduls wurden die Verformungen in der Mitte der Spannweite gemessen. Bei den Prüfkörpern der Reihen DB 300 und DBV 300 wurde zusätzlich die Rissbreite in den querzugbeanspruchten Durchbruchecken, bei den Prüfkörpern der Reihe DB 600 die Länge der Durchbruchdiagonalen zur Ermittlung der Schubverzerrung im Bereich der Durchbrüche gemessen. Die Versuchsanordnungen sind in Bild 3-19, Bild 3-20 und Bild 3-21 dargestellt.

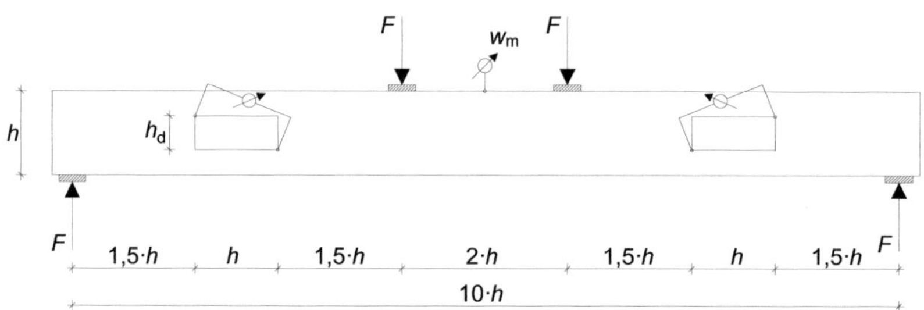

Bild 3-19 Versuchsanordnung Reihen DB 600

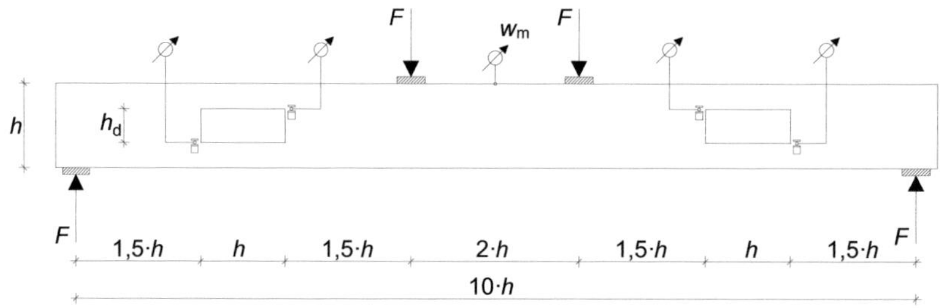

Bild 3-20 Versuchsanordnung Reihen DB 300

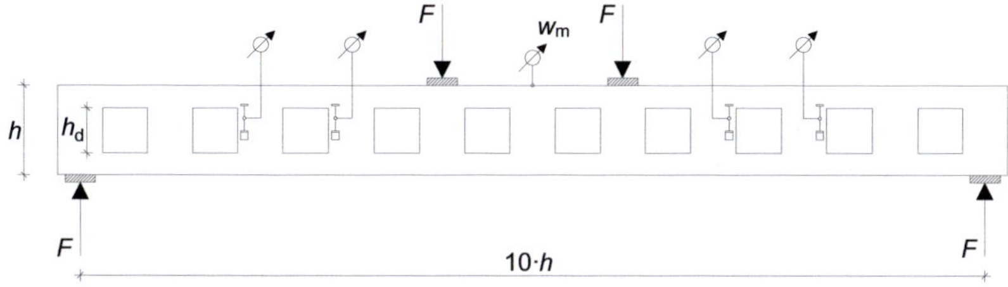

Bild 3-21   Versuchsanordnung Reihe DBV 300

3.6.4 Ergebnisse und Auswertung

Bei allen Versuchsreihen traten im Wesentlichen zwei unterschiedliche Versagensformen auf. Dies waren zum einen Biegebrüche, die in den meisten Fällen im Bereich der Durchbruchöffnungen auftraten, vereinzelt aber auch in ungeschwächten Bereichen zwischen den Durchbrüchen lagen. Die zweite Versagensursache waren Schubbrüche am Rand der Durchbrüche, die durch das Erreichen der Schubfestigkeit in den Kreuzungsflächen ausgelöst wurden. Bei den Prüfkörpern der Reihen DB 600 war bei 80% der Versuche Schubversagen in den Kreuzungsflächen die Versagensursache, 20% versagten durch Biegebrüche. Bei den Prüfkörpern der Reihen DB 300 versagten jeweils 50 % der Prüfkörper durch Schub- bzw. Biegebrüche. In der Reihe DBV 300 versagten alle Prüfkörper durch Erreichen der Biegefestigkeit in den Längslagen.

*Bild 3-22   Biegebruch im ungeschwächten Querschnitt zwischen den Durchbrü-
chen bei Prüfkörper DB 300/120-2 (links) und Biegebruch im Nettoquerschnitt bei Prüfkörper DB 300/120-3 (rechts)*

Bild 3-23   Schubversagen in den Kreuzungsflächen bei Prüfkörper DB 300/150-3 (links) und Prüfkörper DB 300/150-4 (rechts)

Bild 3-24   Schubversagen in den Kreuzungsflächen bei Prüfkörper DB 600/300-4 (links) und Prüfkörper DB 600/240-3 (rechts)

Zur Ermittlung der in den Versuchen erreichten Biege- und Schubfestigkeiten wurden bei der Auswertung der Versuchsergebnisse die unter den Höchstlasten erreichten, auf den Querschnitt der Längslagen bezogenen Biegespannungen und die Schubspannungen in den Kreuzungsflächen berechnet. Zusätzlich wurden die Zugspannungen in den Querlagen am Rand der Durchbrüche berechnet, obwohl bei keinem der Prüfkörper die Zugfestigkeit der Querbretter erreicht wurde, um die Querzugfestigkeit der Querschnitte abschätzen zu können.

Höchstlasten und Biegespannungen:

Die unter der Höchstlast in Feldmitte $\sigma_{m,net}$ und in der Mitte der Durchbrüche $\sigma_{m,net,DB}$ aufgetretenen Biegerandspannungen in den Längslagen wurden nach Gleichung (3-40) bzw. Gleichung (3-41) berechnet.

$$\sigma_{m,net} = \frac{M_{max}(L/2)}{W_{net}(L/2)} = \frac{24 \cdot F_{max}}{b_{net} \cdot h} \tag{3-40}$$

$$\sigma_{m,net,DB} = \frac{M_{DB}}{W_{net,DB}} + \frac{V_{DB} \cdot h}{4 \cdot W_{net,ro/ru}} = \frac{15 \cdot F \cdot h^2}{b_{net} \cdot (h^3 - h_d^3)} + \frac{3 \cdot F \cdot h}{2 \cdot b_{net} \cdot h_{ro/ru}^2} \tag{3-41}$$

Die Kraftkomponente rechtwinklig zur Stabachse, die in den Ecken der Durchbrüche Querzug- bzw. Querdruckspannungen erzeugt, wurde nach den in DIN 1052, Abschnitt 11.3 angegebenen Gleichungen für Durchbrüche in Brettschichtholzträgern berechnet:

$$F_{t,90} = F_{t,V} + F_{t,M} = F_{max}\left[\left(\frac{3 \cdot h_d}{4 \cdot h} - \frac{h_d^3}{4 \cdot h^3}\right) + \left(\frac{0,008 \cdot x_{DB}}{h_{ro/ru}}\right)\right] \tag{3-42}$$

mit x_{DB} = Abstand des betrachteten Durchbruchrandes vom nächstgelegenen Trägerauflager

Daraus ergibt sich für die Träger mit zwei Durchbrüchen mit $x_{DB} = 2,5 \cdot h$

$$F_{t,90} = 0,351 \cdot F \qquad \text{für } h_d = 0,4 \cdot h$$

bzw.

$$F_{t,90} = 0,424 \cdot F \qquad \text{für } h_d = 0,5 \cdot h$$

Für die Träger mit zehn Durchbrüchen sind wegen des geringen Abstandes der Durchbrüche untereinander die in DIN 1052, Abschnitt 11.4.4 angegebenen Randbedingungen für die Berechnung verstärkter Durchbrüche nicht eingehalten. Die rechtwinklig zur Stabachse wirkende Kraftkomponente bei diesen Trägern wurde dennoch mit Hilfe der in DIN 1052, Abschnitt 11.3 angegebenen Gleichungen berechnet. Für die gegebene Versuchsanordnung wird die Kraftkomponente $F_{t,90}$ an den Rändern der neben den Lasteinleitungspunkten liegenden Durchbrüche, im Abstand $x_{DB} = 1125\,mm$ von den Auflagerlinien maximal.

$$F_{t,90} = 0,464 \cdot F \qquad \text{mit } h_d = 0,5 \cdot h$$

Zur Ermittlung der Zugspannung in den Querbrettern am Rand der Durchbrüche wurde für die wirksame Breite in Trägerlängsrichtung a_r der kleinere Wert aus der Breite eines Querbrettes und dem in DIN 1052 angegebenen Größtwert $a_r = 0,5 \cdot 0,6 \cdot (h + h_d)$ für verstärkte Durchbrüche in Brettschichtholzträgern angenommen.

Tabelle 3-15   *wirksame Breite a_r der Querlagen am Durchbruchrand für die Versuchsreihen DB 600 und DB 300*

Reihe	DB 600/240	DB 600/300	DB 300/120	DB 300/150
a_r in mm	150	150	126	135

Zur Berücksichtigung einer ungleichmäßigen Verteilung der Zugspannungen über die wirksame Breite a_r wurde, in Anlehnung an DIN 1052, Abschnitt 11.4.4, die unter der Annahme einer gleichmäßigen Verteilung ermittelten Zugspannung mit dem Beiwert $k_k = 2,0$ multipliziert.

$$\sigma_{t,0} = k_k \cdot \frac{F_{t,90}}{a_r \cdot t_{net,cross}} \tag{3-43}$$

Um den Einfluss der Durchbrüche auf die Biegesteifigkeit der Träger abschätzen zu können, wurde aus der Durchbiegung in Feldmitte der auf den Querschnitt der Längslagen bezogene, effektive Elastizitätsmodul $E_{ef,net}$ für den Abschnitt der Last-Verformungs-Kurve zwischen 10% und 40% der Höchstlast berechnet.

$$E_{ef,net} = \frac{59}{1500} \cdot \frac{L^3}{I_{y,net,long}} \cdot \frac{\Delta F_{10-40}}{\Delta u_{10-40}} \tag{3-44}$$

Tabelle 3-16   *Höchstlasten und Biegespannungen bei den Prüfkörpern der Reihe DB 600/240 (Spannungen die zum Versagen führten sind underlinestrichen)*

Reihe	Versuch	F_{max} in kN	$\sigma_{m,net}$ in N/mm²	$\sigma_{m,net,DB}$ in N/mm²	$\sigma_{t,0}$ in N/mm²	$E_{ef,net}$ [1] in N/mm²
	1 [B]	93,8	31,3	<u>42,6</u>	14,6	8315
	2 [S]	111	37,1	50,5	17,3	8256
DB 600/240	3 [S]	112	37,3	50,8	17,4	8546
	4 [S]	117	39,0	53,1	18,2	8254
	5 [S]	115	38,4	52,4	18,0	8594
Mittelwert		110	36,6	49,9	17,1	8393

[1] aus der Steigung *a* der Last-Verformungskurve zwischen $0{,}1{\cdot}F_{max}$ und $0{,}4{\cdot}F_{max}$ berechneter effektiver Elastizitätsmodul nach Gleichung (3-34)

[B] Biegeversagen in den Brettern der Längslagen

[S] Schubversagen in den Kreuzungsflächen

Tabelle 3-17   *Höchstlasten und Biegespannungen bei den Prüfkörpern der Reihe DB 600/300 (Spannungen die zum Versagen führten sind underlinestrichen)*

Reihe	Versuch	F_{max} in kN	$\sigma_{m,net}$ in N/mm²	$\sigma_{m,net,DB}$ in N/mm²	$\sigma_{t,0}$ in N/mm²	$E_{ef,net}$ [1] in N/mm²
	1 [S]	79,1	26,4	45,2	14,9	7222
	2 [S]	93,4	31,1	53,4	17,6	7024
DB 600/300	3 [S]	83,8	27,9	47,9	15,8	7324
	4 [S]	95,0	31,7	54,3	17,9	7603
	5 [B]	76,0	25,3	<u>43,4</u>	14,3	7157
Mittelwert		85,5	28,5	48,8	16,1	7266

Fußnoten siehe Tabelle 3-16

Tabelle 3-18   Höchstlasten und Biegespannungen bei den Prüfkörpern der Reihe DB 300/120 (Spannungen die zum Versagen führten sind underlined(unterstrichen))

Reihe	Versuch	F_{max} in kN	$\sigma_{m,net}$ in N/mm²	$\sigma_{m,net,DB}$ in N/mm²	$\sigma_{t,0}$ in N/mm²	$E_{ef,net}$ [1] in N/mm²
	1 [B]	58,9	<u>39,3</u>	53,5	8,20	7361
	2 [B]	49,7	<u>33,1</u>	45,1	6,92	7228
DB 300/120	3 [B]	59,7	39,8	<u>54,2</u>	8,31	7723
	4 [S]	66,6	44,4	60,5	9,27	7385
	5 [S]	64,0	42,7	58,1	8,91	7497
Mittelwert		59,8	39,9	54,3	8,32	7439

Fußnoten siehe Tabelle 3-16

Tabelle 3-19   Höchstlasten und Biegespannungen bei den Prüfkörpern der Reihe DB 300/150 (Spannungen die zum Versagen führten sind underlined(unterstrichen))

Reihe	Versuch	F_{max} in kN	$\sigma_{m,net}$ in N/mm²	$\sigma_{m,net,DB}$ in N/mm²	$\sigma_{t,0}$ in N/mm²	$E_{ef,net}$ [1] in N/mm²
	1 [B]	53,0	35,3	<u>60,6</u>	8,32	6867
	2 [B]	51,6	34,4	<u>59,0</u>	8,10	6642
DB 300/150	3 [S]	51,7	34,5	59,1	8,11	6798
	4 [S]	52,4	34,9	59,9	8,22	6796
	5 [S]	64,3	42,9	73,5	10,1	7765
Mittelwert		54,6	36,4	62,4	8,57	6973

Fußnoten siehe Tabelle 3-16

Tabelle 3-20   Höchstlasten und Biegespannungen bei den Prüfkörpern der Reihe DBV 300/150 (Spannungen die zum Versagen führten sind <u>unterstrichen</u>)

Reihe	Versuch	F_{max} in kN	$\sigma_{m,net}$ in N/mm²	$\sigma_{m,net,DB}$ in N/mm²	$\sigma_{t,0}$ in N/mm²	$E_{ef,net}$ [1)] in N/mm²
DBV 300/150	1 [B)]	44,6	29,7	<u>46,7</u>	6,89	4165
	2 [B)]	49,9	33,3	<u>52,3</u>	7,71	7383
	3 [B)]	41,0	27,3	<u>43,0</u>	6,34	5715
	4 [B)]	47,6	31,7	<u>49,9</u>	7,36	5408
Mittelwert		45,8	30,5	48,0	7,08	5668

Fußnoten siehe Tabelle 3-16

Schubspannungen:

Im Bereich von Durchbrüchen stehen für die Schubübertragung weniger Brettquerschnitte und Kreuzungsflächen zur Verfügung als in ungestörten Trägerabschnitten. Am Rand der Durchbrüche treten daher erhöhte Schubspannungen auf. Dies betrifft die Schubspannungen in den Brettquerschnitten (Versagensmechanismen 1 und 2) und die Schubspannungen in den Kreuzungsflächen (Versagensmechanismus 3) gleichermaßen, wobei in letzterem Fall sowohl die Torsionsschubspannungen als auch die Schubspannungen in Richtung der Trägerachse höhere Werte annehmen. Gleichzeitig treten in den Kreuzungsflächen am Rand der Durchbrüche Schubspannungen rechtwinklig zur Stabachse auf.
Die Maximalwerte der Schubspannungen, die in den Kreuzungsflächen am Rand der Durchbrüche auftreten, können auf der Grundlage der Schubspannungen, die bei prismatischen Stäben ohne Durchbrüche auftreten ermittelt werden, wenn lokale Spannungsspitzen durch die Beiwerte k_1 bis k_5 erfasst werden:

$$\tau_{yx,DB} = k_3 \cdot k_4 \cdot k_5 \cdot \tau_{yx} \tag{3-45}$$

$$\tau_{tor,DB} = k_1 \cdot k_2 \cdot \tau_{tor}$$ (3-46)

Mit

τ_{yx} Schubspannungskomponente in Richtung der Trägerachse nach Gleichung (3-8) bzw. (3-9)

τ_{tor} Torsionsschubspannung nach Gleichung (3-20), (3-22) oder (3-23)

k_i Beiwerte zur Berücksichtigung erhöhter Schubspannungen in den Ecken von Durchbrüchen

Die Beiwerte k_1 bzw. k_3 und k_4 berücksichtigen den Einfluss der Durchbruchhöhe auf die Schubspannungen und lassen sich aus dem Modell des Verbundträgers ableiten. Die Beiwerte k_2 bzw. k_5 beschreiben den Einfluss der Durchbruchlänge. Diese Werte wurden mit Hilfe einer Parameterstudie mit dem in Anlage 2 beschriebenen Gittermodell ermittelt (siehe Anlage 3).

$$k_1 = \frac{h}{h - h_d}$$ (3-47)

$$k_2 = 0{,}381 \cdot \left(\frac{m \cdot \ell_d}{h_d} \right)^{0{,}555} \geq 1$$ (3-48)

$$k_3 = \frac{I_{ges,\ell}}{I_{net,\ell}} = \frac{h^3}{h^3 - h_d^3}$$ (3-49)

$$k_4 = 1 + \frac{h_d^2}{4 \cdot b^2 \cdot (m - 1)}$$ (3-50)

$$k_5 = 0{,}791 \cdot \left(\frac{m \cdot \ell_d}{h} \right)^{0{,}494} \tag{3-51}$$

Bei der Ermittlung der Beiwerte k_1 bis k_5 wurden gleiche Lamellenbreiten in allen Lagen vorausgesetzt. Bei Querschnitten mit unterschiedlichen Lamellenbreiten können die Schubspannungen im Bereich von Durchbrüchen in guter Näherung ebenfalls mit den oben angegebenen Beiwerten berechnet werden. Da im Rahmen der durchgeführten Parameterstudien zur Ermittlung der Beiwerte k_2 und k_5 nur ein Teil aller theoretisch möglichen Durchbruchlängen und Durchbruchhöhen betrachtet wurden und Träger mit mehreren, nebeneinander liegenden Durchbrüchen nicht untersucht wurden, gelten die Beiwerte nur unter folgenden Bedingungen:

- Länge des Durchbruchs $\ell_d \leq h$
- Höhe des Durchbruchs $\ell_d \leq 0{,}5 \cdot h$
- Abstand zwischen zwei benachbarten Durchbrüchen $\ell_v \geq 1{,}5 \cdot h$

Für die Prüfkörper der Reihen DB 300 und DB 600 ergeben sich die in Tabelle 3-21 zusammengestellten Beiwerte.

Tabelle 3-21   *Beiwerte zur Ermittlung der Schubspannungen im Bereich der Durchbrüche für die Prüfkörper der Reihen DB 600, DB 300 und DBV 300*

Reihe	k_1	k_2	k_3	k_4	k_5
DB 600/240	1,67	1,37	1,07	1,21	1,57
DB 600/300	2,00	1,21	1,14	1,33	1,57
DB 300/120	1,67	1	1,07	1,16	1,11
DB 300/150	2,00	1	1,14	1,25	1,11
DBV 300/150	2,00	1	1,14	1,25	0,79

Die rechtwinklig zur Stabachse wirkende Schubspannungskomponente wird mit der Kraft $F_{t,90}$ nach Gleichung (3-42) berechnet und über die wirksame Breite a_r sowie in Richtung der Querschnittshöhe als konstant verteilt angenommen. Der Betrag der Schubspannung $\tau_{yz,DB}$ kann damit nach Gleichung (3-52) berechnet werden.

$$\tau_{yz,DB} = \frac{F_{t,90,DB}}{n_{CA} \cdot a_r \cdot h_r} \qquad \text{mit} \qquad h_r = \min\begin{cases} h_{ro} \\ h_{ru} \end{cases} \qquad (3\text{-}52)$$

Für den Nachweis der Schubspannung im Bruttoquerschnitt (Versagensmechanismus 1) kann die nach Gleichung (3-1) berechnete Schubspannung mit den Beiwerten k_1 und k_2 multipliziert werden. Die Schubspannung im Nettoquerschnitt (Versagensmechanismus 2) steht im Gleichgewicht mit den in x-Richtung wirkenden Schubspannungen in den Kreuzungsflächen. Der Maximalwert kann daher durch Multiplikation der nach Gleichung (3-2) berechneten Schubspannung mit den Beiwerten k_3 bis k_5 berechnet werden.

Bei den Prüfkörpern der Reihen DB 600 betrug die Lamellenbreite in den Längs- und Querlagen einheitlich 150 mm. Die Schubspannungen in den Kreuzungsflächen dieser Prüfkörper konnten daher nach den Gleichungen (3-7) und (3-20) berechnet werden. Die in den Längs- und Querbrettern vorhandenen Entlastungsnuten in der Mitte der Lamellenbreite blieben bei der Ermittlung der Torsionsschubspannung unberücksichtigt.

Die Prüfkörper der Reihen DB 300 und DBV 300 wurden aus Brettern mit einer Breite von 165 mm hergestellt. Bei allen Prüfkörpern waren daher an mindestens einem Querschnittsrand die Längsbretter der Länge nach aufgetrennt. Bei der Mehrzahl der Prüfkörper waren aufgetrennte Bretter an beiden Rändern vorhanden. In diesen Prüfkörpern bestanden die Längslagen häufig aus jeweils drei Brettern, wobei die Lamellenbreiten in den Längslagen der einzelnen Prüfkörper zwischen 20 mm und 165 mm variierten. In Tabelle 3-22 sind die Lamellenbreiten aller Prüfkörper zusammengestellt. Wegen der Abhängigkeit der Schubspannungen in den Kreuzungsflächen von den Lamellenbreiten erfolgte die Berechnung nach den Gleichungen (3-9) und (3-23) unter Berücksichtigung der vorhandenen Lamellenbreiten.

Tabelle 3-22   Lamellenbreiten in den Längslagen bei den Prüfkörpern der Reihen DB 300-120, DB 300-150 und DBV 300

Versuch	DB 300/120			DB 300/150			DBV 300/150		
	b_1	b_2	b_3	b_1	b_2	b_3	b_1	b_2	b_3
	in mm			in mm			in mm		
1	90	165	45	165	135		44	165	91
2	135	165		33	165	102	52	165	83
3	150	150		25	165	110	21	165	114
4	31	165	104	55	165	80	75	165	60
5	74	165	61	155	145				

Die anhand der Versuchsergebnisse für die Versagensmechanismen 1 bis 3 ermittelten Schubspannungen in den Brettquerschnitten und den Kreuzungsflächen sind für die Prüfkörper der Reihen DB 600, DB 300 und DBV 300 in Tabelle 3-23 bis Tabelle 3-27 zusammengestellt.

Tabelle 3-23   Schubspannungen bei den Prüfkörpern der Reihe DB 600/240 (Spannungen die zum Versagen führten sind <u>unterstrichen</u>)

Reihe	Versuch	$\tau_{xz,gross}$ in N/mm²	$\tau_{xz,net}$ in N/mm²	$\tau_{tor,DB}$ in N/mm²	$\tau_{yx,DB}$ in N/mm²	$\tau_{yz,DB}$ in N/mm²
	1 [B]	3,56	15,9	1,67	0,60	0,30
	2 [S]	4,23	18,9	<u>1,98</u>	<u>0,71</u>	0,36
DB 600/240	3 [S]	4,25	19,0	<u>1,99</u>	<u>0,71</u>	0,36
	4 [S]	4,44	19,8	<u>2,08</u>	<u>0,74</u>	0,38
	5 [S]	4,38	19,5	<u>2,05</u>	<u>0,73</u>	0,37
Mittelwert		4,17	18,6	1,96	0,70	0,36

[B] Biegeversagen in den Brettern der Längslagen

[S] Schubversagen in den Kreuzungsflächen

Tabelle 3-24   Schubspannungen bei den Prüfkörpern der Reihe DB 600/300 (Spannungen die zum Versagen führten sind <u>unterstrichen</u>)

Reihe	Versuch	$\tau_{xz,gross}$ in N/mm²	$\tau_{xz,net}$ in N/mm²	$\tau_{tor,DB}$ in N/mm²	$\tau_{yx,DB}$ in N/mm²	$\tau_{yz,DB}$ in N/mm²
	1 [S)]	3,19	15,8	<u>1,49</u>	<u>0,59</u>	0,37
	2 [S)]	3,76	18,6	<u>1,76</u>	<u>0,70</u>	0,44
DB 600/300	3 [S)]	3,37	16,7	<u>1,58</u>	<u>0,63</u>	0,39
	4 [S)]	3,83	18,9	<u>1,79</u>	<u>0,71</u>	0,45
	5 [B)]	3,06	15,1	1,43	0,57	0,36
Mittelwert		3,44	17,2	1,61	0,64	0,40

Fußnoten siehe Tabelle 3-23

Tabelle 3-25   Schubspannungen bei den Prüfkörpern der Reihe DB 300/120 (Spannungen die zum Versagen führten sind <u>unterstrichen</u>)

Reihe	Versuch	$\tau_{xz,gross}$ in N/mm²	$\tau_{xz,net}$ in N/mm²	$\tau_{tor,DB}$ in N/mm²	$\tau_{yx,DB}$ in N/mm²	$\tau_{yz,DB}$ in N/mm²
	1 [B)]	3,07	10,2	1,35	1,15	0,46
	2 [B)]	2,59	8,58	0,94	0,63	0,38
DB 300/120	3 [B)]	3,11	10,3	1,15	0,69	0,46
	4 [S)]	3,47	11,5	<u>1,46</u>	<u>1,37</u>	0,51
	5 [S)]	3,33	11,0	<u>1,50</u>	<u>1,17</u>	0,49
Mittelwert		3,11	10,3	1,28	1,00	0,49

Fußnoten siehe Tabelle 3-23

Tabelle 3-26   Schubspannungen bei den Prüfkörpern der Reihe DB 300/150 (Spannungen die zum Versagen führten sind <u>unterstrichen</u>)

Reihe	Versuch	$\tau_{xz,gross}$ in N/mm²	$\tau_{xz,net}$ in N/mm²	$\tau_{tor,DB}$ in N/mm²	$\tau_{yx,DB}$ in N/mm²	$\tau_{yz,DB}$ in N/mm²
	1 [B)	3,31	10,5	1,06	0,77	0,55
	2 [B)	3,23	10,3	1,21	1,22	0,54
DB 300/150	3 [S)	3,23	10,3	<u>1,18</u>	<u>1,26</u>	0,54
	4 [S)	3,28	10,4	<u>1,29</u>	<u>1,14</u>	0,55
	5 [S)	4,02	12,8	<u>1,31</u>	<u>0,88</u>	0,67
Mittelwert		3,41	10,9	1,21	1,05	0,64

Fußnoten siehe Tabelle 3-23

Tabelle 3-27   Schubspannungen bei den Prüfkörpern der Reihe DBV 300

Reihe	Versuch	$\tau_{xz,gross}$ in N/mm²	$\tau_{xz,net}$ in N/mm²	$\tau_{tor,DB}$ in N/mm²	$\tau_{yx,DB}$ in N/mm²	$\tau_{yz,DB}$ in N/mm²
	1 [B)	2,79	8,87	0,73	0,72	0,46
	2 [B)	3,12	9,93	0,83	0,78	0,51
DBV 300	3 [B)	2,56	8,16	0,62	0,72	0,42
	4 [B)	2,98	9,47	0,80	0,72	0,49
Mittelwert		2,79	8,88	0,75	0,73	0,47

Fußnoten siehe Tabelle 3-23

Zur Ermittlung der in den Versuchen erreichten Schubfestigkeiten in den Kreuzungsflächen wird das Versagenskriterium nach Gleichung (3-27) verwendet. Unter der Annahme eines konstanten Verhältnisses zwischen der Torsionsschubfestigkeit und der Rollschubfestigkeit von $f_{v,tor} / f_R = 2{,}33$ wurden für die Prüfkörper der Versuchsreihen DB 300 und DB 600, bei denen das Erreichen der Schubfestigkeit in den Kreuzungsflächen Ursache des Versagens war, die in Tabelle 3-28 angegebenen Torsions- und Rollschubfestigkeiten ermittelt.

Tabelle 3-28   Schubfestigkeiten in den Kreuzungsflächen von rechtwinklig miteinander verklebten Brettern (Reihen DB 300 und DB 600)

$f_{v,tor,mean}$ in N/mm²	$f_{v,tor,k}$ in N/mm²	$f_{R,mean}$ in N/mm²	$f_{R,k}$ in N/mm²
3,69	2,79	1,58	1,20

3.6.5 Zusammenfassung

Zur Ermittlung der Tragfähigkeit von Brettsperrholzträgern mit Durchbrüchen wurden 20 Träger mit je zwei Durchbrüchen und vier Träger mit jeweils zehn Durchbrüchen geprüft. Von den Trägern mit zwei Durchbrüchen versagten 65% durch Erreichen der Schubfestigkeit in den Kreuzungsflächen. Die Auswertung der Schubspannungen erfolgte mit Hilfe der in Abschnitt 3.2 hergeleiteten Gleichungen. Durch analytische Betrachtungen und Parameterstudien, die mit Hilfe eines Gittermodells durchgeführt wurden, wurden Beiwerte ermittelt, mit denen die erhöhten Schubspannungen in unmittelbarer Nähe der Durchbruchsecken in Abhängigkeit der Durchbruchsgröße berechnet werden können.

Aus den Ergebnissen der Versuchsreihen mit zwei Durchbrüchen wurden unter Verwendung der Beiwerte Schubfestigkeiten in den Kreuzungsflächen ermittelten, die gut mit den in Tabelle 3-3 angegebenen Festigkeiten übereinstimmen, die an kleinen Prüfkörpern mit einer oder zwei Kreuzungsflächen ermittelt wurden.

Die Versagensmechanismen „Schubversagen im Bruttoquerschnitt" und „Schubversagen im Nettoquerschnitt" wurden bei keinem der Prüfkörper beobachtet. Für die Reihen DB 300 sind wegen des vergleichsweise großen Querlagenanteils von 25% die aus den Höchstlasten berechneten Schubspannungen im Nettoquerschnitt mit einem Mittelwert von 10,7 N/mm² verhältnismäßig gering. Für die Reihen DB 600 ergeben sich aufgrund des geringeren Querlagenanteils deutlich größere Werte mit einem Mittelwert von 17,8 N/mm². Dieser Wert liegt deutlich über dem von Jöbstl et al. (2008) angegebenen Mittelwert der Schubfestigkeit rechtwinklig zur Faserrichtung von 12,8 N/mm². Dass bei diesen Versuchsreihen trotzdem kein Schubversagen in den Querlagen beobachtet wurde, deutet auf höhere Schubfestigkeiten bei Abscherbeanspruchungen quer zur Faser hin, als von Jöbstl et al. ermittelt, die möglicherweise auf ungewollte Schmalseitenverklebung bei den geprüften Trägern oder eine anteilige Übertragung von Schubkräften durch Reibung zurückzuführen sind.

Bei der Versuchsreihe DBV mit zehn Durchbrüchen je Träger trat das Versagen bei allen Prüfkörpern durch Erreichen der Biegefestigkeit in Trägerabschnitten mit Durchbrüchen ein. Da bei keinem der vier Prüfkörper die Schubfestigkeit in den Kreuzungsflächen erreicht wurde, sind auf der Grundlage der durchgeführten Versuche keine Aussagen zur Schubtragfähigkeit von Trägern mit mehreren nebeneinander angeordneten Durchbrüchen möglich. Es ist jedoch davon auszugehen, dass sich, mit geringer werdendem Abstand zweier Durchbrüche, die Schubspannungen am Rand benachbarter Durchbrüche zunehmend gegenseitig beeinflussen. Mit Hilfe des Gittermodells durchgeführte Vergleichsrechnungen bestätigen diese Annahme. Durch die für einzelne Durchbrüche ermittelten Beiwerte k_1 bis k_5 werden die aus der Überlagerung der Schubspannungen an benachbarten Durchbrüchen resultierenden Spannungsspitzen nicht mehr zutreffend erfasst. Zur Berechnung der Schubspannungen im Bereich von Durchbrüchen, deren lichter Abstand weniger als das 1,5-fache der Querschnitthöhe beträgt, sind daher Ansätze zu entwickeln, die den Einfluss benachbarter Durchbrüche berücksichtigen.

3.7   Träger mit Ausklinkungen

3.7.1 Allgemeines

Bei ausgeklinkten Brettsperrholzträgern können die Querlagen, wie seitlich aufgeklebte Bretter oder Holzwerkstoffplatten bei ausgeklinkten Brettschichtholzträgern, als Verstärkung betrachtet werden, die zu einer Erhöhung der Tragfähigkeit im Bereich der Ausklinkung führen. Die Klebefugen zwischen Verstärkung und Bauteiloberfläche werden dabei durch rechtwinklig zur Trägerachse wirkende Schubspannungen beansprucht. Bei Brettsperrholz mit nicht verklebten Schmalseiten müssen jedoch nicht nur diese durch die Ausklinkung verursachten Schubspannungen, sondern auch die aus einer Biegebeanspruchung resultierenden Torsionsschubspannungen und Schubspannungen in Richtung der Trägerachse in den Kreuzungsflächen übertragen werden.

3.7.2 Prüfkörper

Zur Ermittlung der Tragfähigkeit von Brettsperrholzträgern mit Ausklinkungen wurden drei Versuchsreihen mit insgesamt 15 Biegeversuchen durchgeführt. Geprüft wurden Einfeldträger mit Ausklinkungen an beiden Trägerauflagern. Die Stützweite betrug das 7,5-fache (Versuchsreihen A 300) bzw. 7,75-fache (Versuchsreihen A 600) der Trägerhöhe. Das Verhältnis zwischen der Höhe der Ausklinkung $h\text{-}h_e$ und der Trägerhöhe h betrug bei allen Prüfkörpern 0,5. Die Abmessungen der Prüfkörper und der Lagenaufbau der Querschnitte können Bild 3-25 und Bild 3-26 sowie Tabelle 3-29 entnommen werden.

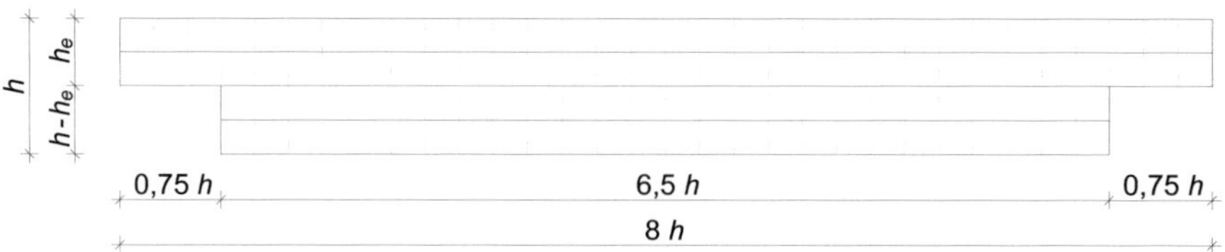

Bild 3-25   Träger mit Ausklinkungen (Reihen A300 und A600)

Tabelle 3-29   Abmessungen der Prüfkörper für die Versuchsreihen mit Trägern mit Ausklinkungen

Reihe	Anzahl	Abmessungen in mm					
		h	t_{gross}	L	h_e	c	t_{long} / t_{cross}
A 600/200	5	600	150	4800	300	375	40/20
A 300/100	5	300	150	2400	150	150	40/20
A 300/110	5	300	160	2400	150	150	40/30

Die Prüfkörper der Reihe A300/110 sollten ursprünglich mit 12 mm dicken Querlagen hergestellt werden, um ein Versagen durch Erreichen der Zugfestigkeit in den Querlagen zu erzwingen. Da es nicht möglich war, Brettlamellen mit einer Dicke von nur 12 mm auf den zur Verfügung stehenden Anlagen zu verarbeiten, wurden die Querlagen dieser Versuchsreihe stattdessen mit einer Dicke von 30 mm ausgeführt.

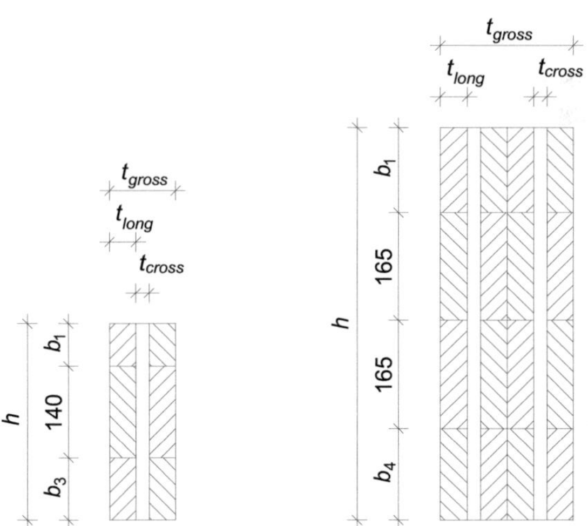

Bild 3-26   Lagenaufbau und Lamellenbreiten der Träger mit Ausklinkungen, links: Reihen A 300, rechts: Reihe A 600 (Maße in mm)

Für die Lamellen der Prüfkörper wurden Bretter der Sortierklasse S10 / Festigkeitsklasse C24 verwendet. Zur Überprüfung der Brettqualität wurde, wie zuvor bei den Trägern mit angeschnittenen Rändern und den Trägern mit Durchbrüchen, nach der Versuchsdurchführung von allen Längsbrettern die Rohdichte ermittelt und mit der von der Holzforschung München ermittelten, mittleren Rohdichte für diese Sortierklasse verglichen (vgl. Abschnitt 2.2.4). Die Holzfeuchte der Längsbretter betrug im Mittel 11,7%.

Tabelle 3-30   Träger mit Ausklinkungen – Darrrohdichte der Bretter in den Längslagen in kg/m³

Reihe	Mittelwert Prüfkörper					Mittelwert Versuchsreihe	S10
	1	2	3	4	5		
A 600/200	394	372	391	389	407	391	
A 300/100	430	398	450	410	391	416	412
A 300/110	392	404	396	396	385	395	

3.7.3 Versuchsdurchführung

Die Belastung wurde bis 30% der geschätzten Höchstlast F_{est} kraftgesteuert mit einer konstanten Belastungsgeschwindigkeit von $0,2 \cdot F_{est}$ pro Minute aufgebracht. Oberhalb von $0,3 \cdot F_{est}$ bis zum Bruch wurde die Belastung weggesteuert mit konstanter Vorschubgeschwindigkeit aufgebracht. Bei allen Versuchen wurde die Geschwindigkeit des Belastungskolbens so gewählt, dass die geschätzte Höchstlast F_{est} innerhalb von 300 s ± 120 s erreicht wurde. Zusätzlich wurde die Rissbreite in den einspringenden Ecken der Ausklinkungen gemessen. Die beiden Versuchsanordnungen sind in Bild 3-27 und Bild 3-28 dargestellt.

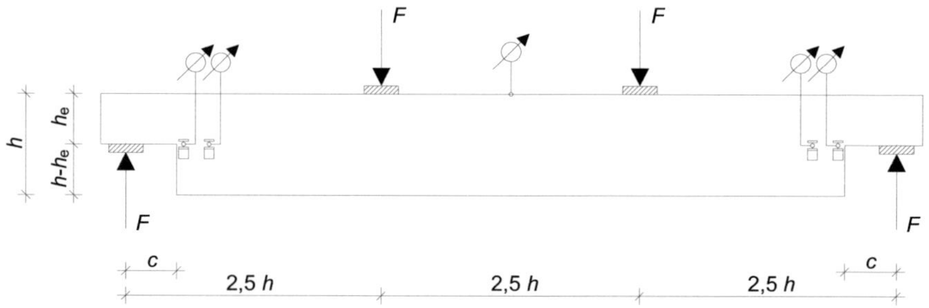

Bild 3-27 Versuchsanordnung Träger mit Ausklinkungen – Reihen A 300

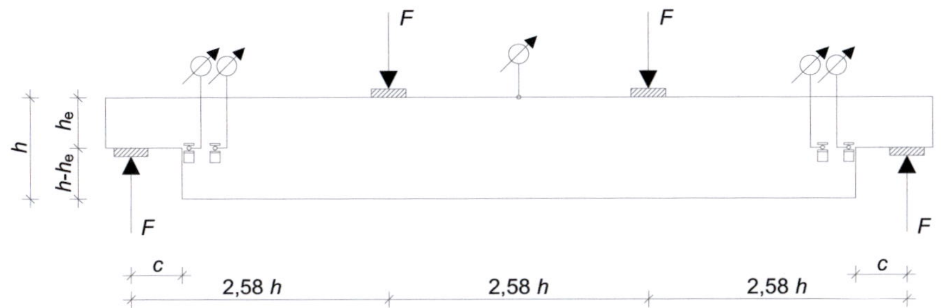

Bild 3-28   Versuchsanordnung Träger mit Ausklinkungen – Reihen A 600

3.7.4 Ergebnisse und Auswertung

Mit Ausnahme der Prüfkörper 2 und 3 der Reihe A 300/100, bei denen Biegebrüche im ausgeklinkten Trägerabschnitt auftraten, versagten alle Prüfkörper durch Erreichen der Schubfestigkeit in den Kreuzungsflächen unmittelbar neben den Ausklinkungen. Bei den Prüfkörpern der Reihe A 600/200, die im Gegensatz zu den Prüfkörpern der Reihen A 300 zwei Querlagen hatten, traten nach dem Schubversagen in den Kreuzungsflächen einer Querlage teilweise auch Zugbrüche in den Brettern der anderen Querlage auf.

Bei der Auswertung der Versuche wurden die unter Höchstlast aufgetretenen Biegespannungen in den ausgeklinkten Trägerabschnitten und die Schubspannungen in den Kreuzungsflächen unmittelbar neben den Ausklinkungen ermittelt. Zusätzlich wurden die in Feldmitte aufgetretenen Biegespannungen und die Zugspannungen in den Querbrettern unmittelbar neben den Ausklinkungen ermittelt.

Bild 3-29   Biegeversagen im ausgeklinkten Trägerabschnitt bei den Prüfkörpern
A 300/100-2 (links) und A 300/100-3 (rechts)

Bild 3-30   Schubversagen in den Kreuzungsflächen neben der Ausklinkung bei den Prüfkörpern A 300/100-1 (links) und A 300/110-4 (rechts)

Bild 3-31   Schubversagen in den Kreuzungsflächen neben der Ausklinkung bei Prüfkörper A 600/200-1 (links und rechts)

Höchstlasten und Biegespannungen:

Mit den in Tabelle 3-29 gegebenen Trägerabmessungen und der Versuchsanordnung nach Bild 3-27 bzw. Bild 3-28 können die auf den Querschnitt der Längslagen bezogenen Biegespannungen $\sigma_{m,net}$ in Feldmitte und im ausgeklinkten Trägerabschnitt $\sigma_{m,net,A}$ nach den Gleichungen (3-53) und (3-54) berechnet werden.

$$\sigma_{m,net} = \frac{M_{L/2}}{W_{net,long,L/2}} = \frac{15 \cdot F_{max}}{t_{net,long} \cdot h} \tag{3-53}$$

$$\sigma_{m,net,A} = \frac{M_A}{W_{net,long,A}} = \frac{6 \cdot c \cdot F_{max}}{t_{net,long} \cdot h_e^2} \qquad (3\text{-}54)$$

Die in den Querbrettern im Bereich der Ausklinkungen rechtwinklig zur Stabachse wirkenden Zugkräfte wurden nach den in DIN 1052, Abschnitt 11.4.3 angegebenen Gleichungen für verstärkte Ausklinkungen bei Brettschichtholzträgern berechnet:

$$F_{t,90} = 1{,}3 \cdot V \cdot \left[3 \cdot \left(1 - \frac{h_e}{h}\right)^2 - 2 \cdot \left(1 - \frac{h_e}{h}\right)^3 \right] \qquad (3\text{-}55)$$

Für die Prüfkörper aller Versuchsreihen ergibt sich mit $h_e/h = 0{,}5$ die rechtwinklig zur Stabachse wirkende Zugkraft zu:

$$F_{t,90} = 0{,}65 \cdot F_{max}$$

Zur Ermittlung der Zugspannung in den Querbrettern unmittelbar neben den Ausklinkungen wurde die wirksame Breite ℓ_r in Trägerlängsrichtung mit dem in DIN 1052 angegebenen Größtwert $\ell_r = 0{,}5 \, (h - h_e)$ für verstärkte Ausklinkungen in Brettschichtholzträgern angenommen.

Tabelle 3-31   wirksame Breite ℓ_r der Querlagen neben den Ausklinkungen für die Versuchsreihen A 600 und A 300

Reihe	A 600/200	A 300/100	A 300/110
ℓ_r in mm	150	75	75

Zur Berücksichtigung einer ungleichmäßigen Verteilung der Zugspannungen über die wirksame Breite ℓ_r wurde, in Anlehnung an DIN 1052, Abschnitt 11.4.3, die unter der Annahme einer gleichmäßigen Verteilung ermittelten Zugspannungen mit dem Beiwert $k_k = 2{,}0$ multipliziert.

$$\sigma_{t,0} = k_k \cdot \frac{F_{t,90}}{\ell_r \cdot t_{net,cross}}$$
(3-56)

Tabelle 3-32   *Höchstlasten und Biegespannungen bei den Prüfkörpern der Reihe A 600/200*

Reihe	Versuch	F_{max} in kN	$\sigma_{m,net}$ in N/mm²	$\sigma_{m,net,A}$ in N/mm²	$\sigma_{t,0}$ in N/mm²
	1 [S]	157	25,3	24,5	17,0
	2 [S]	162	26,2	25,4	17,6
A600/200	3 [S]	148	23,9	23,2	16,1
	4 [S]	148	23,9	23,2	16,1
	5 [S]	158	25,5	24,6	17,1
Mittelwert		155	25,0	24,2	16,7

[B] Biegeversagen im ausgeklinkten Trägerabschnitt

[S] Schubversagen in den Kreuzungsflächen neben der Ausklinkung

Tabelle 3-33   *Höchstlasten und Biegespannungen bei den Prüfkörpern der Reihe A 300/100 (Spannungen die zum Versagen führten sind <u>unterstrichen</u>)*

Reihe	Versuch	F_{max} in kN	$\sigma_{m,net}$ in N/mm²	$\sigma_{m,net,A}$ in N/mm²	$\sigma_{t,0}$ in N/mm²
	1 [S]	43,8	27,4	21,9	19,0
	2 [B]	40,8	25,5	<u>20,4</u>	17,7
A300/100	3 [B]	30,2	18,9	<u>15,1</u>	13,1
	4 [S]	42,7	26,7	21,4	18,5
	5 [S]	54,6	34,1	27,3	23,7
Mittelwert		42,4	26,5	21,2	18,4

Fußnoten siehe Tabelle 3-32

Tabelle 3-34   *Höchstlasten und Biegespannungen bei den Prüfkörpern der Reihe A 300/110*

Reihe	Versuch	F_{max} in kN	$\sigma_{m,net}$ in N/mm²	$\sigma_{m,net,A}$ in N/mm²	$\sigma_{t,0}$ in N/mm²
	1 [S]	40,0	25,0	20,0	11,6
	2 [S]	33,6	21,0	16,8	9,71
A300/100	3 [S]	29,1	18,2	14,6	8,41
	4 [S]	40,1	25,1	20,1	11,6
	5 [S]	33,8	21,1	16,9	9,76
Mittelwert		35,3	22,1	17,7	10,2

Fußnoten siehe Tabelle 3-32

Schubspannungen:

Die Maximalwerte der Torsionsschubspannungen, die in den Kreuzungsflächen unmittelbar neben den Ausklinkungen auftreten, können auf der Grundlage der Gleichungen (3-20), (3-22) oder (3-23) zur Berechnung der Torsionsschubspannung bei prismatischen Stäben ohne Ausklinkungen ermittelt werden, wenn die im Bereich der Ausklinkungen auftretenden Spannungsspitzen durch den Beiwert k_1 erfasst werden:

$$\tau_{tor,A} = k_1 \cdot \tau_{tor} \tag{3-57}$$

mit

$$k_1 = 0,9 \cdot \left(\frac{h_e}{h} \right)^{k_p} \tag{3-58}$$

$$k_p = -1,45 \cdot \left(\frac{c}{h} \right)^{2/3} \tag{3-59}$$

Der Beiwert k_1 wurde mit Hilfe einer Parameterstudie ermittelt, die mit Hilfe des in Anlage 2 beschriebenen Gittermodells durchgeführt wurde (siehe Anlage 4). Wegen des begrenzten Umfangs der Parameterstudie gilt der Beiwert nur unter Einhaltung folgender Randbedingungen:

- Abstand der Auflagerkraft von der Ausklinkungsecke $c \leq 0,5 \cdot h$

- Höhe der Ausklinkung $h - h_e \leq 0,5 \cdot h$

Für die Prüfkörper der Reihen DB 300 und DB 600 ergeben sich die in Tabelle 3-21 zusammengestellten Beiwerte.

Tabelle 3-35   Beiwerte zur Ermittlung der Torsionsschubspannungen in den Kreuzungsflächen neben den Ausklinkungen für die Prüfkörper der Reihen A 600/200, A300/100 und A 300/110

Reihe	A 600/200	A 300/100	A300/110
k_1	1,88	1,70	1,70

Die in den Kreuzungsflächen rechtwinklig zur Stabachse wirkende Schubspannungskomponente wird mit der Kraft $F_{t,90}$ nach Gleichung (3-55) berechnet. Die Schubspannung τ_{yz} wird über die wirksame Breite ℓ_r (siehe Tabelle 3-31) sowie in Richtung der Querschnittshöhe als gleichmäßig verteilt angenommen. Ihr Betrag kann damit wie in Gleichung (3-60) angegeben berechnet werden.

$$\tau_{yz,A} = \frac{F_{t,90,A}}{2 \cdot n_{CA} \cdot \ell_r \cdot (h - h_e)} \tag{3-60}$$

Der Nachweis der Schubspannungen in den Kreuzungsflächen von Trägern mit Ausklinkungen kann unter Berücksichtigung der Schubspannungskomponente $\tau_{yz,A}$ rechtwinklig zur Trägerache mit dem Versagenskriterium nach Gleichung (3-27) geführt werden.

$$\frac{\tau_{tor}}{f_{v,tor}} + \frac{\tau_{yx}}{f_R} \leq 1 \quad \text{und} \quad \frac{\tau_{tor}}{f_{v,tor}} + \frac{\tau_{yz,A}}{f_R} \leq 1 \tag{3-61}$$

Zusätzlich zum Nachweis der erhöhten Schubspannungen in den Kreuzungsflächen unmittelbar neben den Ausklinkungen muss der Schubspannungsnachweis im ausgeklinkten Trägerabschnitt mit dem Restquerschnitt geführt werden. Die Schubspannungen in den Kreuzungsflächen können dabei wie für prismatische Stäbe ohne Ausklinkungen nach den in Abschnitt 3.2 angegebenen Gleichungen berechnet werden. Die Schubspannungen in den Brettlamellen für den Nachweis der Versagensmechanismen 1 und 2 können nach Gleichung (3-3) und (3-4) berechnet werden, indem die Trägerhöhe gleich h_e gesetzt wird.

Bei den Prüfkörpern aller Reihen waren unterschiedliche Lamellenbreiten in den Längs- und Querlagen vorhanden. Die Lamellenbreite in den Querlagen war innerhalb der einzelnen Versuchsreihen konstant. Sie betrug 135 mm bei den Prüfkörpern der Reihe A 300/100, 165 mm bei den Prüfkörpern der Reihe A 300/110 und 105 mm bei Reihe A 600/200. Für die Längslagen wurden ebenfalls Bretter mit einheitlicher Breite verwendet. Da die Höhe der Prüfkörper jedoch kein ganzzahliges Vielfaches der Lamellenbreite war, waren die Lamellen der Längslagen an mindestens einem Querschnittsrand der Länge nach aufgetrennt. Die Lamellenbreiten in den Längslagen der einzelnen Prüfkörper sind in Tabelle 3-36 zusammengestellt.

Tabelle 3-36   Lamellenbreiten in den Längslagen bei den Prüfkörpern der Reihen A 600 und A 300

Ver-such	A 600/200					A 300/100			A 300/110		
	b_1	b_2	b_3	b_4	b_5	b_1	b_2	b_3	b_1	b_2	b_3
	in mm					in mm			in mm		
1	150	165	165		120	135	140	25	140	140	20
2	105	165	165		165	55	140	105	89	140	71
3	60	165	165	165	45	38	140	122	44	140	116
4	114	165	165		156	65	140	95	57	140	103
5	156	165	165		114	20	140	140	35	140	125

Wegen der unterschiedlichen Lamellenbreiten in den Längslagen wurde die Torsionsschubspannung in den Kreuzungsflächen bei allen Prüfkörpern nach Gleichung (3-23) berechnet. Die aus den Höchstlasten berechneten Schubspannungen τ_{tor} und τ_y für den Nachweis im Versagensmechanismus 3 sind in Tabelle 3-37 bis Tabelle 3-39 zusammengestellt.

Tabelle 3-37   Schubspannungen bei den Prüfkörpern der Reihe A 600/200 (Spannungen die zum Versagen führten sind <u>unterstrichen</u>)

Reihe	Versuch	$\tau_{tor,A}$ in N/mm²	$\tau_{yx,A}$ in N/mm²	$\tau_{yz,A}$ in N/mm²
	1 [S]	<u>2,98</u>	0,52	<u>0,57</u>
	2 [S]	<u>3,31</u>	0,56	<u>0,59</u>
A 600/200	3 [S]	<u>2,01</u>	0,57	<u>0,54</u>
	4 [S]	<u>2,91</u>	0,50	<u>0,54</u>
	5 [S]	<u>3,10</u>	0,53	<u>0,57</u>
Mittelwert		2,86	0,54	0,56

[B] Biegeversagen in den Brettern der Längslagen

[S] Schubversagen in den Kreuzungsflächen

Tabelle 3-38   Schubspannungen bei den Prüfkörpern der Reihe A 300/100 (Spannungen die zum Versagen führten sind <u>unterstrichen</u>)

Reihe	Versuch	$\tau_{tor,A}$ in N/mm²	$\tau_{yx,A}$ in N/mm²	$\tau_{yz,A}$ in N/mm²
	1 [S]	<u>1,68</u>	0,80	<u>1,27</u>
	2 [B]	1,19	1,11	1,18
A 300/100	3 [B]	0,82	0,88	0,87
	4 [S]	<u>1,30</u>	1,11	<u>1,23</u>
	5 [S]	<u>1,12</u>	0,85	<u>1,58</u>
Mittelwert		<u>1,22</u>	0,95	<u>1,23</u>

Fußnoten siehe Tabelle 3-37

Tabelle 3-39   Schubspannungen bei den Prüfkörpern der Reihe A 300/110
(Spannungen die zum Versagen führten sind <u>unterstrichen</u>)

Reihe	Versuch	$\tau_{tor,A}$ in N/mm²	$\tau_{yx,A}$ in N/mm²	$\tau_{yz,A}$ in N/mm²
	1 [S)]	<u>1,53</u>	0,71	<u>1,16</u>
	2 [S)]	<u>1,05</u>	0,79	<u>0,97</u>
A 300/110	3 [S)]	<u>0,78</u>	0,83	<u>0,84</u>
	4 [S)]	<u>1,12</u>	1,08	<u>1,16</u>
	5 [S)]	<u>0,88</u>	1,00	<u>0,98</u>
Mittelwert		1,15	0,88	1,02

Fußnoten siehe Tabelle 3-37

Die Schubspannungen τ_{yx} wurden bei der Ermittlung der Festigkeiten nicht berücksichtigt, da in den Versuchen auch bei Prüfkörpern mit sehr schmalen Brettern am oberen Querschnittsrand kein Abscheren der Längsbretter in den oberen Ecken der Querschnitte beobachtet wurde. Die Versagensmechanismen 1 und 2 wurden bei der Auswertung ebenfalls nicht berücksichtigt, da bei keinem der Prüfkörper Schubversagen in den Längs- oder Querbrettern beobachtet wurde.

Wie bei den Trägern mit Durchbrüchen wurde zur Ermittlung der Torsions- und der Rollschubfestigkeit ein konstantes Verhältnis der beiden Festigkeitskennwerte von 2,33 angenommen. Für die insgesamt 13 Prüfkörper der Versuchsreihen A 600 und A 300, bei denen das Erreichen der Schubfestigkeit in den Kreuzungsflächen Ursache des Versagens war, ergeben sich daraus, in Verbindung mit dem Versagenskriterium in Gleichung (3-27) die in Tabelle 3-40 angegebenen Torsions- und Rollschubfestigkeiten.

Tabelle 3-40   Schubfestigkeiten in den Kreuzungsflächen von rechtwinklig mitei-
nander verklebten Brettern (Reihen A 600 und A 300)

$f_{v,tor,mean}$ in N/mm²	$f_{v,tor,k}$ in N/mm²	$f_{R,mean}$ in N/mm²	$f_{R,k}$ in N/mm²
3,98	2,76	1,71	1,19

3.7.5 Zusammenfassung

Zur Ermittlung der Tragfähigkeit von Brettsperrholzträgern mit Ausklinkungen wurden 15 Träger mit konstantem Verhältnis h_e/h = 0,5 und annähernd konstantem Verhältnis c/h geprüft. Bei 87% der geprüften Träger trat das Versagen durch Erreichen der Schubfestigkeit in den Kreuzungsflächen unmittelbar neben den Ausklinkungen ein. Die unter den Höchstlasten erreichten Schubspannungskomponenten in den Kreuzungsflächen wurden mit Hilfe der in Abschnitt 3.2 hergeleiteten Gleichungen berechnet. Spannungsspitzen im Bereich der Ausklinkungen wurden durch einen Beiwert zur Erhöhung der Torsionsschubspannungen berücksichtigt, der mit Hilfe einer Parameterstudie ermittelt wurde. Die Versagensmechanismen 1 und 2 blieben bei der Versuchsauswertung unberücksichtigt, da bei den durchgeführten Versuchen kein Schubversagen in den Brettlamellen beobachtet wurde.

Die aus den Versuchsergebnissen ermittelten Schubfestigkeiten $f_{v,tor}$ und f_R stimmen, wie bereits bei den Trägern mit Durchbrüchen, gut mit den in Tabelle 3-3 angegebenen Festigkeiten überein, die durch Kleinversuche ermittelt wurden.

3.8   Träger mit Queranschlüssen

3.8.1 Allgemeines

Bei Queranschlüssen in Bauteilen aus Brettsperrholzträgern, die in Richtung der Plattenebene beansprucht werden, wirken die Querlagen wie seitlich aufgeklebte Bretter oder Holzwerkstoffplatten bei verstärkten Queranschlüssen in Brettschichtholz. Während bei Queranschlüssen in Brettschichtholz die Verstärkungen nur für die rechtwinklig zur Faserrichtung wirkende Kraftkomponente bemessen werden müssen, können in den Kreuzungsflächen von Bauteilen aus Brettsperrholz auch aus einer Biegebeanspruchung resultierende Torsionsschubspannungen und Schubspannungen in Richtung der Trägerachse auftreten, die beim Nachweis der Schubspannungen in den Kreuzungsflächen ebenfalls zu berücksichtigen sind.

3.8.2 Prüfkörper

Zur Ermittlung der Tragfähigkeit von Brettsperrholzträgern mit Queranschlüssen wurden zwei Versuchsreihen mit jeweils 5 Versuchen durchgeführt. Geprüft wurden Einfeldträger mit Queranschlüssen an den Trägerauflagern und in Feldmitte. Die Stützweite betrug bei beiden Versuchsreihen das 3,5-fache der Trägerhöhe. Alle Queranschlüsse wurden mit Vollgewindeschrauben mit einem Durchmesser von 6 mm hergestellt, die bis zur Mitte der Trägerhöhe eingedreht wurden. Die Länge der Queranschlüsse in Richtung der Trägerachse betrug 90 mm bei den Anschlüssen am Trägerauflager und 150 mm bei den Anschlüssen in Feldmitte. Die Abmessungen und der Lagenaufbau der Prüfkörper können Bild 3-32 sowie Tabelle 3-41 entnommen werden.

Tabelle 3-41   Abmessungen der Prüfkörper für die Versuchsreihen mit Trägern mit Queranschlüssen

Reihe	Anzahl	Abmessungen in mm				
		h	t_{gross}	L	t_{long}	t_{cross}
Q 300/95	5	300	100	1200	40	15
Q 300/110	5	300	110	1200	40	30

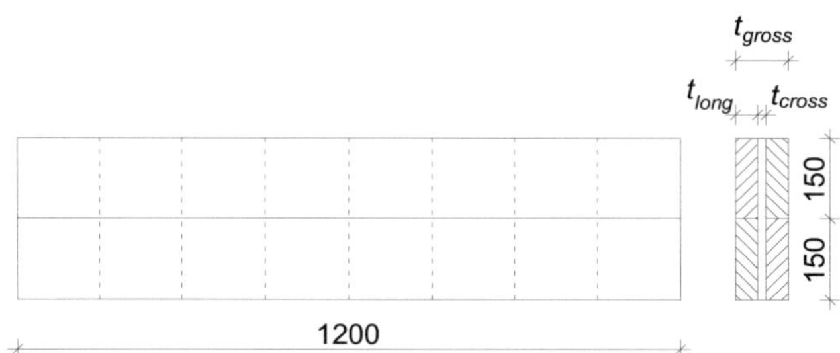

Bild 3-32   Ansicht und Lagenaufbau der Träger mit Queranschlüssen;
Reihen Q300/100 und Q300/110 (Maße in mm)

Die Lamellen der Prüfkörper wurden aus Brettern der Sortierklasse S10 / Festigkeitsklasse C24 hergestellt. Die Lamellenbreite in den Längs- und Querlagen betrug bei beiden Versuchsreihen konstant 150 mm. Zur Überprüfung der Brettqualität wurde nach der Versuchsdurchführung von allen Längsbrettern die Rohdichte ermittelt und mit der von der Holzforschung München ermittelten, mittleren Rohdichte für diese Sortierklasse verglichen. Die Vorgehensweise ist in Abschnitt 2.2.4 beschrieben. Die Holzfeuchte der Längsbretter betrug im Mittel 9,6%.

Tabelle 3-42   Träger mit Queranschlüssen – Darrrohdichte der Bretter in den Längslagen in kg/m³

Reihe	Mittelwert Prüfkörper					Mittelwert Versuchsreihe	S10
	1	2	3	4	5		
Q 300/95	440	435	398	394	420	417	412
Q 300/110	425	423	435	439	415	427	

3.8.3 Versuchsdurchführung

Die Belastung wurde bis 30% der geschätzten Höchstlast F_{est} kraftgesteuert mit einer konstanten Belastungsgeschwindigkeit von 0,2 · F_{est} pro Minute aufgebracht. Oberhalb von 0,3 · F_{est} bis zum Bruch wurde die Belastung weggesteuert mit konstanter Vorschubgeschwindigkeit aufgebracht. Bei allen Versuchen wurde die Geschwindigkeit des Belastungskolbens so gewählt, dass die geschätzte Höchstlast F_{est} innerhalb von

300 s ± 120 s erreicht wurde. Die Versuchsanordnung ist in Bild 3-33 dargestellt.

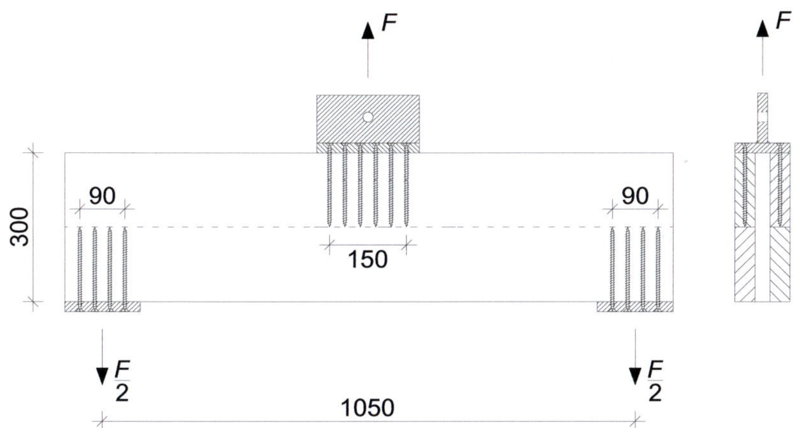

Bild 3-33   Versuchsanordnung für die Ermittlung der Tragfähigkeit von Trägern mit Queranschlüsse; Reihen Q 300/100 und Q 300/110 (Maße in mm)

3.8.4   Ergebnisse und Auswertung

Bei fünf der insgesamt zehn Versuche versagten die auf Herausziehen beanspruchten Schraubenverbindungen bevor die Tragfähigkeit der Brettsperrholzträger erreicht wurde. Die restlichen fünf Träger versagten durch Erreichen der Schubfestigkeit in den Kreuzungsflächen, drei davon in Trägermitte, zwei an einem der beiden Auflager.

Bild 3-34   Schubversagen in den Kreuzungsflächen an den Auflagern bei den Prüfkörpern Q 300/95-3 (links) und Q 300/110-1 (rechts)

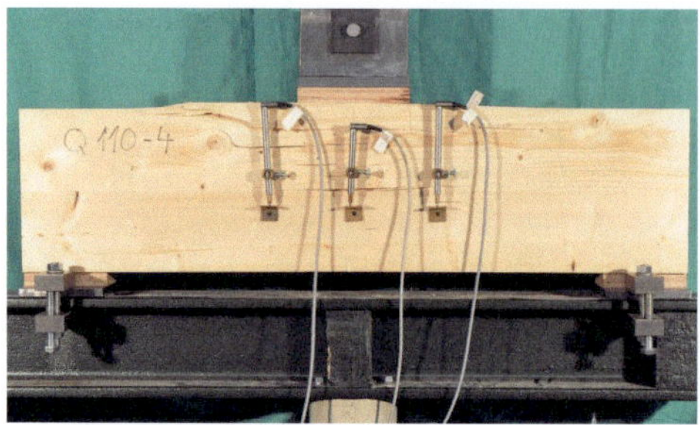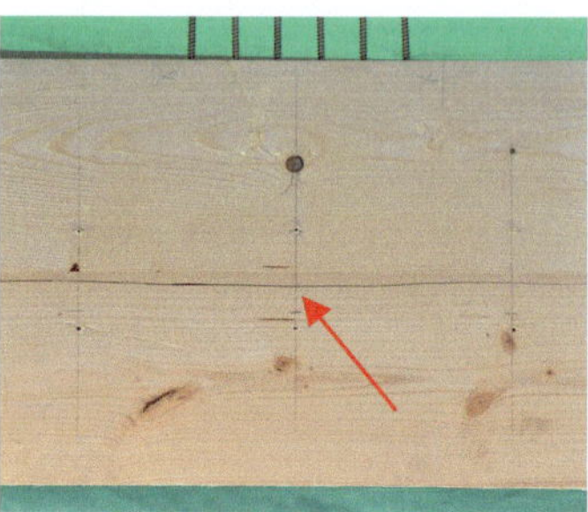

Bild 3-35   Schubversagen in den Kreuzungsflächen in Trägermitte bei den Prüfkörpern Q 300/110-4 (links) und Q 300/110-5 (rechts)

Bei der Auswertung der Versuche wurden die unter der Höchstlast aufgetretenen Schubspannungen in den Kreuzungsflächen und die Zugspannungen in den Querbrettern an den Auflagern und in Trägermitte ermittelt. Grundsätzlich können auch bei Biegeträgern mit Queranschlüssen die Schubspannungen in den Kreuzungsflächen mit Hilfe der Gleichungen (3-20), (3-22) oder (3-23) zur Berechnung der Torsionsschubspannung bei prismatischen Stäben berechnet werden. Aufgrund der sehr kleinen Spannweite liefern die in Abschnitt 3.2 angegebenen Gleichungen jedoch für die geprüften Träger keine zutreffenden Ergebnisse. Die Torsionsschubspannungen und die Schubspannungen in Richtung der Trägerachse wurden daher zusätzlich mit Hilfe des in Bild 3-36 dargestellten Gittermodells ermittelt (s.a. Anlage 2).

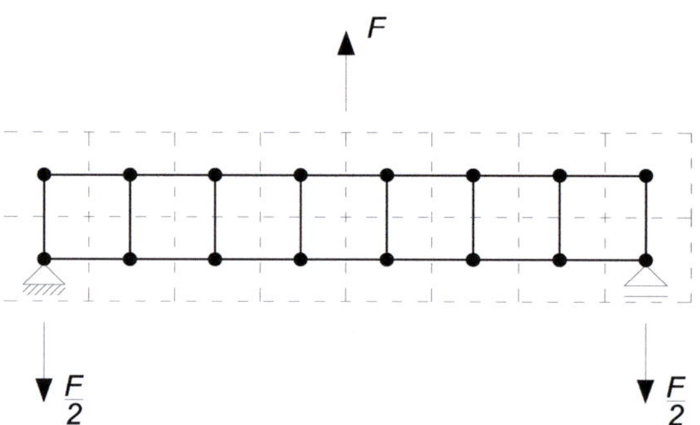

Bild 3-36   Gittermodell zur Ermittlung der Schubspannungen in den Kreuzungsflächen bei den Prüfkörpern der Reihen Q300/95 und Q300/110

Tabelle 3-43   Träger mit Queranschlüssen – Schubspannungen in den Kreuzungsflächen für F = 100 kN

Reihe	$\tau_{tor,Mitte}$ in N/mm²	$\tau_{yx,Mitte}$ in N/mm²	$\tau_{tor,Auflager}$ in N/mm²	$\tau_{yx,Auflager}$ in N/mm²
nach Abschnitt 3.2	1,25	0,83	1,25	0,83
Gittermodell	0,45	0,22	0,89	0,51
Verhältnis	2,78	3,77	1,40	1,63

Im Gittermodell treten in den Querbrettern unmittelbar neben den Knoten, in denen die Lasteinleitung erfolgt nur noch geringe Normalkräfte auf. Da bei den Prüfkörpern die maximale Länge der Queranschlüsse gerade der Breite eines Querbrettes entspricht, wurde bei der Ermittlung der in den Kreuzungsflächen rechtwinklig zur Trägerachse wirkenden Schubspannungskomponente angenommen, dass die Übertragung der Kraft $F_{t,90}$ über die Kreuzungsflächen eines einzigen Querbrettes erfolgt.

$$\tau_{yz} = \frac{F_{t,90}}{n_{CA} \cdot a \cdot b_{cross}}$$

(3-62)

Dabei ist

$F_{t,90,Q}$ über die Kreuzungsflächen zu übertragende Kraftkomponente rechtwinklig zur Trägerachse

a Abstand des (obersten) Verbindungsmittels vom beanspruchten Rand

n_{CA} Anzahl der Klebefugen zwischen Längs- und Querlagen in Richtung der Bauteildicke

b_{cross} Lamellenbreite in den Querlagen

Entsprechend ergibt sich die Zugspannung in den Querbrettern zu:

$$\sigma_{t,0} = \frac{F_{t,90}}{t_{net,cross} \cdot b_{cross}}$$

(3-63)

Die Zugkraft $F_{t,90}$ kann nach DIN 1052, Abschnitt 11.4.2 berechnet werden als:

$$F_{t,90} = \left[1 - 3 \cdot \left(\frac{a}{h} \right)^2 + 2 \cdot \left(\frac{a}{h} \right)^3 \right] \cdot F_{90} \tag{3-64}$$

mit

F_{90} Anschlusskraft rechtwinklig zur Trägerachse

Für die Anschlüsse bei den Prüfkörpern der Reihen Q300/95 und Q300/110 ergibt sich mit $a/h = 0{,}5$:

$F_{t,90} = 0{,}5 \cdot F_{max}$ für den Anschluss in Trägermitte

bzw.

$F_{t,90} = 0{,}25 \cdot F_{max}$ für die Anschlüsse an den Trägerauflagern

Die Höchstlasten und die daraus berechneten Schubspannungen in den Kreuzungsflächen und Zugspannungen in den Querbrettern sind in Tabelle 3-44 und Tabelle 3-45 zusammengestellt.

Zur Ermittlung der in den Versuchen erreichten Torsions- und Rollschubfestigkeiten in den Kreuzungsflächen wurde wie bei den Auswertung der Versuchsreihen mit Trägern mit Durchbrüchen und Ausklinkungen ein konstantes Verhältnis der beiden Größen von $f_{v,tor} / f_R = 2{,}33$ angenommen.

In Tabelle 3-46 sind die Mittelwerte und die 5%-Quantile der Torsionsschubfestigkeit und der Rollschubfestigkeit angegeben, die aus den Ergebnissen der insgesamt fünf Prüfkörper ermittelt wurden, bei denen das Versagen durch Erreichen der Schubfestigkeit in den Kreuzungsflächen eintrat. Wie bei den Versuchen in den vorangegangenen Abschnitten stimmen die Schubfestigkeiten gut mit den in Kleinversuchen ermittelten Werten überein.

Tabelle 3-44   *Höchstlasten, Schubspannungen in den Kreuzungsflächen sowie Zugspannungen in den Querlagen und Ausziehparameter der Schrauben bei den Prüfkörpern der Reihe Q300/95 (Spannungen die zum Versagen führten sind <u>unterstrichen</u>)*

Reihe	Versuch	F_{max} in kN	τ_{tor} in N/mm²	τ_{yx} in N/mm²	τ_{yz} in N/mm²	$\sigma_{t,0}$ in N/mm²	f_1 in N/mm²
Q300/95 Mitte	1 [H]	100	0,45	0,22	1,31	24,4	<u>9,92</u>
	2 [H]	111	0,50	0,24	1,45	27,1	11,0
	3 [S]	124	0,56	0,27	1,63	30,4	12,3
	4 [H]	134	0,60	0,29	1,49	29,8	12,4
	5 [H]	134	0,60	0,29	1,49	29,8	12,4
Mittelwert			0,54	0,26	1,47	28,3	11,6
Q300/95 Auflager	1 [H]	100	0,89	0,51	0,65	12,2	7,44
	2 [H]	111	0,99	0,56	0,73	13,5	<u>8,25</u>
	3 [S]	124	<u>1,11</u>	0,63	<u>0,81</u>	15,2	9,24
	4 [H]	134	1,20	0,68	0,74	14,9	<u>9,30</u>
	5 [H]	134	1,20	0,68	0,74	14,9	<u>9,31</u>
Mittelwert			1,08	0,61	0,74	14,1	8,71

[H] Versagen der Schraubenverbindung auf Herausziehen

[S] Schubversagen in den Kreuzungsflächen

Tabelle 3-45   Höchstlasten, Schubspannungen in den Kreuzungsflächen sowie Zugspannungen in den Querlagen und Ausziehparameter der Schrauben bei den Prüfkörpern der Reihe Q300/110 (Spannungen die zum Versagen führten sind <u>unterstrichen</u>)

Reihe	Versuch	F_{max} in kN	τ_{tor} in N/mm²	τ_{yx} in N/mm²	τ_{yz} in N/mm²	$\sigma_{t,0}$ in N/mm²	f_1 in N/mm²
	1 [S]	142	0,64	0,31	1,58	15,8	13,2
	2 [S]	107	<u>0,48</u>	0,23	<u>1,19</u>	11,9	9,92
Q300/110 Mitte	3 [H]	110	0,49	0,24	1,23	12,3	<u>10,2</u>
	4 [S]	133	<u>0,60</u>	0,29	<u>1,48</u>	14,8	12,3
	5 [S]	138	<u>0,62</u>	0,30	<u>1,53</u>	15,3	12,8
Mittelwert			0,56	0,27	1,40	14,0	11,7
	1 [S]	142	<u>1,27</u>	0,72	<u>0,79</u>	7,90	9,88
	2 [S]	107	0,96	0,55	0,60	5,95	7,44
Q300/110 Auflager	3 [H]	110	0,99	0,56	0,61	6,13	7,66
	4 [S]	133	1,19	0,68	0,74	7,40	9,25
	5 [S]	138	1,23	0,70	0,77	7,65	9,56
Mittelwert			1,13	0,64	0,70	7,01	8,76

Fußnoten siehe Tabelle 3-44

Tabelle 3-46   Schubfestigkeiten in den Kreuzungsflächen von rechtwinklig miteinander verklebten Brettern (Reihen A 600 und A 300)

$f_{v,tor,mean}$ in N/mm²	$f_{v,tor,k}$ in N/mm²	$f_{R,mean}$ in N/mm²	$f_{R,k}$ in N/mm²
3,52	2,39	1,51	1,02

Für die Prüfkörper, bei denen das Versagen durch Erreichen der Ausziehtragfähigkeit der Schraubenverbindungen erreicht wurde, wurde aus den Höchstlasten der Ausziehparameter f_1 der Schrauben berechnet. Im Mittel ergab sich ein Ausziehparameter von nur 9,40 N/mm². Dieser Wert ist deutlich geringer, als der in Versuchen mit einzelnen Schrauben ermittelte Ausziehparameter der verwendeten Schrauben mit einem Mittelwert von 16,0 N/mm². Ursache für die großen Unterschiede könnte ein Gruppeneffekt bei auf Herausziehen beanspruchten Schrauben sein. Bei den durchgeführten Versuchen könnten auch im Bereich der Queranschlüsse in den Längsbrettern auftretende Rollschubspannungen die Tragfähigkeit der Schraubenverbindung ungünstig beeinflusst haben (s. Bild 3-37).

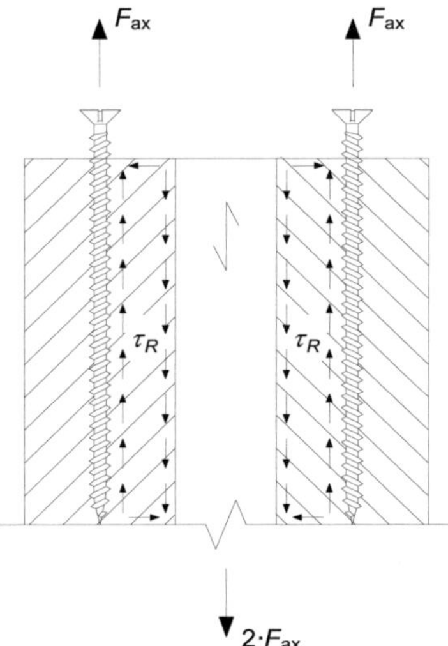

Bild 3-37   Rollschubspannungen in den Brettlamellen von Brettsperrholzträgern mit rechtwinklig zur Stabachse beanspruchten Anschlüssen mit auf Herausziehen beanspruchten Vollgewindeschrauben

Die geringen Tragfähigkeiten der Schraubenverbindungen zeigen, dass die Bemessung von Verbindungen mit mehreren rechtwinklig zur Faserrichtung eingedrehten, auf Herausziehen beanspruchten Vollgewindeschrauben mit den in den Zulassungen angegebenen Ausziehparametern zu unsicheren Ergebnissen führen kann. Zur Klärung der geringen Ausziehtragfähigkeiten sollten daher weitere Versuche mit Gruppen von auf Herausziehen beanspruchten Schrauben durchgeführt werden.

3.8.5 Zusammenfassung

Zur Ermittlung der Tragfähigkeit von Queranschlüssen bei in Plattenebene beanspruchten Brettsperrholzträgern wurden 10 kurze Biegeträger mit Queranschlüssen an den Auflagern und in Trägermitte geprüft. Da die in Abschnitt 3.2 angegebenen Gleichungen zur Berechnung der Schubspannungen in den Kreuzungsflächen erst im Laufe der Arbeit entstanden, wurden das Tragverhalten und die Tragfähigkeit der Queranschlüsse bei der Planung der Versuche nicht zutreffend eingeschätzt. Infolgedessen trat nur bei der Hälfte der Prüfkörper das gewünschte Versagen durch Erreichen der Schubfestigkeit in den Kreuzungsflächen auf. Wegen der kurzen Stützweite der Träger wurden die unter den Höchstlasten erreichten Schubspannungen in den Kreuzungsflächen mit Hilfe eines Gittermodells berechnet. Die aus den Versuchsergebnissen ermittelten Schubfestigkeiten sind im Vergleich mit den bei Trägern mit Durchbrüchen und Ausklinkungen ermittelten Werten geringer, stimmen aber dennoch gut mit den in Tabelle 3-3 angegebenen Festigkeiten überein.

3.9   Weitere experimentelle Untersuchungen

3.9.1 Ermittlung der Rollschubfestigkeit und des Rollschubmoduls

In Versuchen mit rechtwinklig zur Plattenebene beanspruchten Brettsperrholzträgern wird auch bei großen Stützweiten das Versagen immer wieder durch Erreichen der Rollschubfestigkeit in quer zur Spannweite orientierten Brettlagen ausgelöst. Um diese Versagensform, die auch bei hauptsächlich in Plattenebene beanspruchten Biegeträgern aus Brettsperrholz mit Biegemomenten um die schwache Achse auftreten kann, mit Hilfe des Rechenmodells abbilden zu können, wurden Versuche zur Ermittlung der Rollschubfestigkeit durchgeführt und eine Regressionsgleichung in Abhängigkeit der im Rechenmodell verfügbaren Kenngrößen bestimmt. Insgesamt wurden 386 Druckscherversuche durchgeführt. Um einen möglichen Einfluss der Brettdicke sowie des Winkels zwischen der einwirkenden Kraft und der Scherfuge untersuchen zu können, wurden beide Parameter innerhalb der Versuchsreihen variiert.

Tabelle 3-47   Prüfkörper der Versuchsreihen zur Ermittlung der Rollschubfestigkeit und des Rollschubmoduls

Reihe	t_{cross} in mm	h in mm	b in mm	α in °	Anzahl
20-1				20	43
20-2	20	100	150	31	44
20-3				36	43
25-1				21	41
25-2	25	120	150	25	40
25-3				30	40
27-1				16	39
27-2	27	150	150	21	37
27-3				25	38
40-1				23	7
40-2	40	165	150	35	7
40-3				38	7

Bei der Versuchsdurchführung wurde die Last von Beginn an bis zum Bruch weggesteuert, mit einer Geschwindigkeit des Belastungskolbens von 0,5 mm/min, aufgebracht. Die Versuchsanordnung ist in Bild 3-38 dargestellt.

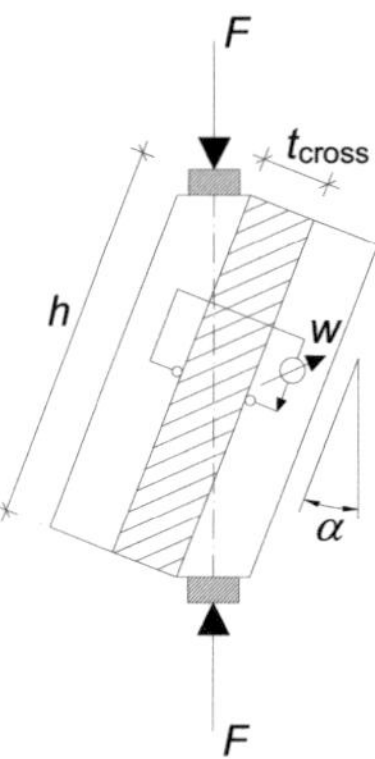

Bild 3-38   Druckscherversuche zur Ermittlung des Rollschubmoduls und
der Rollschubfestigkeit von Brettlamellen

Aus der parallel zur Klebefuge wirkenden Kraftkomponente der Höchstlast wurde die Rollschubfestigkeit nach Gleichung (3-65) berechnet. Zur Ermittlung des Rollschubmoduls wurde die Verschiebung parallel zur Klebefuge berührungsfrei mit Hilfe eines optischen Systems gemessen. Aus der Steigung der Last-Verformungskurve im Abschnitt zwischen 10% und 40% der Höchstlast wurde der Rollschubmodul nach Gleichung (3-66) berechnet.

$$f_R = \frac{F \cdot \cos \cdot \alpha}{h \cdot b} \tag{3-65}$$

$$G_R = \frac{\Delta F_{10-40} \cdot t_{cross} \cdot \cos \alpha}{\Delta u_{10-40} \cdot h \cdot b} \tag{3-66}$$

Als weitere mögliche Einflussgrößen, deren Korrelation mit der Rollschubfestigkeit und dem Rollschubmodul im Rahmen einer Regressionsanalyse untersucht werden sollten, wurden die Rohdichte, die Jahrringbreite und die Jahrringlage der geprüften Brettabschnitte ermittelt. Für die Jahrringbreite und die Rohdichte sind die Häufigkeitsverteilungen in Bild 3-39 und Bild 3-40 angegeben. Die ermittelten Häufigkeitsverteilungen für den Rollschubmodul und die Rollschubfestigkeit sind in Bild 3-41 und Bild 3-42 angegeben.

Bei der Ermittlung der Jahrringlage wurde wegen der über die Lamellenbreite variierenden Winkel zwischen den Tangenten der Jahrringe und den Brettaußenkanten eine Unterteilung nach dem Einschnitt in die vier in Bild 3-49 dargestellten Gruppen vorgenommen. Mit der gewählten Unterteilung waren mehr als zwei Drittel der geprüften Brettabschnitte als Seitenbretter einzustufen, etwa ein Viertel waren Halbriftbretter. Die Anzahl der Rift- und Markbretter war vernachlässigbar gering, sodass im Wesentlichen nur zwei der vier unterschiedenen Typen der Jahrringlage auftraten.

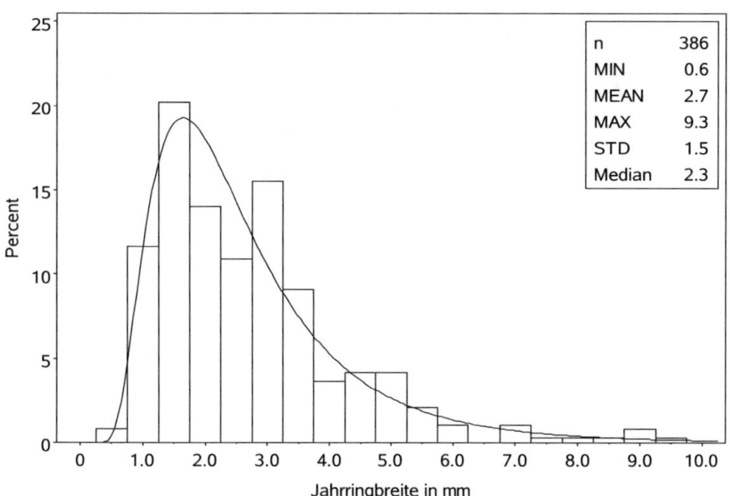

Bild 3-39   Häufigkeitsverteilung der mittleren Jahrringbreite in den Querlagen der Druckscherprüfkörper

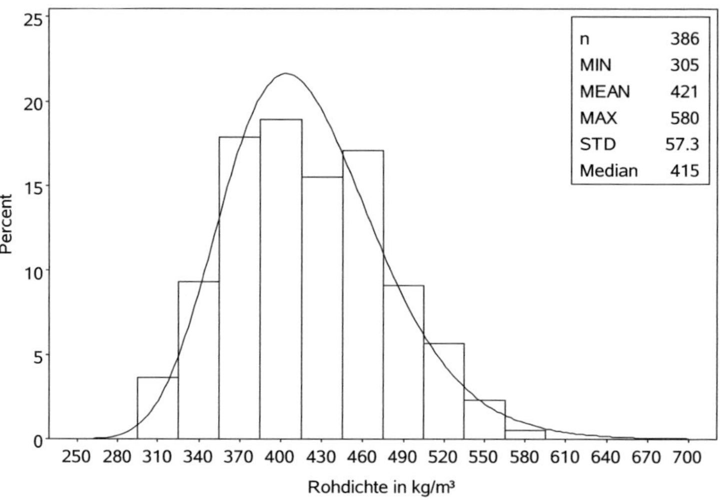

Bild 3-40   Häufigkeitsverteilung der Darrrohdichte der Querlagen der Druck-scherprüfkörper

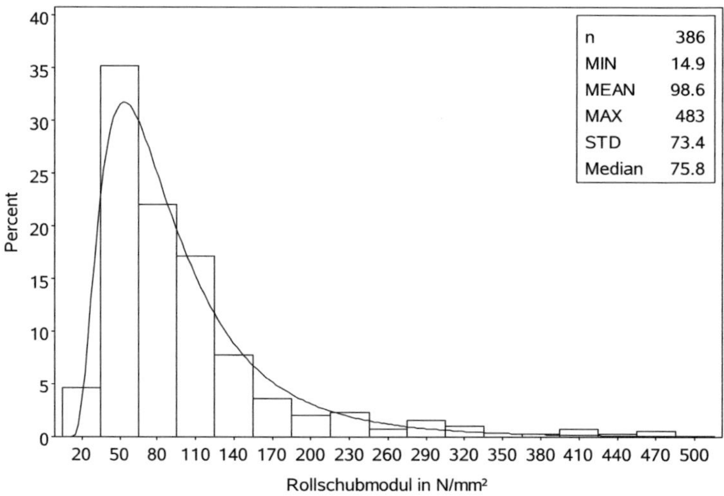

Bild 3-41   Häufigkeitsverteilung des statisch gemessenen Rollschubmoduls

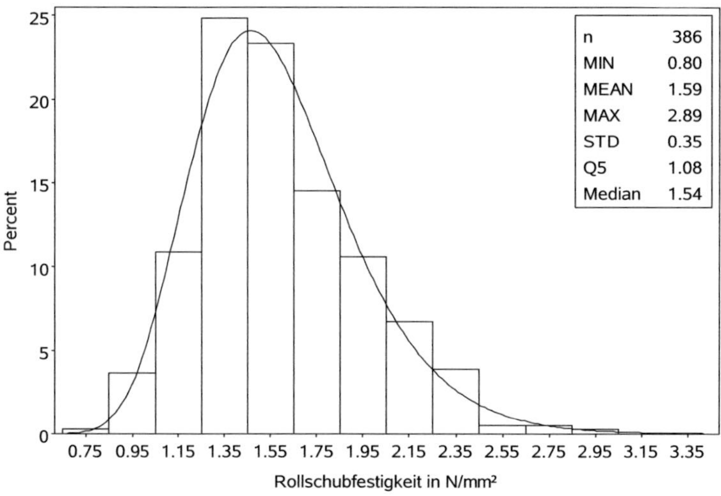

Bild 3-42   Häufigkeitsverteilung der Rollschubfestigkeit

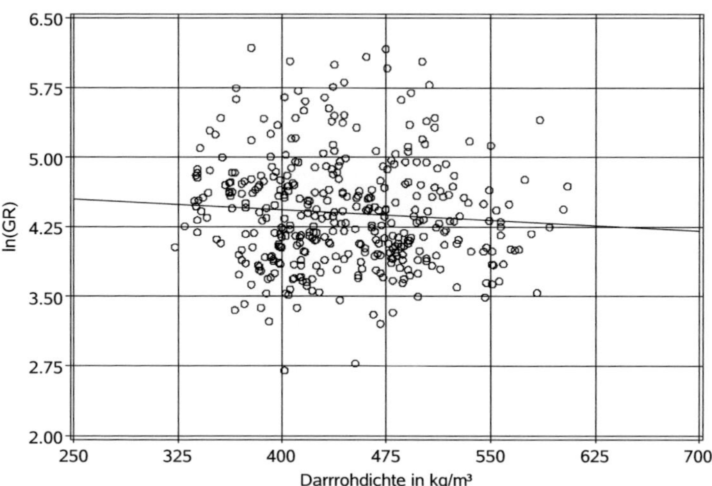

Bild 3-43   Logarithmus des Rollschubmoduls über der Darrrohdichte

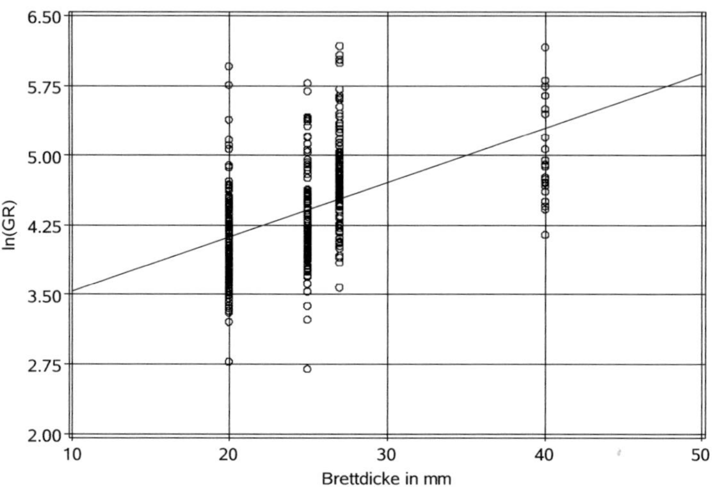

Bild 3-44   Logarithmus des Rollschubmoduls über der Brettdicke

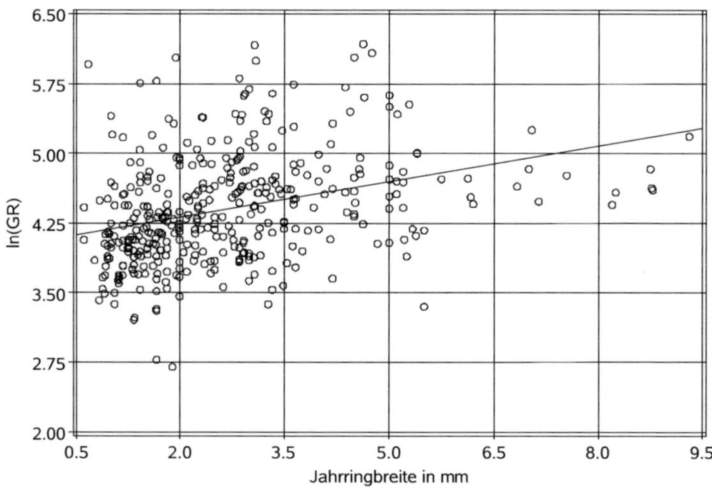

Bild 3-45   Logarithmus des Rollschubmoduls über der Jahrringbreite

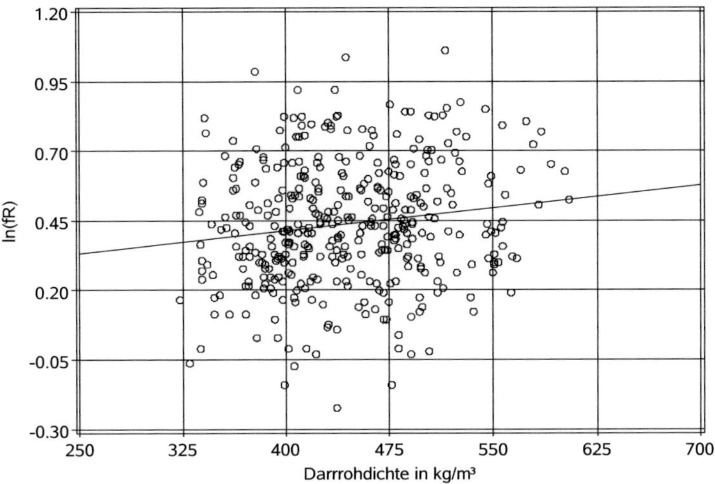

Bild 3-46 Logarithmus der Rollschubfestigkeit über der Darrrohdichte

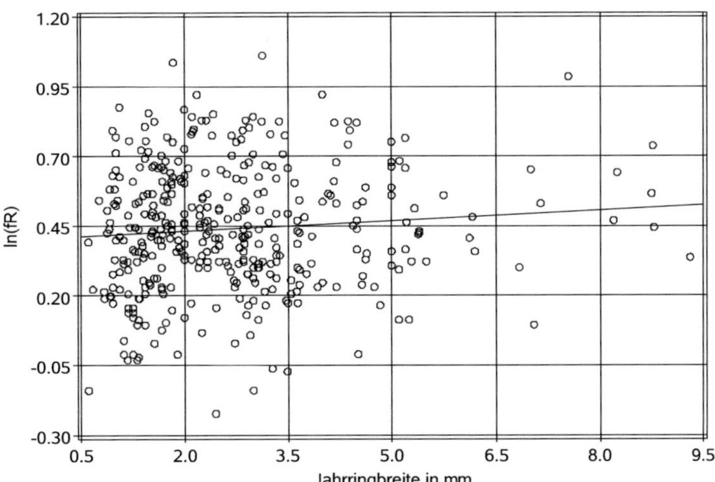

Bild 3-47 Logarithmus der Rollschubfestigkeit über der Jahrringbreite

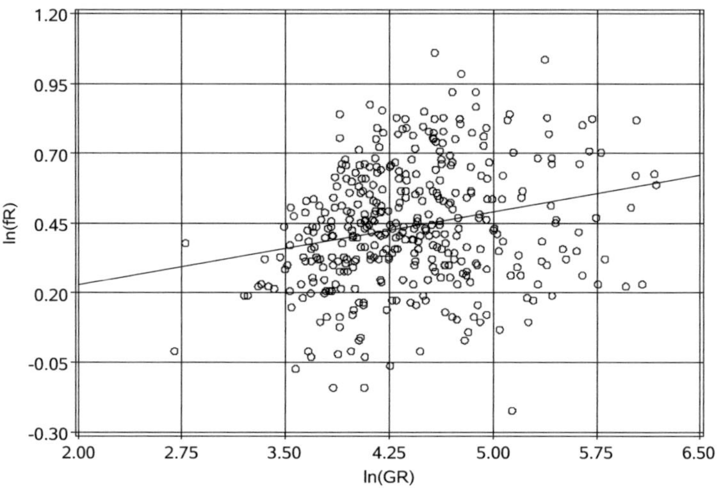

*Bild 3-48   Logarithmus der Rollschubfestigkeit über dem Logarithmus des Roll-
schubmoduls*

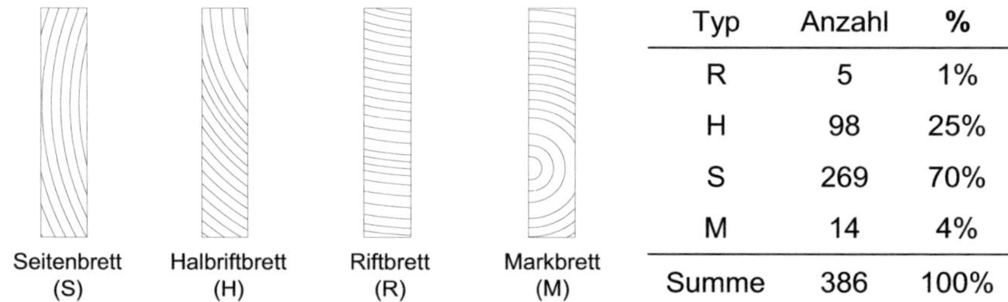

Typ	Anzahl	%
R	5	1%
H	98	25%
S	269	70%
M	14	4%
Summe	386	100%

Bild 3-49   Unterscheidung der Jahrringlage bei den geprüften Brettabschnitten

Im Rahmen der durchgeführten Regressionsanalyse konnte kein signifikanter Zusammenhang zwischen der Jahrringlage und dem Rollschubmodul und zwischen der Jahrringlage und der Rollschubfestigkeit festgestellt werden. Die in den Druckscherversuchen ermittelten Rollschubmoduln stimmen jedoch gut mit den von Aicher und Dill-Langer (2000)
für vergleichbare Jahrringlagen angegebenen Werten überein, die mit
Hilfe von FE-Berechnungen ermittelt wurden.
Eine signifikante Abhängigkeit der Rollschubfestigkeit von der rechtwinklig zur Scherfuge wirkenden Kraftkomponente konnte anhand der Versuchsergebnisse ebenfalls nicht festgestellt werden. Die vermutete Ab-

hängigkeit der Rollschubfestigkeit von einer gleichzeitig einwirkenden Druckspannung quer zur Faserrichtung kann daher durch die vorliegenden Versuchsergebnisse nicht bestätigt werden.

Für Rohdichte, Brettdicke und Jahrringbreite bzw. Rollschubmodul, Rohdichte und Jahrringbreite konnte hingegen ein aus statistischer Sicht signifikanter Zusammenhang mit den Regressanden Rollschubmodul und Rollschubfestigkeit nachgewiesen werden. Durch eine multiple Regressionsanalyse wurden die beiden folgenden Regressionsgleichungen ermittelt:

$$\ln(G_R) = 1,71 + 2,46 \cdot 10^{-3} \cdot \rho_0 + 5,32 \cdot 10^{-2} \cdot t_q + 1,27 \cdot 10^{-1} \cdot t_{JR} \qquad (3\text{-}67)$$

$$r = 0,536 \qquad s_R = 0,500$$

$$\text{mit } G_R \text{ in N/mm}^2; \ \rho_0 \text{ in kg/m}^3; t_q, t_{JR} \text{ in mm}$$

$$\ln(f_R) = -0,359 + 7,21 \cdot 10^{-2} \cdot \ln(G_R) + 9,83 \cdot 10^{-4} \cdot \rho_0 + 2,46 \cdot 10^{-2} \cdot t_{JR} \quad (3\text{-}68)$$

$$r = 0,315 \qquad s_R = 0,210$$

$$\text{mit } f_R, G_R \text{ in N/mm}^2; \ \rho_0 \text{ in kg/m}^3; t_{JR} \text{ in mm}$$

Die verhältnismäßig geringen Korrelationskoeffizienten und die großen Vertrauensintervalle der beiden Regressionsgleichungen legen die Vermutung nahe, dass neben den verwendeten Regressoren weitere physikalische oder strukturelle Eigenschaften existieren, mit denen ein Teil der Streuung der beiden Größen erklärt werden kann. Zur Ermittlung dieser Eigenschaften und ihres Einflusses müssten Versuchsreihen durchgeführt werden, bei denen systematisch bereits bekannte Einflussgrößen konstant gehalten werden.

In Bild 3-50 und Bild 3-51 sind die in den Versuchen ermittelten Rollschubmoduln und Rollschubfestigkeiten über den Vorhersagewerten nach den Gleichungen (3-67) und (3-68) aufgetragenen.

Im Rechenmodell sind von den in den Regressionsgleichungen verwendeten Regressoren nur die Rohdichte und die Brettdicke verfügbar. Für die Simulation des Rollschubmoduls und der Rollschubfestigkeit muss daher die Jahrringbreite anhand der experimentell ermittelten Häufigkeitsverteilung mit Hilfe der Monte-Carlo Methode zufällig erzeugt werden.

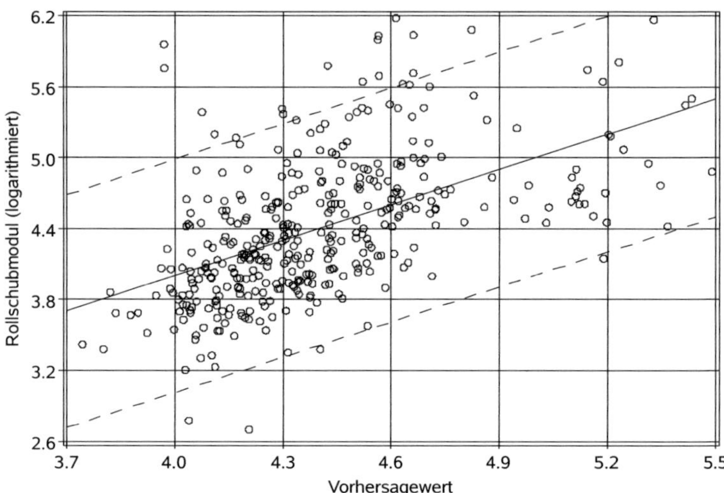

Bild 3-50   Logarithmus des Rollschubmoduls über dem Vorhersagewert nach Gleichung (3-67) mit 95%-Vertrauensgrenzen

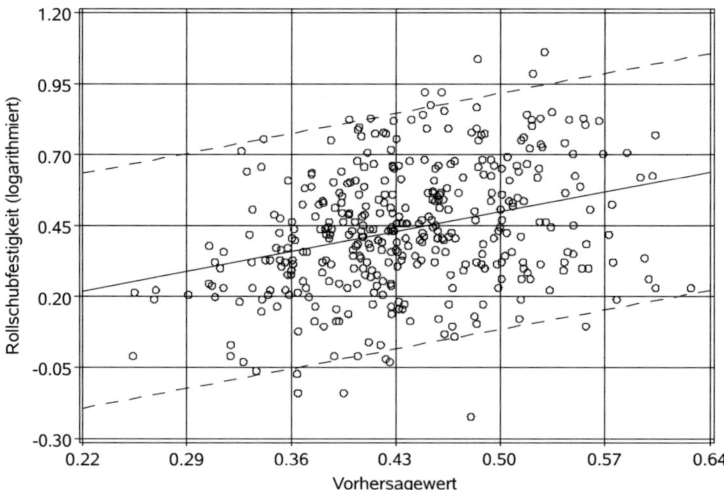

Bild 3-51   Logarithmus der Rollschubfestigkeit über dem Vorhersagewert nach Gleichung (3-68) mit 95%-Vertrauensgrenzen

Die Mittelwerte der durch Schwingungsmessung und Druckscherversuche ermittelten Rollschubmoduln unterscheiden sich trotz der großen Anzahl der Messwerte in beiden Versuchsreihen deutlich. Der Grund für die Abweichungen ist zu einem großen Anteil in den verwendeten Messverfahren zu sehen. Wegen der starken Abhängigkeit von der Jahrringlage ist der Rollschubmodul in Richtung der Lamellenbreite nicht konstant. Während bei den Druckscherversuchen die Verzerrung über die Höhe h der Prüfkörper (vgl. Bild 3-38) annähernd konstant ist und damit ein über die Lamellenbreite gemittelter Rollschubmodul gemessen wird, sind bei der ersten Grundschwingung die Verzerrungen in der Nähe der Wendepunkte der Biegelinie am größten. Der Rollschubmodul in diesen Bereichen hat daher einen größeren Einfluss auf die gemessenen Eigenfrequenzen als der Rollschubmodul in der Mitte und am Rand der Prüfkörperlänge.

3.9.2 Ermittlung der Schubfestigkeit von Brettsperrholzträgern aus Biegeversuchen

Zur Überprüfung des Versagenskriteriums in Gleichung (3-27) für den Nachweis der Schubspannungen in den Kreuzungsflächen wurden die Ergebnisse von Biegeversuchen nach CUAP 03.04/06 zur Ermittlung der Schubfestigkeit erneut ausgewertet. Der Aufbau der geprüften Träger war dreilagig, mit zwei Längslagen und einer Querlage. Die Querschnittshöhe betrug 150 mm, wobei die Längslagen in der Mitte der Querschnittshöhe durch einen Sägeschnitt der Länge nach aufgetrennt waren. Die Spannweite der Träger betrug das 9-fache der Querschnittshöhe.

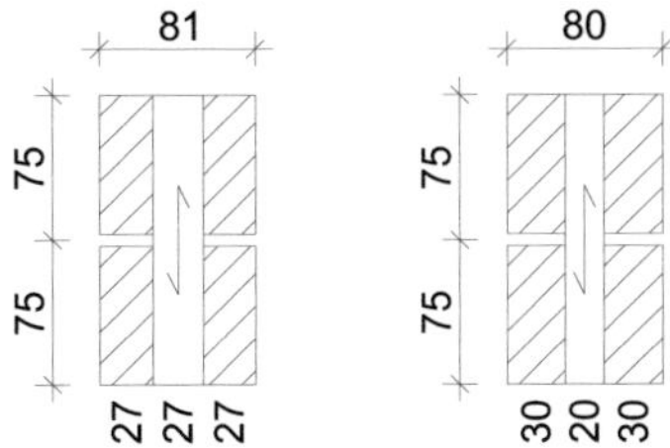

Bild 3-52   Querschnitte der nach CUAP 03.04/06 geprüften Träger der Reihen 27-27-27 (links) und 30-20-30 (rechts)

Bei der Neuauswertung der Versuche wurden die Schubspannungskomponenten τ_{yx}, τ_{yz} und τ_{tor} nach den Gleichungen (3-8), (3-20) und (3-24) berechnet. Die Ermittlung der Schubfestigkeiten in Tabelle 4-2 erfolgte wie bei der Auswertung der in den Abschnitten 3.6, 3.7 und 3.8 beschriebenen Versuche unter der Annahme eines konstanten Verhältniswertes $f_{v,tor}$ / $f_{v,yx}$ von 2,33, das anhand der Ergebnisse von Versuchen mit einzelnen Kreuzungsflächen bestimmt wurde (vgl. Tabelle 3-3, Abschnitt 3.3.3).

Tabelle 3-48   Aus Biegeversuchen nach CUAP 03.04/06 ermittelte Schubfestigkeiten in den Kreuzungsflächen von Biegeträgern

Reihe 27-27-27			Reihe 30-20-30		
ρ	$f_{v,tor}$	f_R	ρ	$f_{v,tor}$	f_R
in kg/m³	in N/mm²	in N/mm²	in kg/m³	in N/mm²	in N/mm²
431	3,68	1,58	517	4,64	1,99
433	4,43	1,90	540	6,49	2,78
430	3,72	1,59	484	6,05	2,59
417	3,72	1,59	474	3,66	1,57
411	3,51	1,50	416	6,26	2,68
419	3,61	1,55	480	6,33	2,71
MEAN	3,78	1,62	MEAN	5,57	2,39

Die für die Prüfkörper der Reihe 27-27-27 ermittelten Schubfestigkeiten stimmen gut mit den in Tabelle 3-3 angegebenen Werten überein. Für die Prüfkörper der Reihe 30-20-30, die eine ungewöhnlich hohe Rohdichte von im Mittel 485 kg/m³ aufwiesen, ergeben sich Schubfestigkeiten, die deutlich über den in Kleinversuchen ermittelten Werten liegen.

4 Schubsteifigkeit von Brettsperrholzträgern bei Beanspruchung in Plattenebene

4.1 Kenntnisstand

Bislang wurden nur wenige Versuche zur Ermittlung der Schubsteifigkeit von Brettsperrholz bei Beanspruchung in Plattenebene durchgeführt (Bosl 2002, Traetta et al. 2006). Zur Ermittlung der Verschiebungs- und Verdrehungskenngrößen der Kreuzungsflächen von rechtwinklig miteinander verklebten Brettern, liegen hingegen Ergebnisse mehrerer Versuchsreihen vor. In Tabelle 4-1 sind die Verschiebungsmoduln K, die durch Versuche an kleinen Prüfkörpern ermittelt wurden zusammengestellt.

Tabelle 4-1 Experimentell ermittelte Verschiebungsmoduln der Kreuzungsflächen von rechtwinklig miteinander verklebten Brettern

Quelle	Beschreibung der Prüfkörper	Beanspruchung	n	K_{mean} in N/mm³
Blaß/Görlacher (2002)	einzelne Kreuzungsfläche	Moment	30	4,87
Jöbstl (2004)	einzelne Kreuzungsfläche	Moment	81	3,45
Wallner (2004)	zwei symmetrische Kreuzungsflächen	Kraft	122	4,26

Versuche zur Ermittlung der Torsionssteifigkeit von Kreuzungsflächen wurden von Blaß und Görlacher (2002) und von Jöbstl et al. (2004) durchgeführt. In beiden Versuchsreihen wurden deutlich voneinander verschiedene Verschiebungsmoduln K ermittelt. Die Unterschiede sind jedoch mit hoher Wahrscheinlichkeit auf die verschiedenen Versuchsanordnungen, insbesondere die Messung der Verdrehungswinkel zurückzuführen. Bei den von Jöbstl et al. durchgeführten Versuchen wurde die gegenseitige Verdrehung auf der Rückseite der beiden verklebten Bretter gemessen. In den aus diesen Versuchen ermittelten Verschiebungsmoduln K sind daher nicht nur die Rollschubverformungen in unmittelbarer Nähe der Klebefugen, sondern auch die Schubverzerrungen innerhalb der Dicke der beiden miteinander verklebten Bretter enthalten. Die von Blaß und Görlacher angegebenen Werte enthalten hingegen nur Schubverzerrungen in unmittelbarer Nähe der Klebefugen. Allerdings wurde bei diesen Versuchen das Torsionsmoment mit Hilfe einer Klemmvorrichtung an den Schmalseiten der Bretter eingeleitet. Die von Blaß und Görlacher angegebenen Werte enthalten daher Verformungsanteile, die sich aus den Druckspannungen rechtwinklig zur Faserrichtung im Bereich der Lasteinleitung ergeben. Eine rechnerische Abschätzung der zusätzlichen Verformungsanteile unter Verwendung der Mittelwerte von Elastizitäts- bzw. Schubmodul zeigt, dass die Querdruckverformungen in den von Blaß und Görlacher durchgeführten Versuchen einen deutlich geringeren Einfluss auf den Verschiebungsmodul haben als die Schubverformungen im Falle der von Jöbstl et al. durchgeführten Versuche. Unter Berücksichtigung der unterschiedlichen Versuchsanordnungen können die in den beiden Versuchsreihen ermittelten Verschiebungsmoduln als durchaus vergleichbar angesehen werden.

Wallner (2004) hat Versuche zur Ermittlung des Verschiebungsmoduls von durch Schubkräfte beanspruchten Kreuzungsflächen durchgeführt. Die von ihm angegebenen Werte liegen zwischen den von Blaß und Görlacher und von Jöbstl et al. ermittelten Verschiebungsmoduln, enthalten jedoch ebenfalls Verformungsanteile aus den Schubverzerrungen in den Brettquerschnitten. Die im Vergleich mit den aus Verdrehungen ermittelten Verschiebungsmoduln sehr ähnlichen Ergebnisse der Versuchsreihe deuten darauf hin, dass der Verschiebungsmodul von Kreuzungsflächen bei Beanspruchung durch Torsionsmomente und durch Schubkräfte gleich groß ist.

Da in allen drei Versuchsreihen die Verdrehungen bzw. die Verschiebungen nicht unmittelbar in der Ebene der Kreuzungsflächen gemessen wurden und daher in den Verschiebungsmoduln in Tabelle 4-1 zusätzliche Verformungsanteile außerhalb der Kreuzungsflächen enthalten sind, sind die angegebenen Werte als untere Grenzwerte anzusehen. Dies wird durch die in den Abschnitten 4.4 und 4.3 angegebenen Verschiebungsmoduln, die aus Druckscherversuchen und Biegeversuchen ermittelt wurden, bestätigt. Druckscherversuche zur Ermittlung des Verschiebungsmoduls von Kreuzungsflächen, bei denen die Verschiebungen in unmittelbarer Nähe der Klebefugen gemessen wurden, ergaben einen mittleren Verschiebungsmodul von 7,67 N/mm². Aus dem Unterschied zwischen den in Vierpunktbiegeversuchen ermittelten lokalen und den globalen Biege-E-Moduln wurde ein mittlerer Verschiebungsmodul von 7,58 N/mm² ermittelt.

4.2 Analytischer Ansatz zur Berechnung der Schubverformungen

In Brettsperrholzträgern, die durch Querkräfte in Plattenebene beansprucht werden, treten, wie bei Vollquerschnitten, Schubverformungen, hier in den Lamellen der Längs- und Querlagen auf. Aufgrund der Nachgiebigkeit der Verbindungen zwischen rechtwinklig miteinander verklebten Lamellen, die nicht auf eine Nachgiebigkeit der Klebefugen selbst, sondern auf zusätzliche Verzerrungen in unmittelbarer Nähe der Klebefugen infolge von Rollschubbeanspruchungen zurückzuführen sind, verursachen die in den Kreuzungsflächen wirkenden Schubspannungskomponenten τ_{yx}, τ_{yz} und τ_{tor} zusätzlich Verschiebungen und Verdrehungen zwischen den Lamellen der Längs- und Querlagen. Die gesamte Schubverformung von Brettsperrholzträgern setzt sich daher aus zwei Anteilen zusammen: der Schubverformungen der Brettlamellen und der Schubverformung infolge von Verschiebungen und Verdrehungen in den Kreuzungsflächen. In Bild 4-1 sind die auf den Gesamtquerschnitt eines Brettsperrholzträgers bezogenen Verzerrungen γ_{yx} und γ_{tor}, die sich aus den Verschiebungen und Verdrehungen in den Kreuzungsflächen ergeben, dargestellt.

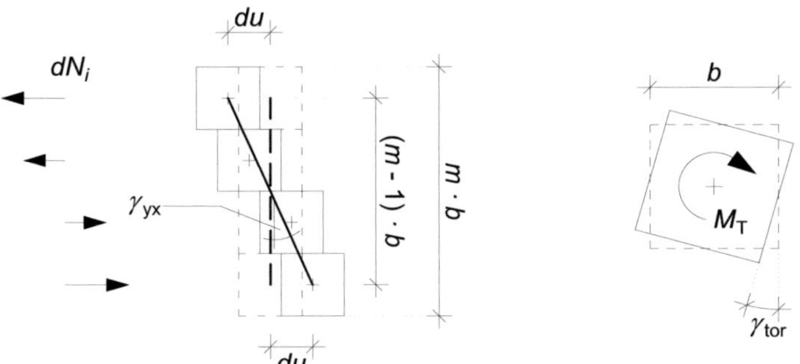

Bild 4-1   Infolge von Schubspannungen in den Kreuzungsflächen von Brettsperrholzträgern auftretende Schubverzerrungen γ_{tor} und γ_{yx}

In Abhängigkeit des Verschiebungsmoduls K der Kreuzungsflächen, können die beiden Verzerrungsanteile wie folgt angegeben werden:

$$\gamma_{yx} = \frac{2 \cdot du}{b \cdot (m-1)} = \frac{2 \cdot \tau_{yx}}{K \cdot b \cdot (m-1)} \tag{4-1}$$

$$\gamma_{\text{tor}} = \frac{2 \cdot \tau_{\text{tor}}}{K \cdot b} \tag{4-2}$$

Durch Ersetzen der Schubspannungskomponenten τ_{yx} und τ_{tor} in den Gleichungen (4-1) und (4-2) durch die in Gleichung (3-8) und Gleichung (3-20) angegebenen Ausdrücke erhält man folgende Gleichungen für die beiden Anteile der Schubverzerrung:

$$\gamma_{\text{yx}} = \frac{12 \cdot V}{b^3 \cdot K \cdot} \cdot \frac{1}{m^3} \cdot \frac{1}{n_{\text{CA}}} \tag{4-3}$$

$$\gamma_{\text{tor}} = \frac{6 \cdot V}{b^3 \cdot K} \cdot \left(\frac{1}{m} - \frac{1}{m^3} \right) \cdot \frac{1}{n_{\text{CA}}} \tag{4-4}$$

Mit Hilfe des Stoffgesetzes

$$\tau = \gamma \cdot G \tag{4-5}$$

kann damit ein effektiver Schubmodul angegeben werden, der die Schubverformungsanteile in den Kreuzungsflächen beschreibt. Für Brettsperrholzträger mit rechteckigem Querschnitt kann der auf den Bruttoquerschnitt bezogene Schubmodul nach Gleichung (4-6) berechnet werden.

$$G_{\text{eff,CA}} = \frac{6 \cdot V}{5 \cdot A_{\text{gross}} \cdot \left(\gamma_{\text{tor}} + \gamma_{\text{yx}} \right)} \tag{4-6}$$

Durch Einsetzen der Gleichungen (4-4) und (4-5) in Gleichung (4-6) erhält man

$$G_{\text{eff,CA}} = \frac{K \cdot b^2}{5} \cdot \frac{n_{\text{CA}}}{t_{\text{gross}}} \cdot \frac{m^2}{\left(m^2 + 1 \right)} \tag{4-7}$$

Die Überlagerung der Schubverformungsanteile infolge von Verschiebungen und Verdrehungen in den Kreuzungsflächen mit den Schubverformungen in den Brettlamellen ergibt den effektiven Schubmodul von Brettsperrholzträgern nach Gleichung (4-8), der wie in Gleichung (4-6) auf den Bruttoquerschnitt bezogen ist.

$$G_{\text{eff,BSP}} = \left(\frac{1}{G_{\text{lam}}} + \frac{1}{G_{\text{eff,CA}}} \right)^{-1} \tag{4-8}$$

In Bild 4-2 ist der effektive Schubmodul von Brettsperrholzträgern nach Gleichung (4-8) über dem Verhältnis $t_{\text{gross}}/n_{\text{CA}}$ zwischen der Dicke des Bruttoquerschnitts und der Anzahl der Kreuzungsflächen in Richtung der Querschnittsdicke aufgetragen. Im Diagramm sind exemplarisch die effektiven Schubmoduln für drei verschiedene Lamellenbreiten b dargestellt. Die Werte gelten für einem Schubmodul der Brettlamellen von 690 N/mm² und einen Verschiebungsmodul der Kreuzungsflächen von 5 N/mm³.

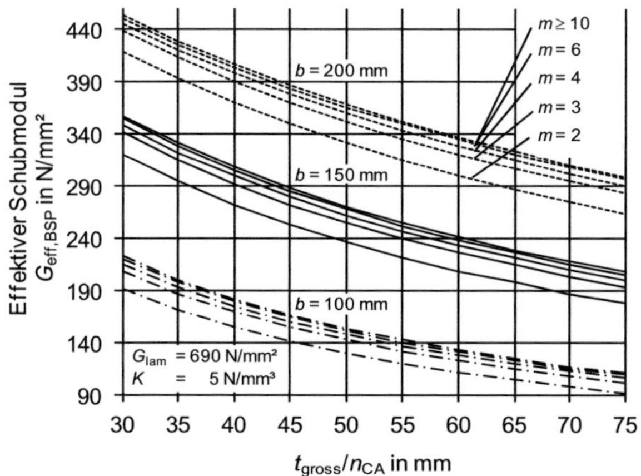

Bild 4-2   Effektiver Schubmodul von Brettsperrholzträgern

Der große Abstand zwischen den drei Kurvenscharen zeigt deutlich den großen Einfluss der Lamellenbreite auf die Schubsteifigkeit von Brettsperrholzträgern. Das Verhältnis $t_{\text{gross}}/n_{\text{CA}}$ hat ebenfalls großen Einfluss auf den effektiven Schubmodul. Die Abhängigkeit von der Anzahl m der Lamellen in Richtung der Bauteilhöhe ist hingegen eher gering, insbesondere wenn die Längslagen aus mehr als drei Lamellen bestehen.

4.3 Ermittlung des Verschiebungsmoduls von Kreuzungsflächen aus Druckscherversuchen

Zur Ermittlung des Verschiebungsmoduls der Kreuzungsflächen von rechtwinklig miteinander verklebten Brettern wurden insgesamt sechs Druckscherversuche an dreilagigen Prüfkörpern mit zwei symmetrischen Kreuzungsflächen durchgeführt. Die Bretter aller drei Lagen waren aus Fichtenholz. Bei den Prüfkörpern 4, 5 und 6 wurden in den beiden äußeren Brettern insgesamt acht Vollgewindeschrauben eingedreht, um eine möglichst gleichförmige Verteilung der Lasten in Richtung der Höhe der Kreuzungsflächen sicherzustellen und um Eindrückungen infolge von Druckspannungen rechtwinklig zur Faserrichtung zu vermeiden. Die Prüfkörper und die Versuchsanordnung sind in Bild 4-3 dargestellt.

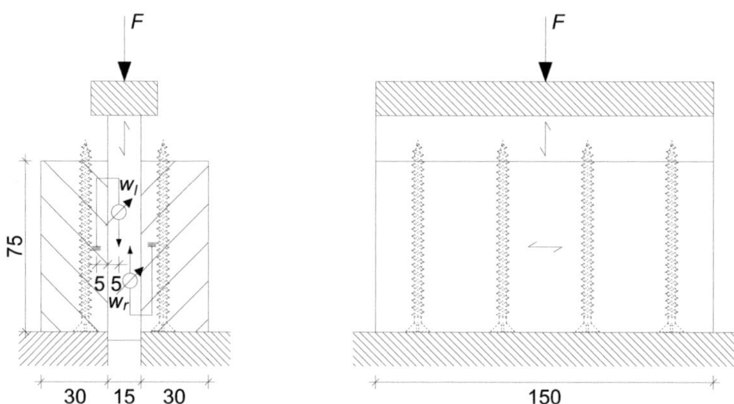

Bild 4-3   Druckscherversuche zur Ermittlung des Verschiebungsmoduls der Kreuzungsflächen von rechtwinklig miteinander verklebten Brettern

Die Belastung wurde weggesteuert aufgebracht. Die Lasteinleitung im mittleren Brett erfolgte mit Hilfe einer über die gesamte Brettdicke angeordneten Stahlplatte. Die äußeren Bretter waren ebenfalls über die gesamte Brettdicke auf Stahlplatten gelagert. Die gegenseitige Verschiebung der Bretter wurde im Abstand von ca. 5 mm von den Klebefugen auf der Vorder- und Rückseite der Prüfkörper gemessen.

Die Verschiebungsmoduln K der Kreuzungsflächen wurden durch lineare Regression für die Abschnitte der Last-Verformungskurven zwischen 10% und 40% der Höchstlast ermittelt. Dabei wurde angenommen, dass in jeder der beiden geprüften Kreuzungsflächen jeweils die Hälfte der Gesamtlast wirkt. Die Rollschubfestigkeit wurde ebenfalls als Mittelwert der beiden gleichzeitig geprüften Verbindungen eines Prüfkörpers – durch Division der Höchstlast durch die Gesamtfläche beider Kreuzungsflächen – berechnet.

Tabelle 4-2 enthält eine Zusammenstellung der Versuchsergebnisse. Die Arbeitslinien der Kreuzungsflächen sind in Bild 4-4 dargestellt.

Tabelle 4-2   Ergebnisse der Druckscherversuche zur Ermittlung der Schubfestigkeit und des Verschiebungsmoduls der Kreuzungsflächen von rechtwinklig miteinander verklebten Brettern

PK	t in mm	h in mm	max F in kN	f_R in N/mm²	K in N/mm³
1	150	75	37,9	1,69	13,7
2	150	75	28,0	1,25	4,48
3	150	75	29,7	1,32	6,61
4	150	75	34,3	1,52	10,2
5	150	75	31,4	1,40	5,69
6	150	75	32,1	1,43	5,37
Mittelwert				1,43	7,67
Standardabw.				0,156	3,56

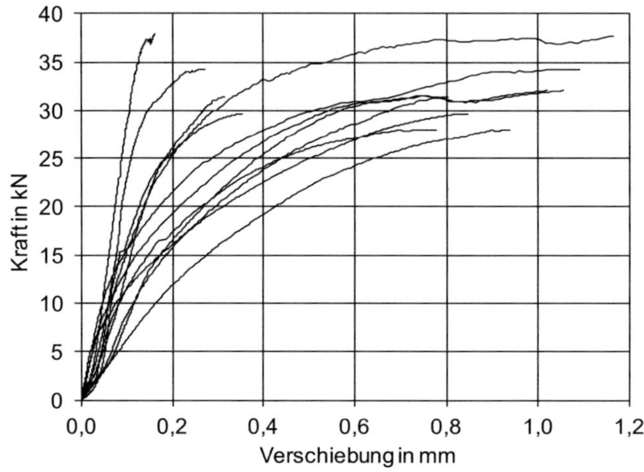

Bild 4-4   Last-Verformungs-Kurven der Druckscherversuche zur Ermittlung des Verschiebungsmoduls der Kreuzungsflächen von rechtwinklig miteinander verklebten Brettern

Durch die zur Lasteinleitung und für die Lagerung der Prüfkörper verwendeten Stahlplatten und die Messung der Verformungen in der Nähe der Klebefugen ist der Anteil der Schubverformungen in den Brettern an der gemessenen Verformung gering. Die aus den Versuchen ermittelten Verschiebungsmoduln sind daher größer als die von Wallner (2004) ermittelten Werte (vgl. Tabelle 4-1), in denen aufgrund der Versuchsanordnung nennenswerte Anteile der Schubverformungen in den Brettern enthalten sind.

4.4 Ermittlung des Verschiebungsmoduls von Kreuzungsflächen aus Biegeversuchen

Bei Vierpunkt-Biegeversuchen treten in den durch Querkräfte beanspruchten Trägerabschnitten zwischen den Trägerauflagern und den Lasteinleitungspunkten sowohl Biege- als auch Schubverformungen auf. Im querkraftfreien Trägerabschnitt zwischen den beiden Einzellasten treten hingegen nur Biegeverformungen auf. Aus der in Versuchen gemessenen Gesamtdurchbiegung in Feldmitte und der Durchbiegung im querkraftfreien Trägerabschnitt können daher ein globaler Elastizitätsmodul $E_{\mathrm{glob,gross}}$, der Anteile aus der Schubverformung enthält und ein reiner Biege-Elastizitätsmodul $E_{\mathrm{lok,gross}}$ bestimmt werden. Für den in Bild 2-11 dargestellten Versuchsaufbau mit einer Stützweite von $18h$, Einzellasten in den Drittelspunkten der Stützweite sowie einer Messlänge von $5h$ im querkraftfreien Trägerabschnitt können die beiden auf den Bruttoquerschnitt bezogenen Elastizitätsmoduln nach den Gleichungen (4-9) und (4-10) berechnet werden.

$$E_{\mathrm{glob,gross}} = \frac{2484}{t_{\mathrm{gross}}} \cdot \frac{\Delta F_{10-40}}{\Delta u_{\mathrm{glob},10-40}} \tag{4-9}$$

$$E_{\mathrm{lok,gross}} = \frac{225}{t_{\mathrm{gross}}} \cdot \frac{\Delta F_{10-40}}{\Delta u_{\mathrm{lok},10-40}} \tag{4-10}$$

Der Anteil der Schubverformung an der Gesamtdurchbiegung in Feldmitte ergibt sich aus der Differenz der mit dem globalen Elastizitätsmodul berechneten Gesamtdurchbiegung und der mit dem lokalen Elastizitätsmodul berechneten Biegeverformung und kann berechnet werden als

$$u_{\mathrm{G}} = u_{\mathrm{glob}} - u_{\mathrm{E}} = 2484 \cdot \frac{\Delta F_{10-40}}{t_{\mathrm{gross}}} \cdot \left(\frac{1}{E_{\mathrm{glob}}} - \frac{1}{E_{\mathrm{lok}}} \right). \tag{4-11}$$

Nach der technischen Biegelehre kann die Schubverformung für das gegebene System der Vierpunkt-Biegeversuche, beispielsweise mit Hilfe des Prinzips der virtuellen Kräfte, wie folgt berechnet werden:

$$u_{G} = \frac{2}{5} \cdot \frac{F \cdot \ell}{GA} = \frac{36}{5} \cdot \frac{F}{G \cdot t_{\mathrm{gross}}} \, , \qquad (4\text{-}12)$$

Durch Gleichsetzen der rechten Seiten der Gleichungen (4-11) und (4-12) und Auflösen nach dem Schubmodul kann der effektive Schubmodul der geprüften Brettsperrholzträger aus der experimentell ermittelten Elastizitätsmoduln wie folgt berechnet werden

$$G_{\mathrm{eff,BSP}} = \frac{E_{\mathrm{lok,gross}}}{345 \cdot (\alpha - 1)} \quad \text{mit } \alpha = \frac{E_{\mathrm{lok,gross}}}{E_{\mathrm{glob,gross}}} \, . \qquad (4\text{-}13)$$

Mit Hilfe der obenstehenden Gleichungen wurden die in Abschnitt 2.1 beschriebenen Biegeversuche der Versuchsreihen 2-2 und 3-2 zur Ermittlung des effektiven Schubmoduls der geprüften Brettsperrholzträger ausgewertet. Die effektiven Schubmoduln $G_{\mathrm{eff,CA}}$ und die Verschiebungsmoduln K der Kreuzungsflächen wurden ebenfalls, unter Verwendung der Gleichungen (4-8) und (4-9), berechnet. Hierzu wurde für alle Prüfkörper ein Schubmodul der Brettlamellen von $G_{\mathrm{lam}} = 690\,\mathrm{N/mm^2}$ angenommen. In Tabelle 4-3 und Tabelle 4-4 sind die aus den Biegeversuchen ermittelten Steifigkeitskennwerte zusammengestellt.

Tabelle 4-3   Aus den Biegeversuchen der Reihe 2-2 ermittelte Elastizitätsmoduln, Schubmoduln und Verschiebungsmoduln

Prüfkörper	$E_{lok,gross}$ in N/mm²	$E_{glob,gross}$ in N/mm²	$G_{eff,BSP}$ in N/mm²	$G_{eff,CA}$ in N/mm²	K in N/mm³
2-2-1	12160	10880	300	530	7,35
2-2-2	13024	11528	291	503	6,99
2-2-3	13752	11744	233	352	4,89
2-2-4	10400	9376	276	460	6,39
2-2-5	10952	9416	195	271	3,76
2-2-6	7680	7216	346	695	9,65
2-2-7	8120	7424	251	395	5,48
2-2-8	7872	7016	187	257	3,56
2-2-9	8048	7560	361	759	10,5
2-2-10	8184	7448	240	368	5,11
MEAN			268	459	6,37

Tabelle 4-4   Aus den Biegeversuchen der Reihe 3-2 ermittelte Elastizitätsmoduln, Schubmoduln und Verschiebungsmoduln

Prüfkörper	$E_{lok,gross}$ in N/mm²	$E_{glob,gross}$ in N/mm²	$G_{eff,BSP}$ in N/mm²	$G_{eff,CA}$ in N/mm²	K in N/mm³
3-2-1	9255	8685	409	1003	11.1
3-2-2	9240	8558	336	654	7.27
3-2-3	10568	9495	271	447	4.96
3-2-4	9165	8573	384	868	9.64
3-2-5	9983	9353	430	1138	12.6
3-2-6	7433	6893	275	457	5.08
3-2-7	7613	7163	351	715	7.95
3-2-8	6983	6630	381	849	9.43
3-2-9	7200	6863	424	1102	12.2
3-2-10	6975	6930	-	-	-
MEAN			362	804	8.93

5 Zusammenfassung und Ausblick

Brettsperrholzprodukte haben in den vergangenen zwanzig Jahren im Holzbau zunehmend an Bedeutung gewonnen. Bislang wird der Werkstoff jedoch nahezu ausschließlich für die Herstellung flächiger Bauteile verwendet. Da Brettsperrholz infolge des Aufbaus aus kreuzweise miteinander verklebten Brettlagen verhältnismäßig hohe Festigkeiten in beiden Richtungen der Plattenebene besitzt, ist der Werkstoff im Vergleich zu Brettschichtholz deutlich weniger anfällig gegenüber Rissen und verspricht daher Vorteile im Hinblick auf die Bemessung querzugbeanspruchter Bauteile.

Im Rahmen der vorliegenden Arbeit wurden die Anwendungsmöglichkeiten von Brettsperrholz zur Herstellung von Biegeträgern mit und ohne planmäßiger Querzugbeanspruchung untersucht und die für die Bemessung der Bauteile erforderlichen Ansätze für den Nachweis der Biege- und Schubspannungen sowie zur Berechnung der Verformungen bei Beanspruchung in Plattenebene entwickelt.

Für den Nachweis der Biegespannungen wurde der Einfluss des Trägeraufbaus auf die Biegefestigkeit von Brettsperrholzträgern ermittelt. Hierzu wurde ein für die numerische Simulation von Brettschichtholz entwickeltes Rechenmodell verwendet, in dem der strukturelle Aufbau der Träger durch ein FE-Modell und die mechanischen Eigenschaften auf der Grundlage statistischer Verteilungen mit Hilfe der Monte-Carlo Methode abgebildet werden. Für die Simulation von Brettsperrholz wurde das Modell im Rahmen der vorliegenden Arbeit modifiziert und erweitert. Mit Hilfe des Rechenmodells wurde die Biegefestigkeit von in Plattenebene beanspruchten Brettsperrholzträgern in Abhängigkeit des Querschnittaufbaus ermittelt. Trotz der geringen Hochkantbiegefestigkeit der einzelnen zur Herstellung von Brettsperrholz verwendeten Brettlamellen, werden für Biegeträger mit einer Referenzhöhe von 600 mm charakteristische Biegefestigkeiten, bezogen auf den Querschnitt der Längslagen, erreicht, die größer sind als die entsprechenden Werte für Brettschichtholz aus Brettlamellen der gleichen Festigkeitsklasse. Die hohen Biegefestigkeiten sind im Wesentlichen auf das Zusammenwirken mehrerer, in Richtung der Trägerdicke nebeneinander liegender Brettlamellen und die damit einhergehende Homogenisierung der mechanischen Eigenschaften im Gesamtquerschnitt zurückzuführen.

Anhand der Ergebnisse der numerischen Simulation wurden Systembeiwerte zur Ermittlung der Biegefestigkeit in Abhängigkeit des Trägeraufbaus ermittelt. Da bei Brettsperrholzträgern eine Homogenisierung nicht nur in Richtung der Trägerhöhe, sondern auch in Richtung der Trägerdicke stattfindet, ist die Abhängigkeit der Biegefestigkeit vom Bauteilvolumen geringer als bei Brettschichtholz. Für Träger mit vier Längslagen wurde mit Hilfe des Rechenmodells gezeigt, dass die Biegefestigkeit mit zunehmendem Bauteilvolumen nahezu gleich bleibt.

Für die Schubbemessung von in Plattenebene beanspruchten Biegeträgern aus Brettsperrholz wurde auf der Grundlage der Verbundtheorie und bereits bestehender Bemessungsansätze für Scheiben aus Brettsperrholz ein Nachweisverfahren entwickelt, mit dessen Hilfe die Schubspannungen bei in Plattenebene beanspruchten, Biegeträgern in Abhängigkeit des Querschnittaufbaus berechnet werden können.
Durch vergleichende Versuche wurde gezeigt, dass die ermittelten Gleichungen zur Berechnung der Schubspannungen auch zur Berechnung der Biegefestigkeit von Trägern mit angeschnittenen Rändern und, wenn Spannungsspitzen durch entsprechende Beiwerte berücksichtigt werden, für den Nachweis der Schubspannungen bei Trägern mit Ausklinkungen, Durchbrüchen und Queranschlüssen verwendet werden können.

Im letzten Teil der Arbeit wurden Gleichungen zur Berechnung der aus den Verschiebungen und Verdrehungen in den Kreuzungsflächen resultierenden Schubverformungen hergeleitet. Es wurde gezeigt, dass durch Überlagerung der Verformungsanteile in den Kreuzungsflächen mit den Schubverformungen in den Brettlamellen die effektive Schubsteifigkeit von Brettsperrholzträgern berechnet werden kann, die ebenso wie die Schubfestigkeit stark vom Trägeraufbau abhängig ist.

Insgesamt ermöglichen die neu entwickelten Ansätze für die Biege- und Schubspannungsnachweise und die Berechnung der Verformungen eine differenzierte, dennoch einfache und damit wirtschaftliche Bemessung von Biegeträgern aus Brettsperrholz.

6   Literatur

Aicher S., Dill-Langer G. (2000): *Basic considerations to rolling shear modulus in wooden boards*. In: Otto-Graf Journal, 2000

Anon (1982): *Sortering av sågat virke av furu och gran* (Instructions for grading of sawn timber products of pine and spruce, in Swedish), AB Svensk Trävarutidning, Stockholm, Schweden

Blaß H. J., Fellmoser P. (2003): *Bemessung von Mehrschichtplatten*. In: Bauen mit Holz 105, H. 8 S. 36-39, H. 9 S. 37-39.

Blaß H. J., Frese M., Glos P., Denzler J., Linsenmann P., Ranta-Maunus A. (2008): *Zuverlässigkeit von Fichten-Brettschichtholz mit modifiziertem Aufbau*. Karlsruher Berichte zum Ingenieurholzbau, Universität Karlsruhe (TH), Lehrstuhl für Ingenieurholzbau und Baukonstruktionen

Blaß H. J., Görlacher R. (2002): *Zum Trag- und Verformungsverhalten von Brettsperrholzelementen bei Beanspruchung in Plattenebene*. Bauen mit Holz, 104 (11/12): H.11 S.34-41, H.12 S.30-34.

Bogensperger T., Moosbrugger T., Schickhofer G. (2007): *New Test Configuration for CLT-Wall Elements under Shear Load*. In: Proceedings. CIB-W18 Meeting 40, Paper 40-12-3, Bled, Slovenia, 2007

Bogensperger T., Moosbrugger T., Silly G. (2010): *Verification of CLT-plates under loads in plane*. In: Proceedings. WCTE 2010 - 11th World Conference on Timber Engineering, Riva del Garda, Italy

Bosl R. (2002): *Zum Nachweis des Trag- und Verformungsverhaltens von Wandscheiben aus Brettsperrholz*. Universität der Bundeswehr, München, Dissertation

Brandner R., Schickhofer G. (2006): *System effects of structural elements - determined for bending and tension*. In: Proceedings. WCTE 2006 - 9th World Conference on Timber Engineering, Portland, Oregon, USA

BSPhandbuch - Holz-Massivbauweise in Brettsperrholz. (2009), Technische Universität Graz, Graz, Österreich

Colling F. (1990): *Tragfähigkeit von Biegeträgern aus Brettschichtholz in Abhängigkeit von den festigkeitsrelevanten Einflussgrößen.* Lehrstuhl für Ingenieurholzbau und Baukonstruktionen, Universität Karlsruhe (TH), Dissertation

Faye C., Rouger F., Garcia P. (2010): *Experimental investigations on mechanical behavior of glued solid timber.* In: Proceedings. CIB-W18 Meeting 43, Paper 43-12-4. Nelson, New Zealand.

Frese M. (2006): *Biegefestigkeit von Brettschichtholz aus Buche.* Karlsruher Berichte zum Ingenieurholzbau, Band 6, Lehrstuhl für Ingenieurholzbau und Baukonstruktionen, Universität Karlsruhe (TH), Dissertation

Görlacher R. (1990): *Klassifizierung von Brettschichtholzlamellen durch Longitudinalschwingungen.* Lehrstuhl für Ingenieurholzbau und Baukonstruktionen, Universität Karlsruhe (TH), Dissertation

Isaksson T., Theleandersson S., Moller-Pedersen T. (1994): *Within member variability of bending strength of timber.* In: Proceedings. PTEC Pacific Timber Engineering Conference, Gold Coast, Australia

Isaksson T. (1999): *Modelling the Variability of Bending Strength in Structural Timber.* Report TVBK-1015, Department of Structural Engineering, Lund University, Sweden, Dissertation

Jeitler G., Brandner R. (2008): *Modellbildung für Duo-, Trio- und Quattro-Querschnitte.* In: 7. GraHFT'08, Tagungsband, - Modellbildung für Produkte und Konstruktionen aus Holz – Bedeutung von Simulation und Experiment. Technische Universität Graz, Österreich

Jöbstl R.-A., Bogensperger T., Schickhofer G. (2004): *Mechanical Behaviour of Two Orthogonally Glued Boards.* In: Proceedings. WCTE 2004 - 8th World Conference on Timber Engineering, Lahti, Finland 2004

Jöbstl R.-A., Bogensperger T., Schickhofer, G. (2008): *In-Plane Shear Strength of Cross Laminated Timber.* In: Proceedings. CIB-W18 Meeting 41, Paper 41-12-3, St. Andrews, Canada

Källsner B., Salmela K., Ditlevsen, O. (1997): *A weak zone model for timber in bending*. In: Proceedings. CIB-W18 Meeting 30, Paper 30-10-3, Vancouver, Canada

Kollmann F. (1982): *Technologie des Holzes und der Holzwerkstoffe*. Zweite Auflage, Erster Band (Reprint), Springer Verlag, Berlin

Moosbrugger T., Guggenberger W., Bogensperger T. (2006): *Cross-Laminated Timber Wall Segments under homogeneous Shear – with and without Openings*. In: Proceedings. WCTE 2006 - 9th World Conference on Timber Engineering, Portland, Oregon, USA, 2006

Prüfbericht Nr. 14-30810 (1999): *Ermittlung der Biegefestigkeit und des Biege-E-Moduls hochkant und flachkant an Brettschichtholz unterschiedlicher Sortierklassen*. FMPA - Forschungs- und Materialprüfungsanstalt Baden-Württemberg, Stuttgart

Traetta, G.; Bogensperger, T.; Moosbrugger, T.; Schickhofer, G. (2006): *Verformungsverhalten von Brettsperrholzplatten unter Schubbeanspruchung in der Ebene*. In: 5. GraHFT'06, Tagungsband, Brettsperrholz – Ein Blick auf Forschung und Entwicklung, Technische Universität Graz, Österreich

Wallner, G. (2004): *Versuchstechnische Ermittlung der Verschiebungskenngrößen von orthogonal verklebten Brettlamellen*. Institut für Stahlbau, Holzbau und Flächentragwerke, Technische Universität Graz, Graz, Österreich, Diplomarbeit

Zitierte Normen

DIN EN 338:2009. *Bauholz für tragende Zwecke – Festigkeitsklassen*. Deutsche Fassung EN 338:2009. Europäisches Komitee für Normung (CEN), Brüssel, Belgien.

DIN EN 384:2010 *Bauholz für tragende Zwecke – Bestimmung charakteristischer Werte für mechanische Eigenschaften und Rohdichte*. Deutsche Fassung EN 384:2010. Europäisches Komitee für Normung (CEN), Brüssel, Belgien.

DIN EN 408: *Holzbauwerke – Bauholz für tragende Zwecke und Brettschichtholz – Bestimmung einiger physikalischer und mechanischer Eigenschaften.* Deutsche Fassung EN 408:2012, Europäisches Komitee für Normung (CEN), Brüssel, Belgien

DIN EN 1194:1999: *Holzbauwerke – Brettschichtholz – Festigkeitsklassen und Bestimmung charakteristischer Werte.* Deutsche Fassung EN 1194:1999, Europäisches Komitee für Normung (CEN), Brüssel, Belgien

DIN EN 14358:2006: *Holzbauwerke – Berechnung der 5%-Quantile für charakteristische Werte und Annahmekriterien für Proben.* Deutsche Fassung EN 14358:2006, Europäisches Komitee für Normung (CEN), Brüssel, Belgien

DIN 1052:2008: *Entwurf, Berechnung und Bemessung von Holzbauwerken – Allgemeine Bemessungsregeln und Bemessungsregeln für den Hochbau.* Deutsches Institut für Normung e.V., Berlin, Deutschland

DIN 4074-1:2008-12: *Sortierung von Holz nach der Tragfähigkeit – Teil 1: Nadelschnittholz.* Deutsches Institut für Normung e.V., Berlin

Zitierte Zulassungen

Allgemeine bauaufsichtlich Zulassung Nr. Z-9.1.100 vom 01.06.2011. *Furnierschichtholz „Kerto S" und „Kerto Q".* Deutsches Institut für Bautechnik, Berlin

CUAP 03.04/06 Version June 2005. *Solid wood slab element to be used as a structural element in buildings.* Europäische Organisation für Technische Zulassungen (EOTA), Brüssel, Belgien

Europäisch Technische Zulassung ETA-11/0189 vom 10.06.2011. *Massives plattenförmiges Holzbauelement zur Verwendung als tragendes Bauteil in Bauwerken.* Deutsches Institut für Bautechnik, Berlin

Europäisch Technische Zulassung ETA-11/0210 vom 20.09.2011. *Massives plattenförmiges Holzbauelement zur Verwendung als tragendes Bauteil in Bauwerken.* Deutsches Institut für Bautechnik, Berlin

7 Sonstige Hilfsmittel

Die Berechnungen am Gittermodell wurden mit Hilfe des Stabwerksprogramms RSTAB durchgeführt.

RSTAB Version 6.03.3331
Ingenieur-Software Dlubal GmbH
Am Zellweg 2
D-93464 Tiefenbach
www.dlubal.de

Zur statistischen Auswertung und Darstellung der experimentell erhobenen Daten wurde die Analyse-Software SAS verwendet

SAS 9.2 TS Level 2M2
SAS Institute Inc.
100 SAS Campus Drive
Cary, NC, USA
www.sas.com

Für die numerische Simulation der Biegefestigkeit von in Plattenebene beanspruchten Brettsperrholzträgern wurde die Finite-Elemente Software ANSYS verwendet. Beide Teile des Rechenmodells (Simulationsprogramm und FE-Modell) wurden in der softwareeigenen Programmiersprache APDL geschrieben.

ANSYS Release 13.0 UP20101012
ANSYS, Inc.
Southpointe
275 Technology Drive
Canonsburg, PA 15317
www.ansys.com

Anlagen

Anlage 1

Eigenschaften der Brettlamellen in den Längslagen der Prüfkörper und Ergebnisse der Versuchsreihen zur Ermittlung der Biegefestigkeit bei Beanspruchung in Plattenebene.

In den Spaltenüberschriften der Tabellen auf den nachfolgenden Seiten bedeuten

PK $\quad$ Prüfkörper Nr.

E_{dyn} $\quad$ dynamischer Elastizitätsmodul der Brettlamellen in N/mm²

ρ_0 $\quad$ Darrrohdichte der Brettlamellen in kg/m³

SK $\quad$ nach DIN 4074-1 ermittelte Sortierklasse der Brettlamellen

$E_{lok,net}$ $\quad$ aus der Durchbiegung im querkraftfreien Bereich ermittelter, auf den Nettoquerschnitt (=Summe der Längslagen) bezogener statischer Biege-Elastizitätsmodul eines Prüfkörper in N/mm²

$f_{m,net}$ $\quad$ auf den Nettoquerschnitt (=Summe der Längslagen) bezogene Biegefestigkeit eines Prüfkörpers in N/mm²

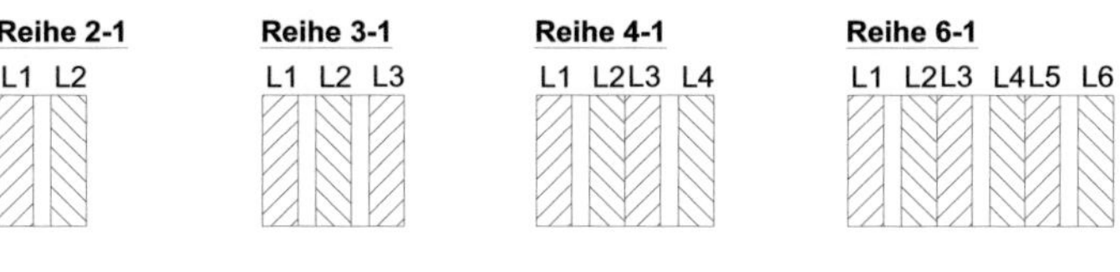

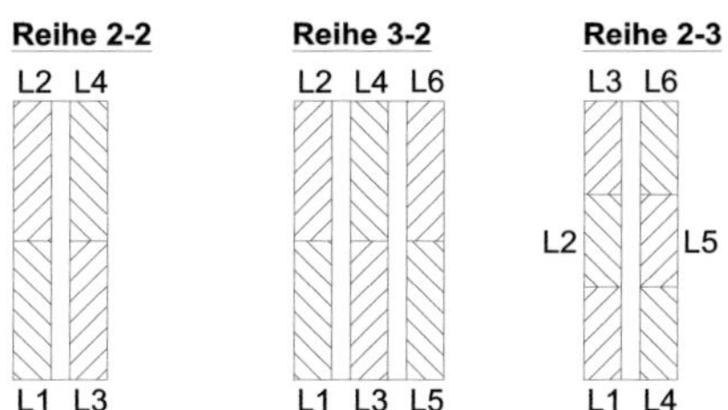

Bild A-1 $\quad$ Nummerierung der Brettlamellen

Tabelle A-1   *Brettdaten und Versuchsergebnisse - Prüfkörper der Reihe 2-1*

Prüf-körper	Klasse	Lamelle L1			Lamelle L2			$E_{lok,net}$	$f_{m,net}$
		E_{dyn}	ρ_0	SK	E_{dyn}	ρ_0	SK		
2-1-1	1	13869	371	13	11952	384	13	11570	36,4
2-1-2		15151	465	13	14239	426	13	15050	47,5
2-1-3		12038	396	10	11559	398	13	11100	33,9
2-1-4		13869	371	13	11952	384	13	11200	38,3
2-1-5		15151	465	13	14239	426	13	14750	52,7
2-1-6		12038	396	13	11559	398	13	12430	40,5
2-1-7	2	10295	375	-	10577	359	-	11200	52,8
2-1-8		9222	383	-	6805	342	-	9730	37,5
2-1-9		10295	375	-	10577	359	-	10240	41,5
2-1-10		9222	383	-	6805	342	-	8340	22,1

Tabelle A-2   *Brettdaten und Versuchsergebnisse - Prüfkörper der Reihe 3-1*

Prüf-körper	Klasse	Lamelle L1			Lamelle L2			Lamelle L3			$E_{lok,net}$	$f_{m,net}$
		E_{dyn}	ρ_0	SK	E_{dyn}	ρ_0	SK	E_{dyn}	ρ_0	SK		
3-1-1	1	12108	428	-	12986	419	-	11762	382	-	11960	48,3
3-1-2		13898	445	-	14766	439	-	11980	426	-	13890	45,6
3-1-3		13165	455	-	12180	399	-	13993	423	-	11770	39,1
3-1-4		12108	428	-	12986	419	-	11762	382	-	11870	51,3
3-1-5		13898	445	-	14766	439	-	11980	426	-	13950	39,4
3-1-6		13165	455	-	12180	399	-	13993	423	-	13570	54,5
3-1-7	2	7842	366	-	11481	426	-	10817	413	-	12360	32,0
3-1-8		8500	396	-	11360	375	-	10096	383	-	12720	41,0
3-1-9		7842	366	-	11481	426	-	10817	413	-	10240	34,0
3-1-10		8500	396	-	11360	375	-	10096	383	-	10400	36,8

Tabelle A-3   *Brettdaten und Versuchsergebnisse -*
Prüfkörper der Reihe 4-1

Prüf-körper	Klasse	Lamelle L1			Lamelle L2		
		E_{dyn}	ρ_0	SK	E_{dyn}	ρ_0	SK
4-1-1	1	11590	421	13	12144	439	13
4-1-2		11675	397	13	11768	423	13
4-1-3		14901	421	-	13415	451	13
4-1-4		13214	439	13	14720	400	10
4-1-5		11585	444	13	12037	410	13
4-1-6	2	11066	389	7	9995	364	10
4-1-7		9180	377	10	9527	382	7
4-1-8		9177	356	10	9967	412	10
4-1-9		10875	369	10	9997	365	10
4-1-10		9514	370	10	8956	394	7

Tabelle A-3   *(fortgesetzt)*

Prüf-körper	Klasse	Lamelle L3			Lamelle L4			$E_{lok,net}$	$f_{m,net}$
		E_{dyn}	ρ_0	SK	E_{dyn}	ρ_0	SK		
4-1-1	1	13679	436	-	13290	404	13	13200	44,3
4-1-2		12307	481	13	12543	409	13	13780	48,0
4-1-3		12960	453	13	13653	437	-	13000	37,1
4-1-4		11614	389	10	12333	404	13	12220	40,8
4-1-5		12727	396	13	13797	481	10	13390	37,5
4-1-6	2	9330	407	10	10378	392	10	12410	41,2
4-1-7		10013	393	13	11171	405	7	11860	44,6
4-1-8		7469	356	10	8133	369	10	10280	37,9
4-1-9		11160	367	10	9239	422	10	10670	33,6
4-1-10		9402	356	7	11505	401	10	10560	37,8

Tabelle A-4   Brettdaten und Versuchsergebnisse - Prüfkörper der Reihe 6-1

Prüf-körper	Klasse	Lamelle L1			Lamelle L2			Lamelle L3		
		E_{dyn}	ρ_0	SK	E_{dyn}	ρ_0	SK	E_{dyn}	ρ_0	SK
6-1-1	1	15261	469	13	11828	443	-	14921	420	13
6-1-2		11691	409	13	13073	423	13	12634	417	10
6-1-3		12641	428	-	12305	404	13	15086	459	13
6-1-4		12462	408	10	11672	440	13	12518	411	10
6-1-5		13166	431	13	12082	396	13	13227	404	13
6-1-6	2	9613	372	10	9730	373	-	10645	382	10
6-1-7		9282	371	10	10647	408	10	11504	433	10
6-1-8		9178	379	7	7438	335	10	10379	415	10
6-1-9		11410	409	7	8740	365	10	10782	378	13
6-1-10		7812	340	10	11376	392	10	9486	392	10

Tabelle A-4   (fortgesetzt)

Prüf-körper	Klasse	Lamelle L4			Lamelle L5			Lamelle L6			$E_{lok,net}$	$f_{m,net}$
		E_{dyn}	ρ_0	SK	E_{dyn}	ρ_0	SK	E_{dyn}	ρ_0	SK		
6-1-1	1	11733	436	13	10008	398	-	11569	403	13	13340	48,3
6-1-2		12066	380	13	12752	450	13	14421	406	13	13800	52,2
6-1-3		12243	442	13	13124	408	13	13324	414	13	13370	47,2
6-1-4		12529	399	10	13595	451	13	13449	429	13	12110	45,4
6-1-5		13705	430	13	12145	421	13	12858	417	13	11530	37,9
6-1-6	2	7970	387	10	9664	432	10	11310	420	10	10550	43,5
6-1-7		11231	420	10	10392	402	10	10342	380	10	9700	34,4
6-1-8		11484	369	-	10143	358	10	8303	355	10	9750	31,6
6-1-9		10781	391	10	10227	405	13	9392	381	7	10630	36,6
6-1-10		10009	373	10	11328	390	10	9400	360	10	10670	36,4

Tabelle A-5   Brettdaten und Versuchsergebnisse - Prüfkörper der Reihe 2-2

Prüf-körper	Klasse	Lamelle L1			Lamelle L2		
		E_{dyn}	ρ_0	SK	E_{dyn}	ρ_0	SK
2-2-1	1	14761	403	13	16306	438	13
2-2-2		18570	498	-	15944	441	13
2-2-3		17971	498	13	18432	472	13
2-2-4		15454	460	13	13138	426	10
2-2-5		13041	427	13	12320	431	13
2-2-6	2	9759	363	-	10669	372	-
2-2-7		8561	386	-	10652	371	-
2-2-8		7026	349	-	9043	354	-
2-2-9		9025	342	-	11058	386	-
2-2-10		11370	371	-	9978	369	-

Tabelle A-5   (fortgesetzt)

Prüf-körper	Klasse	Lamelle L3			Lamelle L4			$E_{lok,net}$	$f_{m,net}$
		E_{dyn}	ρ_0	SK	E_{dyn}	ρ_0	SK		
2-2-1	1	17695	519	13	16917	427	13	15200	51,0
2-2-2		16266	437	13	16167	457	10	16280	46,5
2-2-3		15579	472	13	15288	400	13	17190	50,9
2-2-4		12170	385	13	11677	384	13	13000	48,5
2-2-5		14558	433	10	13442	472	10	13690	28,1
2-2-6	2	9840	382	-	8225	394	-	9600	37,0
2-2-7		10101	408	-	11028	370	-	10150	22,5
2-2-8		10020	369	-	11461	374	-	9840	22,9
2-2-9		10583	371	-	10335	354	-	10060	24,1
2-2-10		8253	353	-	10985	360	-	10230	25,6

Tabelle A-6   *Brettdaten und Versuchsergebnisse - Prüfkörper der Reihe 3-2*

Prüf-körper	Klasse	Lamelle L1			Lamelle L2			Lamelle L3		
		E_{dyn}	ρ_0	SK	E_{dyn}	ρ_0	SK	E_{dyn}	ρ_0	SK
3-2-1	1	13254	423	-	12422	410	-	13865	403	-
3-2-2		12554	447	-	12753	412	-	13074	454	-
3-2-3		13349	422	-	15278	431	-	14049	419	-
3-2-4		15228	485	-	13405	452	-	13554	436	-
3-2-5		13607	476	-	13430	488	-	13361	443	-
3-2-6	2	7749	398	-	10975	399	-	11175	408	-
3-2-7		9603	375	-	10640	379	-	11514	402	-
3-2-8		8743	342	-	8877	349	-	11053	383	-
3-2-9		9276	406	-	10836	406	-	11163	411	-
3-2-10		8972	388	-	9667	389	-	11131	438	-

Tabelle A-6   *(fortgesetzt)*

Prüf-körper	Klasse	Lamelle L4			Lamelle L5			Lamelle L6			$E_{lok,net}$	$f_{m,net}$
		E_{dyn}	ρ_0	SK	E_{dyn}	ρ_0	SK	E_{dyn}	ρ_0	SK		
3-2-1	1	11595	388	-	12595	436	-	11648	435	-	12340	41,0
3-2-2		13607	409	-	13516	434	-	11605	375	-	12320	35,4
3-2-3		14654	448	-	11907	420	-	12245	417	-	14090	37,1
3-2-4		12247	402	-	11573	402	-	12008	412	-	12220	39,9
3-2-5		14152	445	-	12476	402	-	12771	402	-	13310	34,2
3-2-6	2	10664	361	-	8486	352	-	9721	354	-	9910	31,8
3-2-7		9873	382	-	11309	405	-	10291	379	-	10150	32,2
3-2-8		10909	388	-	9595	395	-	10254	366	-	9310	25,1
3-2-9		9946	370	-	9258	378	-	9514	377	-	9600	24,1
3-2-10		11538	414	-	9057	364	-	10732	377	-	9300	25,6

Tabelle A-7   Brettdaten und Versuchsergebnisse - Prüfkörper der Reihe 2-3

Prüf-körper	Klasse	Lamelle L1			Lamelle L2			Lamelle L3		
		E_{dyn}	ρ_0	SK	E_{dyn}	ρ_0	SK	E_{dyn}	ρ_0	SK
2-3-1	1	14380	466	-	14547	444	-	15525	510	-
2-3-2		14986	482	-	14425	459	-	15376	454	-
2-3-3		14436	450	-	14065	492	-	14283	458	-
2-3-4		17499	505	-	15109	461	-	15270	451	-
2-3-5		16081	468	-	14804	482	-	16201	502	-
2-3-6		13686	473	-	9707	404	-	11429	416	-
2-3-7		12525	457	-	13298	447	-	13331	441	-
2-3-8		11593	407	-	12224	398	-	13216	421	-
2-3-9		13088	419	-	13208	457	-	13260	403	-
2-3-10		13153	449	-	12689	399	-	12245	409	-

Tabelle A-7   (fortgesetzt)

Prüf-körper	Klasse	Lamelle L4			Lamelle L5			Lamelle L6			$E_{lok,net}$	$f_{m,net}$
		E_{dyn}	ρ_0	SK	E_{dyn}	ρ_0	SK	E_{dyn}	ρ_0	SK		
2-3-1	1	14380	466	-	14547	444	-	15525	510	-	17310	56,4
2-3-2		14986	482	-	14425	459	-	15376	454	-	17630	50,0
2-3-3		14436	450	-	14065	492	-	14283	458	-	16060	63,2
2-3-4		17499	505	-	15109	461	-	15270	451	-	18070	66,7
2-3-5		16081	468	-	14804	482	-	16201	502	-	18160	62,6
2-3-6		13686	473	-	9707	404	-	11429	416	-	13260	44,2
2-3-7		12525	457	-	13298	447	-	13331	441	-	12920	39,0
2-3-8		11593	407	-	12224	398	-	13216	421	-	13270	46,5
2-3-9		13088	419	-	13208	457	-	13260	403	-	13750	50,5
2-3-10		13153	449	-	12689	399	-	12245	409	-	13100	43,7

Tabelle A-8   *Versuchsergebnisse - Prüfkörper der Reihe 2-1a*

Prüfkörper	L1	L2	$b_{net} = 66\ mm$ [1]		$b_{net} = 81\ mm$ [2]	
	ρ_0	ρ_0	$E_{lok,net}$	$f_{m,net}$	$E_{lok,net}$	$f_{m,net}$
2-1a-1	498	493	19360	90,4	15775	73,7
2-1a-2	417	399	17610	47,3	14349	38,5
2-1a-3	312	373	13600	44,8	11081	36,5
2-1a-4	372	456	18290	53,1	14903	43,3
2-1a-5	396	314	15020	50,7	12239	41,3
2-1a-6	428	417	18250	67,0	14870	54,6
2-1a-7	462	461	20850	56,1	16989	45,7
2-1a-8	395	456	18590	54,1	15147	44,1
2-1a-9	418	391	19070	73,2	15539	59,6
2-1a-10	389	426	18590	63,1	15147	51,4
2-1a-11	364	410	18000	41,9	14667	34,1
2-1a-12	438	446	19070	51,9	15539	42,3
2-1a-13	493	438	17710	43,8	14430	35,7
2-1a-14	422	476	17470	55,7	14235	45,4
2-1a-15	343	391	16260	52,3	13249	42,6
2-1a-16	415	524	20190	71,7	16451	58,4

[1] Summe der Längslagen ohne Längsfurniere in der Furniersperrholzplatte

[2] Summe der Längslagen einschließlich der Längsfurniere in der Furniersperrholzplatte

Anlage 2

Gittermodell zur Berechnung von Brettsperrholzträgern unter Berücksichtigung der Nachgiebigkeit der Kreuzungsflächen

Die Beanspruchungen in den Lamellen und in den Kreuzungsflächen und die Verformungen von Brettsperrholzträgern können mit Hilfe von Stabwerk-Programmen berechnet werden. Hierzu werden die Lamellen der Längs- und Querlagen durch Balkenelemente abgebildet und in den Kreuzungspunkten durch Federelemente miteinander verbunden.

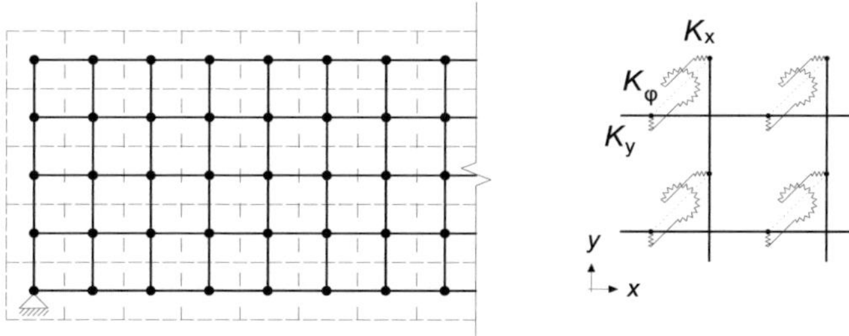

Bild A-2   Gittermodell zur Berechnung der Verformungen von Brettsperrholzträgern mit Federn K_x, K_y, und K_φ zur Abbildung der Nachgiebigkeit in den Kreuzungsflächen zwischen Längs- und Querlagen

Den zur Abbildung der Brettlamellen in den Längslagen verwendeten Balkenelementen werden die Dehn- und Biegesteifigkeiten entsprechend der angenommenen Querschnitte der Brettlamellen zugewiesen. Um den Einfluss von Schubverformungen der Brettlamellen zu berücksichtigen werden Timoshenko-Balken-Elementen verwendet. Für die in dieser Arbeit betrachteten Brettsperrholzträger mit Lamellen aus Fichtenholz wurde der Elastizitätsmodul mit 11.000 N/mm² angenommen. Das Verhältnis zwischen Elastizitäts- und Schubmodul wurde mit $E / G = 16$ angenommen. Dies entspricht einem Schubmodul von 690 N/mm².

Aufgrund des strukturellen Aufbaus von Brettsperrholz können in den Lamellen der Querlagen keine nennenswerten Biegeverformungen auftreten. Im Gittermodell haben die Stäbe zur Abbildung der Querlagen jedoch eine freie Biegelänge, die gleich der Lamellenbreite in den Längslagen ist. Um Biegeverformungen in diesen Stäben zu vermeiden, die in der Realität nicht auftreten können, werden die Balkenelemente der Querlagen mit einer sehr großen Biegesteifigkeit versehen.

Die Federsteifigkeiten längs und quer zur Trägerachse sowie die Torsionssteifigkeit können mit einem Verschiebungsmodul von $K = 5$ N/mm³ berechnet werden (vgl. 2.2.1). Alle Federelemente werden mit linear-elastischer Kennlinie abgebildet.

$$K_x = K_y = K \cdot A_{CA}$$

(A-1)

mit A_{CA} Kreuzungsfläche in mm^2

$$K_\varphi = K \cdot I_{p,CA}$$

(A-2)

mit $I_{p,CA}$ polares Flächenträgheitsmoment einer Kreuzungsfläche in mm^4

Anlage 3

Parameterstudie zur Ermittlung der Beiwerte k_2 und k_5 zur Berücksichtigung des Einflusses der Durchbruchlänge ℓ_d auf die Schubspannungen in den Kreuzungsflächen.

Der grundlegende Aufbau des für die Parameterstudie verwendeten Gittermodells, die verwendeten Balkenelemente sowie die Kopplung rechtwinklig zueinander verlaufender Stäbe, ist in Anlage 1 beschrieben. Zur Ermittlung der Schubspannungen in den Kreuzungsflächen im Bereich von Durchbrüchen wurden Einfeldträger mit Hilfe des Gittermodells abgebildet, wobei gleiche Lamellenbreiten in den Längs- und Querlagen angenommen wurden. Alle Träger hatten zwei gleich große Durchbrüche, die in der Mitte zwischen den Auflagerlinien und den Lasteinleitungspunkten und stets symmetrisch zur Trägerachse angeordnet waren. Die betrachteten Durchbruchhöhen variierten zwischen der Breite einer Lamelle b und der halben Trägerhöhe h. Die Länge der untersuchten Durchbrüche lag zwischen der zweifachen Lamellenbreite b und der Trägerhöhe h. Innerhalb der genannten Grenzen wurden für beide Abmessungen nur ganzzahlige Vielfache der Lamellenbreite b untersucht. Die Trägerstützweite L betrug das 15-fache der Trägerhöhe h. Die Anzahl der Lamellen in den Längslagen variierte zwischen vier und acht Lamellen. Im Abstand $L/3$ von den Auflagerlinien wurden die Träger an der Oberkante durch zwei Einzellasten $F = 10$ kN belastet. Die maximalen Schubspannungen in den Kreuzungsflächen am Rand der Durchbrüche wurden aus den Schnittgrößen der für die Kopplung von Längs- und Querlagen verwendeten Federelemente berechnet.

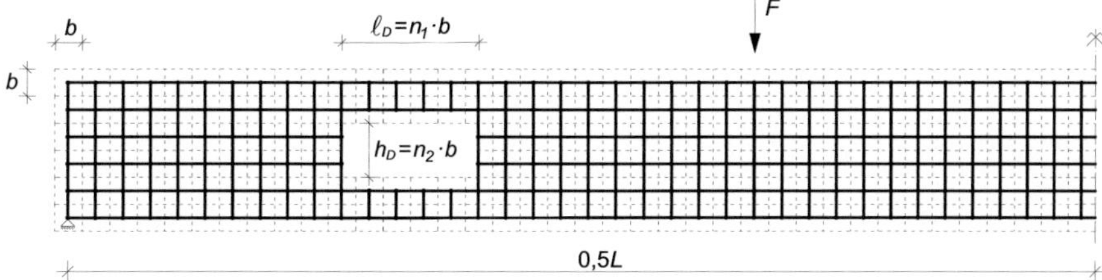

Bild A-3   Gittermodell zur Ermittlung der Beiwerte k_2 und k_5 für Träger mit Durchbrüchen

In Tabelle A-9 und Tabelle A-10 sind die Abmessungen der Träger mit Durchbrüchen und die Ergebnisse der durchgeführten Berechnungen zusammengestellt. In den Spaltenüberschriften bedeuten:

h Trägerhöhe

m Anzahl der Lamellen in den Längslagen

h_e Trägerhöhe im ausgeklinkten Trägerabschnitt

c Länge des ausgeklinkten Trägerabschnittes

M_{tor} Torsionsmoment im ungestörten Träger

k_1 Beiwert nach Gleichung (3-47)

$M_{tor,DB}$ max. Torsionsmoment am Durchbruchrand

F_x Kraftkomponente in Trägerlängsrichtung im ungestörten Träger

$F_{x,DB}$ max. Kraftkomponente in Trägerlängsrichtung am Durchbruchrand

Tabelle A-9   *Ergebnisse der Parameterstudie zur Ermittlung des Beiwertes k_2 für Träger mit Durchbrüchen*

h	m	ℓ_D	h_D	$k_1 \cdot M_{tor}$	$M_{tor,DB}$	$M_{tor,DB}/(k_1 \cdot M_{tor})$
mm	-	mm	mm	Nm	Nm	-
600	4	300	300	350	284	0,81
600	4	450	300	350	352	1,00
600	4	600	300	350	421	1,20
900	6	300	300	182	178	0,98
900	6	600	300	182	263	1,44
900	6	900	300	182	347	1,91
1050	7	300	150	122	139	1,13
1050	7	600	150	122	198	1,62
1050	7	900	150	122	257	2,10
1050	7	300	450	184	166	0,90
1050	7	600	450	184	248	1,35
1050	7	900	450	184	332	1,81
1200	8	300	300	123	129	1,05
1200	8	600	300	123	187	1,52
1200	8	900	300	123	245	1,99

Tabelle A-9 – fortgesetzt

h	m	ℓ_D	h_D	$k_1 \cdot M_{tor}$	$M_{tor,DB}$	$M_{tor,DB}/(k_1 \cdot M_{tor})$
mm	-	mm	mm	Nm	Nm	-
1200	8	1200	300	123	303	2,46
1200	8	300	600	185	156	0,85
1200	8	600	600	185	238	1,29
1200	8	900	600	185	320	1,73
1200	8	1200	600	185	402	2,18

Tabelle A-10   Ergebnisse der Parameterstudie zur Ermittlung des Beiwertes k_5 für Träger mit Durchbrüchen

h	m	ℓ_D	h_D	$k_3\, k_4 \cdot F_x$	$F_{x,DB}$	$F_{x,DB}/(k_3\, k_4 \cdot F_x)$
mm	-	mm	mm	Nm	Nm	-
600	4	300	300	2143	2368	1,11
600	4	450	300	2143	2760	1,29
600	4	600	300	2143	3148	1,47
900	6	300	300	865	963	1,11
900	6	600	300	865	1319	1,53
900	6	900	300	865	1675	1,94
1050	7	300	150	548	664	1,21
1050	7	600	150	548	926	1,69
1050	7	900	150	548	1188	2,17
1050	7	300	450	784	885	1,13
1050	7	600	450	784	1165	1,49
1050	7	900	450	784	1444	1,84
1200	8	300	300	476	554	1,16
1200	8	600	300	476	753	1,58
1200	8	900	300	476	961	2,02
1200	8	1200	300	476	1168	2,45
1200	8	300	600	736	810	1,10
1200	8	600	600	736	1039	1,41
1200	8	900	600	736	1267	1,72
1200	8	1200	600	736	1495	2,03

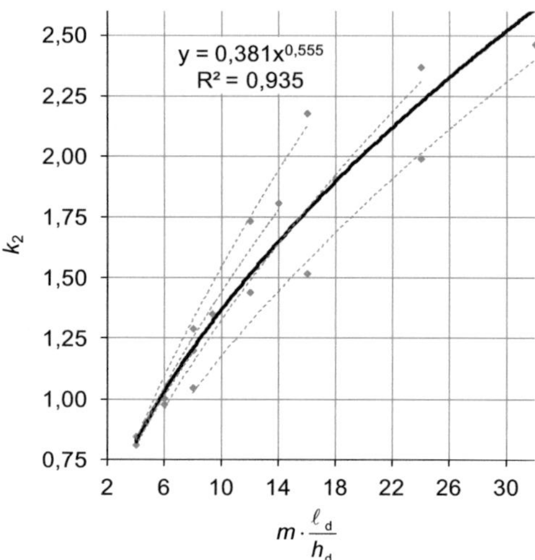

$$m \cdot \frac{\ell_d}{h_d}$$

Bild A-4   Beiwert k_2 zur Berücksichtigung des Einflusses der Durchbruchlänge auf die Torsionsschubspannungen in den Kreuzungsflächen am Rand von Durchbrüchen

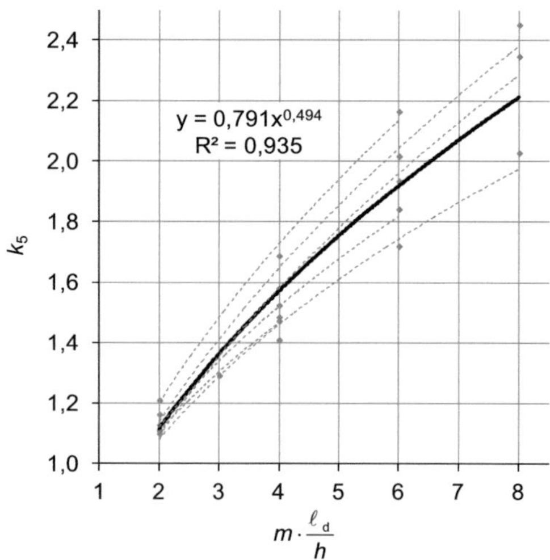

$$m \cdot \frac{\ell_d}{h}$$

Bild A-5   Beiwert k_5 zur Berücksichtigung des Einflusses der Durchbruchlänge auf die Schubspannungen in Richtung der Trägerachse am Rand von Durchbrüchen

Anlage 4

Parameterstudie zur Ermittlung des Beiwertes k_1 zur Berücksichtigung des Einflusses der Ausklinkungshöhe h-h_e und der Länge des ausgeklinkten Trägerabschnittes c auf die Schubspannungen in den Kreuzungsflächen.

Es wurden Träger mit Ausklinkungen mit unterschiedlichen Verhältnissen h_e/h und c/h berechnet. Für die Berechnung wurde das in Anlage 2 beschriebene Gittermodell verwendet. Die Ausklinkungshöhe h-h_e wurde zwischen einer Lamellenbreite b und der halben Trägerhöhe variiert. Die Länge der ausgeklinkten Trägerabschnitte lag zwischen der Breite einer Lamelle b und der Trägerhöhe h. Innerhalb der genannten Grenzen wurden für beide Abmessungen nur ganzzahlige Vielfache der Lamellenbreite b untersucht. Die Stützweite der berechneten Träger betrug das 15-fache der Trägerhöhe h. Als Belastung wurden zwei Einzellasten F = 10 kN im Abstand $L/3$ von den Auflagerlinien aufgebracht.

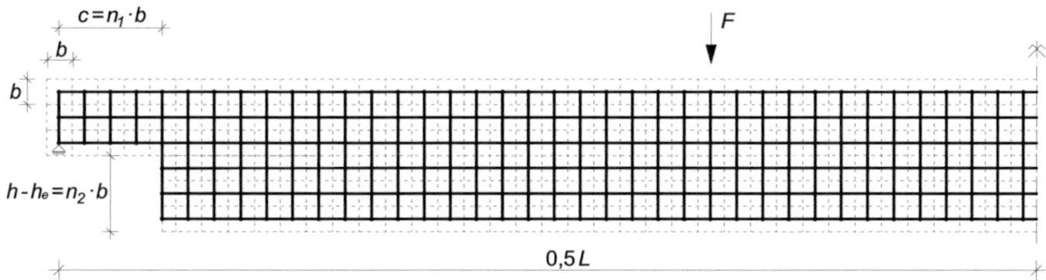

Bild A-6   Gittermodell zur Ermittlung der Beiwerte k_1 für Träger mit Ausklinkungen

Für alle untersuchten Ausklinkungen wurde das Verhältnis der maximalen Torsionsschubspannung in der Ausklinkungsecke und der Torsionsschubspannung nach Gleichung (3-20) berechnet. Mit Hilfe einer multiplen Regressionsanalyse wurde eine Beziehung zwischen der Ausklinkungslänge c der Trägerhöhe im ausgeklinkten Abschnitt h_e und dem Verhältnis der Torsionsschubspannungen k_1 ermittelt.

$$k_1 = \frac{M_{tor,A}}{M_{tor}} = 0{,}906 \cdot \left(\frac{h_e}{h}\right)^{-1{,}45 \cdot \left(\frac{c}{h}\right)^{0{,}663}} \tag{A-3}$$

In Tabelle A-11 sind die Abmessungen der ausgeklinkten Träger und die Ergebnisse der durchgeführten Berechnungen zusammengestellt. In den Spaltenüberschriften bedeuten:

h Trägerhöhe

m Anzahl der Lamellen in den Längslagen

h_e Trägerhöhe im ausgeklinkten Trägerabschnitt

c Länge des ausgeklinkten Trägerabschnittes

M_tor Torsionsmoment im ungestörten Träger

$M_\mathrm{tor,A}$ max. Torsionsmoment im ausgeklinkten Trägerabschnitt

Tabelle A-11   Ergebnisse der Parameterstudie zur Ermittlung des Beiwertes k_1 für Träger mit Ausklinkungen

h	m	h_e	c	M_tor	$M_\mathrm{tor,A}$	$M_\mathrm{tor,A}/M_\mathrm{tor}$
mm	-	mm	mm	Nm	Nm	-
300	2	150	150	2813	4770	1,70
300	2	150	300	2813	7072	2,51
450	3	300	150	2222	2538	1,14
450	3	300	300	2222	3052	1,37
600	4	450	150	1758	1794	1,02
600	4	450	300	1758	2028	1,15
600	4	300	150	1758	2325	1,32
600	4	300	300	1758	2909	1,65
750	5	600	150	1440	1402	0,97
750	5	600	300	1440	1550	1,08
750	5	450	150	1440	1637	1,14
750	5	450	300	1440	1905	1,32
900	6	750	150	1215	1153	0,95
900	6	750	300	1215	1266	1,04
900	6	750	450	1215	1328	1,09
900	6	600	150	1215	1290	1,06
900	6	600	300	1215	1469	1,21

Tabelle A-11 – fortgesetzt

h	m	h_e	c	M_{tor}	$M_{tor,A}$	$M_{tor,A}/M_{tor}$
mm	-	mm	mm	Nm	Nm	-
900	6	600	450	1215	1574	1,30
900	6	450	150	1215	1531	1,26
900	6	450	300	1215	1846	1,52
900	6	450	450	1215	2056	1,69
1050	7	900	150	1050	980	0,93
1050	7	900	300	1050	1070	1,02
1050	7	900	450	1050	1117	1,06
1050	7	750	150	1050	1068	1,02
1050	7	750	300	1050	1195	1,14
1050	7	750	450	1050	1264	1,20
1050	7	600	150	1050	1202	1,15
1050	7	600	300	1050	1392	1,33
1050	7	600	450	1050	1506	1,43
1200	8	1050	150	923	853	0,92
1200	8	1050	300	923	928	1,01
1200	8	1050	450	923	966	1,05
1200	8	1050	600	923	986	1,07
1200	8	900	150	923	914	0,99
1200	8	900	300	923	1012	1,10
1200	8	900	450	923	1064	1,15
1200	8	900	600	923	1095	1,19
1200	8	750	150	923	999	1,08
1200	8	750	300	923	1135	1,23
1200	8	750	450	923	1209	1,31
1200	8	750	600	923	1257	1,36
1200	8	600	150	923	1131	1,23
1200	8	600	300	923	1330	1,44
1200	8	600	450	923	1448	1,57
1200	8	600	600	923	1532	1,66